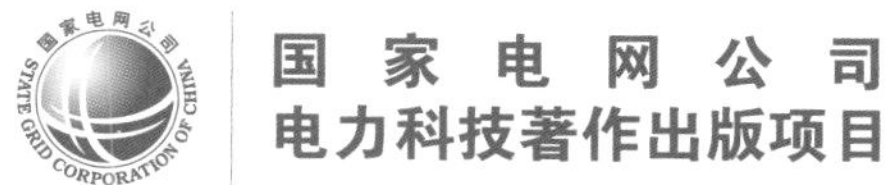

高海拔超高压电力联网工程技术

长链式联网工程系统调试

国家电网有限公司　组编

内 容 提 要

为全面总结自主研发、自主设计和自主建设的青藏、川藏和藏中电力联网工程的创新成果及先进经验，全方位体现高海拔超高压电力联网工程的关键技术和创新成果，特组织编写了《高海拔超高压电力联网工程技术》丛书。本套丛书主要以藏中电力联网工程为应用范例编写，包括四个分册，分别为《岩土工程勘察及其应用》《输变电工程设计及其应用》《长链式联网工程系统调试》《藏区变电站建筑风格》。

本分册为《长链式联网工程系统调试》，包括概述、长链式联网工程系统安全风险与防控、藏中电力联网工程系统安全风险分析与防控实践、长链式联网工程系统调试风险预判与防控、藏中电力联网工程系统调试实践、藏中电力联网工程系统调试典型案例分析六章。

本套丛书可供从事高海拔地区超高压输变电工程及其联网工程勘查设计、施工、调试、运行等相关专业的技术人员和管理人员使用。

图书在版编目（CIP）数据

高海拔超高压电力联网工程技术. 长链式联网工程系统调试 / 国家电网有限公司组编. —北京：中国电力出版社，2021.10

ISBN 978-7-5198-5374-7

Ⅰ. ①高… Ⅱ. ①国… Ⅲ. ①高原–超高压电网–电力工程–电网–调试方法 Ⅳ. ①TM727

中国版本图书馆 CIP 数据核字（2021）第 034163 号

出版发行：中国电力出版社
地　　址：北京市东城区北京站西街 19 号（邮政编码 100005）
网　　址：http://www.cepp.sgcc.com.cn
责任编辑：翟巧珍（806636769@qq.com）
责任校对：黄 蓓 马 宁
装帧设计：张俊霞
责任印制：石 雷

印　　刷：北京博海升彩色印刷有限公司
版　　次：2021 年 10 月第一版
印　　次：2021 年 10 月北京第一次印刷
开　　本：787 毫米×1092 毫米 16 开本
印　　张：16.75
字　　数：276 千字
定　　价：170.00 元

《高海拔超高压电力联网工程技术》

编 委 会

《长链式联网工程系统调试》编审组

主　　编　王抒祥

常务副主编　李　俭

副 主 编　蔡德峰　张明勋　张亚迪

编写人员　史华勃　魏　巍　张　华　刘明忠　滕予非

周　波　甄　威　陈　刚　李　燕　孙昕炜

刘　畅　徐　琳　唐　伦　张　纯　张华杰

朱　鑫　吴　杰　丁宣文　周文越　崔　弘

李晓强　彭宇辉　孙文成　王　赞　丛　鹏

刘振涛　甘　睿　车　彬　谷　鸣　周　泓

徐　健　王晓华　李万智　刘光辉　刘　阳

李伟华　韩亚楠　徐珂航　陈　愚　陈向宜

陈　佟　伍凌云　陈树藩　张　翔　李汝兵

审核人员　陈　钢　周　林　周　全　苏少春　常晓青

丁理杰　项祖涛　张　强　李　明　张友富

苏朝晖　吴至复　甘　羽　李东亮　李明华

季　旭　蓝健均　唐茂林　措　姆　杨　可

余　锐　王民昆　小布穷　胡　翔　王志强

罗卫华

前言

青藏高原是中国最大、世界海拔最高的高原，被称为“世界屋脊”，在国家安全和发展中占有重要战略地位。长期以来，受制于高原地理、环境等因素，青藏高原地区电网网架薄弱，电力供应紧缺，不能满足人民生产、生活需要，严重制约地区经济社会发展。党中央、国务院高度重视藏区发展，制定了一系列关于藏区工作的方针政策，大力投入改善藏区民生，鼓励国有企业展现责任担当，当好藏区建设和发展的排头兵和主力军。

国家电网有限公司认真贯彻落实中央历次西藏工作座谈会精神，积极履行央企责任，在习近平总书记“治国必治边、治边先稳藏”的战略思想指引下，于“十二五”“十三五”期间，在青藏高原地区连续建成了青藏、川藏、藏中和阿里等一系列高海拔超高压电力联网工程，彻底解决了藏区人民用电问题，在能源配置、环境保护、社会稳定、经济发展等方面发挥了巨大的综合效益，直接惠及藏区人口超过300万人。

高海拔地区建设超高压输变电工程没有现成经验，面临诸多技术难题。工程建设者科学认识高原复杂性，坚持自主创新应对高原电网建设挑战，攻克了一系列技术难关，填补了我国高海拔输变电工程规划设计、设备制造、施工建设、调试运行等技术空白，创新研发了成套技术及装备，形成了高海拔工程技术标准，指导工程安全建设和稳定运行，创造多项世界之最。

为系统总结高海拔超高压输变电工程技术方面的经验和成果，国家电网有限公司组织上百位参与高海拔超高压电网建设的工程技术人员，编制完成了《高海拔超高压电力联网工程技术》丛书。该丛书全面、客观地记录了高海拔超高压电网工程的主要技术创新成果及应用范例，希望能为后续我国藏区电网建设提供指导，为世界高海拔地区电网建设提供借鉴，也可为世界其他高海拔地区大型工程建设提供参考。

本套丛书分为4个分册，分别为《岩土工程勘察及其应用》《输变电工程设计及其应用》《长链式联网工程系统调试》《藏区变电站建筑风格》，由国家电网有限公司西南分部牵头组织，中国电力工程顾问集团西北电力设计院有限公司、中国能源建设集团湖南省电力设计院有限公司、国网四川省电力公司电力科学研究院等工程参建单位参与编制，电力规划设计总院、中国电力科学研究院有限公司、国网经济技术研究院有限公司、中国电力工程顾问集团西南电力设计院有限公司、国网西藏电力有限公司等单位参与审核，共约 90 余万字。本套丛书可供从事高海拔地区超高压电网工程及相关工程勘察设计、施工、调试、运行等专业技术人员和管理人员使用。

本套丛书的编制历时超过三年，凝聚着编审人员的大量心血，过程中得到了电力行业各有关单位的大力支持和各级领导、专家的悉心指导，希望能对读者有所帮助。电力工程技术是在不断发展的，相关实践和认知也在不断深化，书中难免会有不足和疏漏之处，敬请广大读者批评指正。

编　者

2021 年 7 月

目录

第一章

概　述

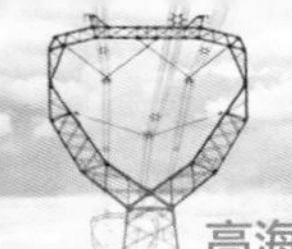

中国西部地区地域辽阔，水电和新能源资源丰富。由于地广人稀，电源和负荷零散分布，为了解决电源送出和负荷用电需求，电网以满足电源输出、提高供电可靠性为目标不断延伸，呈现长链式弱联系的特点。这种结构特点的网络，可能存在电压稳定、频率稳定、功角稳定、低频振荡、过电压等一系列系统稳定问题，需要采取恰当的防控措施。

输变电工程系统调试是工程投运前的重要环节。一般而言，系统调试是指新设备及线路在完成施工安装并通过分系统试验检验合格后，针对设备和系统进行的一系列试验和测试，包括对变压器、断路器等设备的耐压水平、带负荷能力进行检验，并对整个系统的运行性能，包括变电站测量、控制及保护设备的功能进行评价，其目的是通过系统、科学的试验和测试校核设备及系统性能，以确保新系统具备投运条件。

不同于常规电力联网工程调试，长链式联网工程由于特殊结构导致的特殊问题十分复杂，这就对工程系统调试提出了更高的要求。本章主要介绍国内典型的长链式联网工程、存在的关键技术问题及对其进行系统调试需考虑的特殊情况。

第一节　长链式联网工程发展与面临的问题

我国幅员辽阔，西部能源基地网源荷分布距离可达几百至数千千米。为满足清洁能源大规模送出、负荷中心电力可靠供应，长链式远距离输电得到大力发展。

虽然互联电网规模增大使各子系统之间的相互联系越来越强，但仍然存在弱联系电网。弱联系电网一般指与主网联系比较薄弱的部分地区电网，在正常运行方式（或某些特殊地区重要元件检修方式下）因故导致单一元件或双重元件（包括线路和变压器）退出运行后，该地区电网与主网解列成为孤网运行。按照电源与负荷比例，弱联系电网大致可分为全负荷型电网、电源与负荷基本平衡的自给型电网、电源送出型电网、含有部分电源的受入型电网四类。总体来看，我国的弱联系电网多数分布在西北、西南等偏远地区。由于地处偏远，多数为山地地形，电源多为小水电，负荷类型单一，重要负荷较少。

长链式弱联系电力联网工程面临的特殊风险主要包含以下四类：

（1）联网通道联系弱，输电距离长，频率、功角稳定问题突出。

（2）电网短路容量小，无功电压控制困难。

（3）长距离输电可能产生谐波放大效应，导致谐波过电压风险突出，并由此引发谐波相关控制保护动作。

（4）高电力电子渗透率情况下，多控制器耦合振荡风险突出。需要针对上述风险，提出合理的防控和保护措施，并通过系统调试，校验系统面临风险的大小及相应控制保护策略的有效性，为电网调度和运行人员提供参考。

本节介绍近年来国内新建的典型长链式弱联系电力联网工程概况和典型特点。

一、新疆与西北联网第二通道工程

新疆与西北联网第二通道工程（简称第二通道工程）西起新疆哈密，途经甘肃敦煌，东至青海格尔木，涉及 7 站 12 线，线路全长 2×1079km，该工程于 2012 年 5 月 13 日开工建设，2013 年 6 月 27 日竣工投运。第二通道工程系统结构图如图 1.1－1 所示。

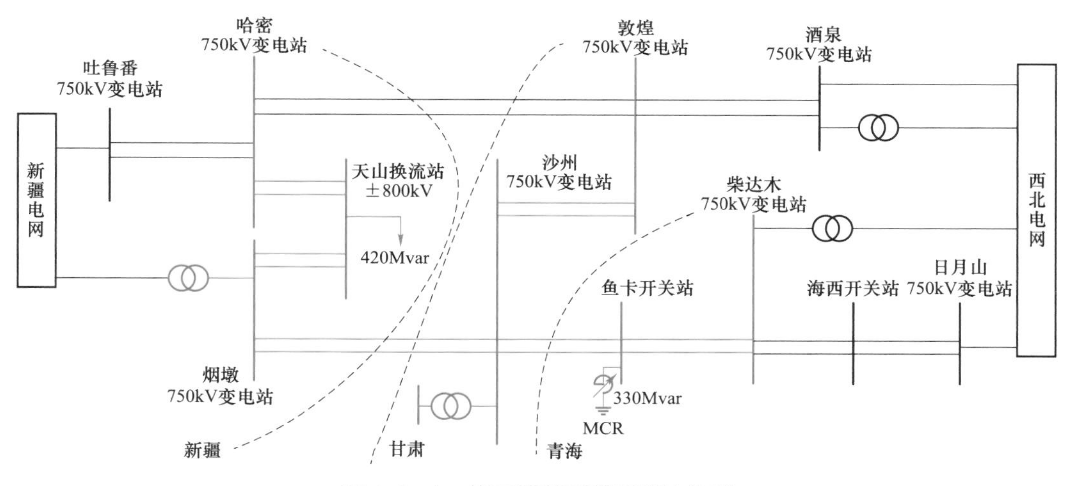

图 1.1－1　第二通道工程系统结构图

第二通道工程是继 2010 年 10 月投产的新疆与西北联网第一通道工程之后在我国西北地区建设的又一项远距离、大规模电力联网工程。工程投产后，西北 750kV 电网由“长链形”过渡为“双环形”结构，主网架规模加强，提升了新疆电网向西北主网的送电能力，为后续建设“疆电外送”哈密—郑州±800kV 特高压直流输电工程提供交流网架支撑，保证大容量直流外送工程安全稳定运行，支撑新疆哈密东南部风电、海西地区光伏送出，解决了“十二五”期间青海电网缺电问题，为地区新能源及经济的发展创造有利条件。

第二通道工程为解决远距离交流外送通道的无功平衡、电压控制及近区大规模风电馈入引起的功率、电压波动频繁等突出问题，在我国建成首个由多组新型灵活交流输电（FACTS）装置组成的多 FACTS 设备群进行动态无功补偿。第二通道工程系统调试存在以下几方面的突出问题：

（1）网架结构及其运行特性变化大，需要优化调试顺序，并根据目标网架制定相应的电网运行方式安排及安全稳定控制策略。

（2）输电线路长、近区电网电压支撑不足，开展新设备启动试验的电压控制困难。

（3）工程投运后，750kV 电网动态特性发生变化，需要现场试验验证仿真分析的准确性。

（4）变压器、磁阀式可控高压电抗器（MCSR）等带铁芯设备启动产生的电压跌落、谐波可能对近区风电机组正常运行不利。

（5）毗邻已投运的柴达木—拉萨±400kV 直流工程，新设备启动引起的无功波动、电压暂降、谐波等问题可能对直流运行安全不利。

二、玉树与青海主网 330kV 联网工程

玉树与青海主网 330kV 联网工程是国家电网有限公司（简称国家电网公司）和青海省电力公司全力支援玉树灾后重建与藏区群众用电的重点工程项目，工程系统结构图见图 1.1－2。

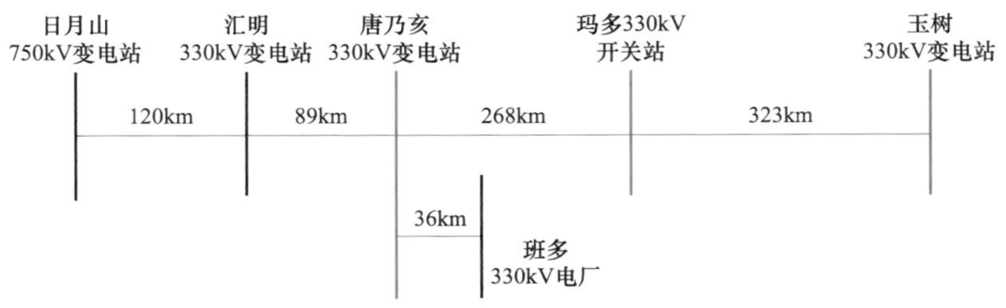

图 1.1－2 玉树与青海主网 330kV 联网工程系统结构图

该工程起于日月山 750kV 变电站，止于玉树 330kV 变电站，新建唐乃亥、玉树两

座 330kV 变电站和玛多 330kV 开关站，海拔位于 3200～5000m，其中海拔 4000m 以上的线路长 482km。工程 330kV 线路全长 836km，连接汇明 330kV 变电站、唐乃亥 330kV 变电站、班多 330kV 电厂、玛多 330kV 开关站及玉树 330kV 变电站。其中汇唐线唐侧高压电抗器配置 90Mvar，唐玛线双侧高压电抗器配置 90Mvar，玛玉线玛侧高压电抗器配置 90Mvar，玉侧高压电抗器配置 30Mvar；汇明 330kV 变电站装设 2 台 360MVA 变压器，静止无功补偿器（SVC）装置容量－18～60Mvar，唐乃亥 330kV 变电站装设 1 台 240MVA 变压器，玉树 330kV 变电站装设 1 台 150MVA 变压器，SVC 装置容量－36～36Mvar。联网工程输电通道上有光伏电站和班多 330kV 电厂 2 处电源。其中接入汇明 330kV 变电站的光伏发电包括 12 个光伏电站，装机容量合计 280MW；通过唐乃亥—班多线路送出的班多电厂装机容量 3×120MW。

玉树与青海主网 330kV 联网工程于 2012 年 6 月正式开工建设，2013 年 5 月联网工程调试工作正式启动。该工程解决了玉树电网装机容量小、调节能力弱、供电质量差、电力供应不足等问题，同时也解决了玉树地区丰水期的水电外送问题，对加快玉树地区资源开发和经济发展具有重要意义。

与以往工程调试相比，该工程 330kV 线路输电距离长，受端 110kV 玉树电网网架结构薄弱，电源较少且均为小水电，地区无功支撑能力不足。工程调试期间存在系统电压越限和频率稳定问题，调试难度较大。对于通过长距离线路受电的玉树电网而言，一旦与主网的联络线断开，整个玉树电网将与青海主网解列，解列后将形成玉树孤网。

三、新都桥—甘孜—石渠电力联网工程

甘孜中北部地区甘孜、雅江、道孚等 10 多个县地理面积约占四川省总面积的 20%，长期存在缺电少电的问题。部分地区拥有 35kV 和 10kV 小电网，但未与四川主网相连，供电能力和供电可靠性低。2011 年年底，四川省电力公司承担的新都桥—甘孜—石渠电力联网工程（简称新甘石工程）正式开工建设，该工程被列为四川省电力公司的年度“一号工程”。工程远期建设新都桥 500kV 变电站、甘孜 220kV 变电站与石渠 110kV 变电站，通过建设串供式 220kV 和 110kV 联络线将原有数个地方小电网与主网相连，220kV 和 110kV 输电线路长度更是超过 540km。结合新都桥 500kV 变电站建设，该工程分两

期完成，最终实现整个甘孜中北部地区的联网。

（一）过渡期

第一期新都桥 500kV 变电站未建成，过渡期结构如图 1.1–3 所示。建设 220kV 甘孜—新都桥同塔双回线路，其中一回在新都桥 500kV 变电站计划落点位置“T 接”原 220kV 榆林—西地输电线路，形成 220kV 榆甘西支线。220kV 甘孜—新都桥双回线路中的另一回悬空。建设甘孜 220kV 变电站和石渠 110kV 变电站，并通过单回 110kV 甘孜—石渠线路连接，实现甘孜和石渠地方电网联网的目标。

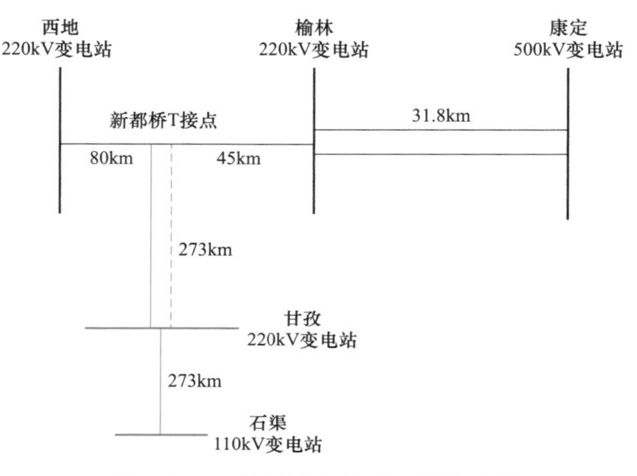

图 1.1–3　新甘石工程过渡期结构图

（二）远期

新都桥 500kV 变电站已于 2014 年投运，通过双回 500kV 线路与甘谷地开关站相连，网架结构如图 1.1–4 所示。220kV 甘孜—新都桥双回线路均投运。新都桥 500kV 变电站和甘孜 220kV 变电站、西地 220kV 变电站通过 220kV 和 110kV 线路向周边的行政县辐射，逐步完成整个甘孜中北部电网的联网任务。

新甘石工程建成后，甘孜、石渠等地方电网属于典型的弱联系电网。尤其是过渡期，甘孜 220kV 变电站仅通过一条总长 380km 的三端“T 接”线路与四川电网连接，主网到末端石渠 110kV 变电站线路长达 500km 以上。因此，新甘石电网具备一般弱联系电网的所有特性，如送受电能力差、电压损耗大、电压稳定性差等；由于工程输电线路长、负荷轻、与四川主网联系弱，还存在较明显的谐波过电压风险。

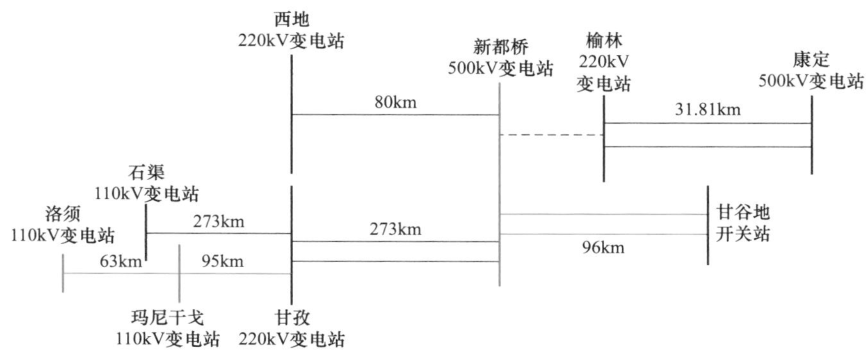

图 1.1–4 新甘石工程远期结构图

此外，新甘石电网的自励磁风险尤为突出，主要原因在于：

（1）电网内输电线路长、充电无功大，网内发电机容量小，极易满足自励磁条件。

（2）网内发电机励磁、调速、涉网保护等控制措施落后可能导致系统的频率调节能力差，系统频率容易超出一般允许的运行范围。

（3）地方电网的负荷变化大，存在全系统接近空载的时段，自励磁阻尼效果差。

四、川藏电力联网工程

川藏电力联网工程是国家重点工程，是国家电网公司落实中央有关西藏工作部署，实施西部大开发战略的重要举措，是继青藏电力联网工程之后又一条穿越雪域高原的“电力天路”。川藏电力联网工程近区电网结构如图 1.1–5 所示。

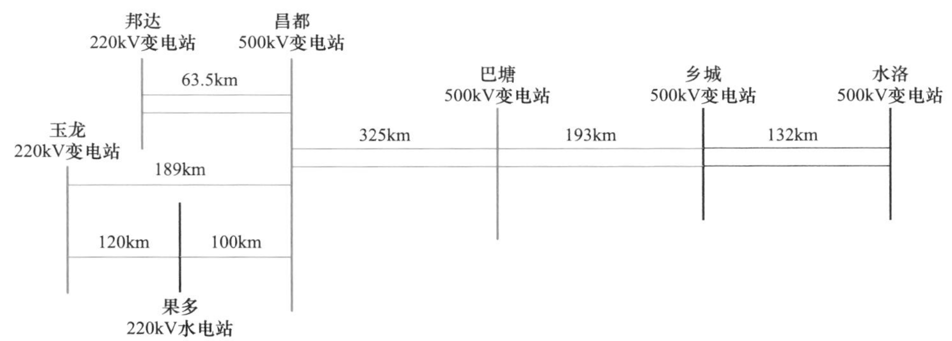

图 1.1–5 川藏电力联网工程近区电网结构图

川藏电力联网工程两端落点分别选择四川甘孜州巴塘县和西藏昌都县，工程采用500kV电压等级。本期建设巴塘和昌都两座500kV变电站，建设乡城—巴塘—昌都双回500kV线路，单回线路长度分别约为193km和325km。同时，昌都电网新建邦达和玉龙两座220kV变电站，新建昌都—邦达及昌都—玉龙双回220kV线路，线路单回长度分别约为63.5km和189km。联网之时，昌都电网最大负荷只有5万～6万kW，构成了典型的长链式弱电网系统。工程具有送电距离远、机组惯量小、电网负荷轻的特性，对启动投运和系统运行提出了极高的要求。

由于川藏电力联网工程单链式联网系统及昌都电网的极小负荷导致谐波分流和消纳能力极弱，昌都电网面临严重的谐波过电压风险。同时，由于昌都电网只有金河电厂一个主力电源，电网频率和电压稳定问题十分突出。联网系统调试和运行面临极大困难。

五、藏中电力联网工程

藏中电力联网工程是国家电网公司“十三五”援藏重点工程，也是目前世界上最复杂、最具建设挑战性的高原输变电工程之一。工程于2017年4月6日上午正式开工建设，2018年11月正式投运。工程系统结构如图1.1－6所示。

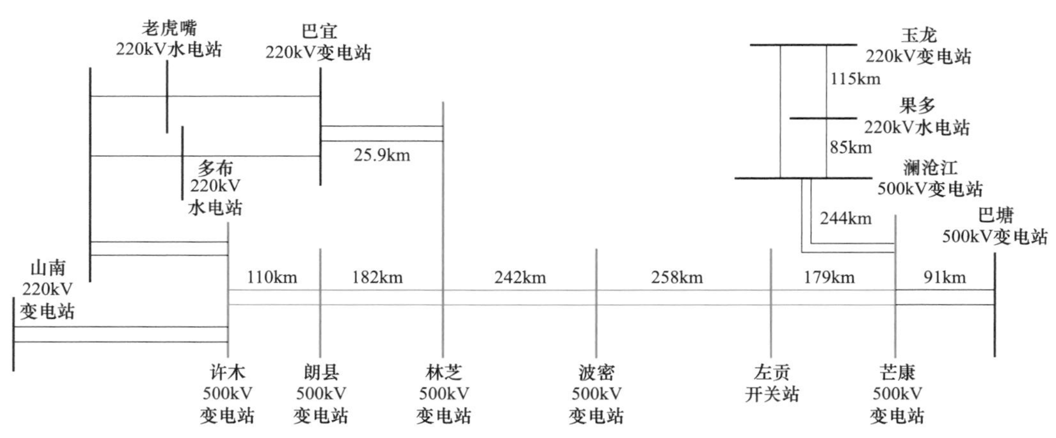

图1.1－6　藏中电力联网工程系统结构图

藏中电力联网工程包括藏中和昌都电力联网工程、川藏铁路拉萨—林芝段供电工程两部分，该工程实现了藏中电网和四川电网互联，是构建西南同步电网的关键工程。该工程可满足西藏中部电网负荷增长需求，解决西藏“大机小网”问题，满足拉林铁路供电需求，兼顾丰期富裕电力外送，工程建设具有重大战略意义。

藏中和昌都电力联网工程新建波密、芒康 500kV 变电站及左贡开关站，扩建澜沧江、巴塘 500kV 变电站，新增波密 500kV 变电站 220kV 变电容量 120MVA。原乡城—巴塘—澜沧江 220kV 线路升压至 500kV。新建芒康—左贡—波密—林芝双回 500kV 线路，并将澜沧江—巴塘双回 500kV 线路 Π 接入芒康 500kV 变电站，新建 500kV 线路总长 1406km。

川藏铁路拉萨—林芝段供电工程新建许木、朗县、林芝 3 座 500kV 变电站，新建贡嘎吉雄、卧龙 220kV 变电站，扩建林芝布久、柳梧、山南、卧龙 220kV 变电站，新增 220kV 变电容量 660MVA。新建许木—朗县—林芝双回 500kV 线路 584km，新建 220kV 线路 440km。

藏中电力联网工程具有如下特点：

（1）电源方面：电源容量小、惯量轻，频率调节困难。2018 年，西藏电网总装机 255 万 kW，实际运行中 10 万 kW 功率波动可能导致频率变化超过 0.1Hz；此外，西藏电网新能源占比高，2018 年装机容量超过 110 万 kW，加剧了电网的波动性，进一步增加了电网频率调节的压力。

（2）网架结构方面：首先，交流输电距离长，500kV 电压等级网络仅通过两回联络线同四川主网相连，联络线长度超过 1600km。一旦发生通道中断，电网不可避免将解列成若干孤立小电网。其次，由于交流电网联系弱（短路电流小于 5kA），电网的无功—电压灵敏度高，稳态电压波动大，稳态调压困难。最后，FACTS 装置广泛布点和交直流混联，为电网引入了复杂的动态特性以及全新的稳定问题。其中，励磁涌流引发谐波谐振过电压对电力电子装置的影响问题，以及 SVC 控制器与长链式输电网络之间的谐振控制问题最为突出。

（3）负荷方面：负荷轻、分布不均衡。2018 年西藏电网平均最大负荷约为 145 万 kW。负荷分布极度不均匀，主要集中在西藏中部地区，其余地区负荷较小。

由于特殊的电网结构，藏中电力联网工程系统调试和运行面临诸多安全风险，几乎囊括了中国现有长链式电网的共性问题。首先，该工程输电距离长，交流电网联系弱，系统稳定裕度低且频率稳定与有功功率和无功功率高度耦合；其次，昌都电网最小负荷约 6 万 kW，藏中电网最小负荷约 50 万 kW，由于电网容量小、负荷小，谐波分流能力差，500kV 大型主变压器空载合闸产生的励磁涌流将对网内直流输电系统、光伏发电系统等造成一系列安全问题；此外，为了提升联网工程的无功调节能力，在芒康、波密、朗县 3 个变电站均配置了两套±60Mvar 的 SVC，多 SVC 群控制参数整定不当易产生次同步频率范围的电磁振荡。

六、阿里电力联网工程

2020 年 12 月以前，阿里电网主要给阿里地区及周边县城供电。为解决阿里及沿线地区的供电问题、打赢脱贫攻坚战、全面建成小康社会提供坚实保障，国家电网公司投资新建了阿里电力联网工程。输电线路方面，新建 500kV 输电线路 4 回，包括新建的多林—查务—吉隆双回 500kV 线路，初期降压至 220kV 运行；新建 220kV 输电线路 4 回，包括新建的吉隆—萨嘎—仲巴—霍尔—巴尔单回 220kV 线路。变电站方面，扩建多林变电站，新建查务、吉隆、萨嘎、仲巴、霍尔、巴尔 220kV 变电站主变压器，新建 500、220、110、35kV 等级母线及附属设备（含母联开关设备），以及 35kV 无功补偿设备。此外，工程还配置了多套 SVC：查务变电站配置 2 套 SVC，每台容量 30Mvar，巴尔变电站配置 1 套 SVC，容量 30Mvar。工程形成了与藏中电力联网工程类似的超长距离输电结构。

阿里电力联网工程系统示意图如图 1.1－7 所示。

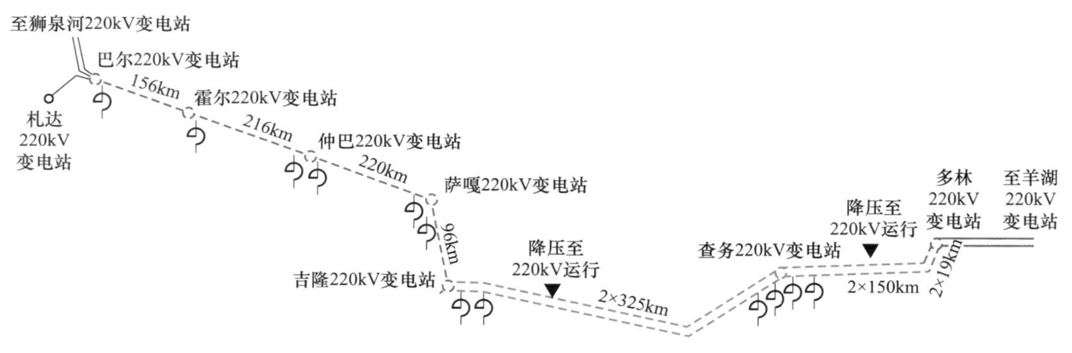

图 1.1－7　阿里电力联网工程系统示意图

通道线路长，通道中间三区三州线路更长，三区三州负荷小，通道无其他电源支撑，呈现出典型长链式结构；阿里电网短路容量非常小，经计算巴尔变电站 SVC 波动 1Mvar，高压侧电压变化 1kV 左右。电网解/并列操作有功、无功控制困难；选相合闸失效时，空载合闸主变压器产生较大励磁涌流，可能引发谐波过电压问题；该工程平均海拔4700m以上，环境极其恶劣，给工程基建、调试带来极大挑战。

第二节 系统调试技术发展

一、超、特高压电力联网工程系统调试技术

输电电压一般分为高压、超高压和特高压。按照我国的电压等级划分，高压通常指35～220kV的电压，超高压则指330kV及以上、750kV及以下的电压，而特高压则是交流1000kV及以上、直流±800kV及以上的电压。

超高压电力联网工程方面，500kV平顶山—武昌输变电工程揭开了我国超高压电力联网的序幕，它标志着我国电力工业的科学技术水平和设计、施工、运行管理水平及设备制造水平都跨上了一个新的台阶。500kV线路的出现，使原电网结构发生根本性变化，对电网的安全稳定运行有着举足轻重的影响。因此，对建成的500kV输变电工程在投入运行前进行全面的调试试验，以考核工程设计、施工安装和设备制造质量，及时消除存在的缺陷并解决发现的问题，为生产运行和科研、设计提供依据和有价值的参考，不仅必须，而且极为重要。调试的项目或内容分为元件调试和系统调试两部分，但在实际实施中两者有所交叉。主要试验项目有线路参数测量、零起升压、切合空载长线、切合空载母线、切合空载变压器、单相人工接地、系统解/合环、谐波测试、线路静电感应等试验，初步形成了调试体系。

750kV官亭—兰州东输变电工程是我国第一个750kV电压等级的输变电工程，工程技术起点高，新设备、新材料、新工艺、新技术应用多，是当时世界上相同电压等级海拔最高、建设难度最大的输变电工程。该工程首次全面检验750kV设计施工水平及关键设备质量，总计试验项目15大类26项，涉及零起升流、零起升压、投切空载变压器、投切低压电抗器、投切空载750kV线路、750kV线路解/合环、二次系统抗干扰、750kV线路人工接地短路以及大负荷等试验，全面考核了工程设计、建设、验收及关键设备制

造等各个环节。后续其他常规 750kV 工程，如兰州东—银川东工程在吸收示范工程成功调试经验的基础上，进一步优化和精简了系统调试方案及流程，保证了工程快速安全投产。

特高压交流试验示范工程系统调试项目包括三大类：① 零起试验类，包括零起升流和零起升压试验；② 设备投切试验类，包括投切空载变压器、空载线路、高压电抗器和低压无功补偿设备等；③ 联网试验类，包括线路并、解列试验，联络线功率控制试验，联网方式下拉环流试验，人工短路接地试验，系统动态扰动试验，大负荷试验，二次系统抗干扰试验。在各类试验中，开展交流电气量和谐波测试、线路人工单相接地试验测试、CVT 暂态响应特性测试、继电保护核相测试、电磁环境测试、架空地线感应电压测试、暂态电压/电流测量、主变压器高压电抗器振动测试、变电设备红外和紫外测试、计量装置测试等测试项目。我国于 2009 年 1 月投运 1000kV 长治—南阳—荆门特高压交流试验示范工程，线路全长 639km，通过三站两线连接了华北电网和华中电网。为确保工程系统调试安全顺利进行，相关研究和调试单位对投切低压无功补偿设备试验、投切 1000kV 空载线路试验、人工接地短路试验、系统动态扰动试验等调试项目进行仿真研究，并与试验实测数据进行对比分析。结果表明，特高压交流试验示范工程系统调试项目的仿真计算结果与现场实测数据基本相符，仿真模型、计算参数、计算工具满足工程研究需要，为今后互联电网运行分析和控制提供了可靠的技术基础条件。后续特高压交流工程，根据系统及工程特点，不再开展零起类试验；简化了联网类试验，从 1000kV 浙北—福州特高压交流输变电工程起不再进行地线感应电压测试，从 1000kV 淮南—南京—上海特高压交流输变电工程起不再开展大负荷试验，且除串联补偿和气体绝缘金属封闭输电线路（Gas Insulated Metal Enclosed Transmission Line，GIL）工程外不再开展人工短路接地试验；部分工程增设快速暂态过电压（Very Fast Transient Overvoltage，VFTO）测试、断路器选相测试、特高压同塔双回线路感应电压电流测试等项目。

二、长链式联网工程系统调试

经过几十年的发展，超特高压调试技术日渐成熟与完善。但随着偏远地区电力联网工程建设，其独有的特点为系统调试带来了新的挑战。与常规系统调试相比，长链式联网工程由于联网系统之间联网通道长、电气联系弱，导致系统稳定性、过电压等风险突出，因而对系统调试内容的深度和广度提出了更高的要求。需要针对工程实际特点研究解决调试关键技术问题，制订科学可行的调试方案和测试方案，并开展现场试验、测试，对工程一次、二次设备及联网系统性能进行全面检验。

长链式联网工程系统调试包含调试前期计算、系统调试试验、系统调试报告编制等环节。系统调试试验包括新投产设备启动投产试验和系统调试专项试验。现有规程规范对此类弱联网系统调试无明确规范，因此本书结合藏中电力联网工程系统调试研究的主要成果及现场试验结果，为工程投产运行及后续工程建设提供参考。

第二章

长链式联网工程系统安全风险与防控

长链式联网工程通常伴随着电网结构薄弱、网源发展不协调、新能源接入、电力电子设备应用等情况，其电网、电源及控制设备交互影响，可能引发一些长链式系统需要应对的特殊运行风险，需要采取特殊的控制措施。

本章重点对长链式联网工程中空载合闸主变压器励磁涌流引发的系列风险机理和防控措施、SVC 引发系统次同步振荡及弱电网频率电压稳定问题机理和防控策略进行理论分析，为长链式联网工程系统调试和运行风险与对策研究提供理论基础。

第一节　励磁涌流引发系列安全风险及其防控

一、励磁涌流及其影响因素

变压器正常运行时励磁电流很小，但当变压器空载投入电网的瞬间，励磁电流可能急剧增加为正常励磁电流值的几十倍甚至上百倍。这种变压器空载投入出现的过电流现象称为励磁涌流。

从变压器自身特性上看，剩磁、合闸时刻、磁化曲线、额定励磁电流都会对励磁涌流的大小产生明显的影响。经过分析可知，剩磁越大，单相合闸时间越接近电压过零值，磁滞回线横向越窄，额定励磁电流越小，变压器越容易饱和，因此空载合闸时的励磁涌流越大；相反，剩磁越小，合闸时间越接近电压峰值点，磁滞回线横向越宽，额定励磁电流越大，变压器越不容易饱和，相应的励磁涌流也会越小。同理，从系统特性上看，电网容量越大，等值阻抗越小，系统越强，励磁涌流越大，系统负荷越小越容易产生过电压风险。从励磁涌流概率分布特性上看，统计三相变压器合闸时，由于每相相位差 120°，因此总有一相电压的初相角接近 0°，故总有一相合闸电流比较大。励磁涌流在长线路、轻负荷系统中的传播，可能引发基波电压暂降，也可能引发系统性过电压。

二、励磁涌流引发电压暂降机理

在常规系统中，励磁涌流引发的第一个问题往往是主变压器合闸母线近区电网发生基波电压暂降。空载合闸主变压器等效电路如图 2.1－1 所示，励磁涌流导致系统等效阻抗上的电压降落可表示为

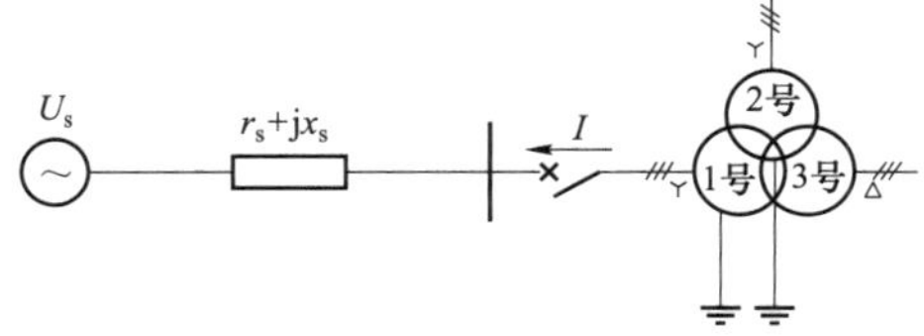

图 2.1－1　空载合闸主变压器等效电路

$$\Delta U=\frac{Pr_s+Qx_s}{U_s}=\sqrt{3}I(r_s\cos\varphi+x_s\sin\varphi) \qquad (2.1-1)$$

式中　r_s、x_s——分别为系统等效电阻和电抗；

φ——功率因数角；

I——励磁涌流基波分量；

P、Q——系统有功和无功功率。

因此，空载合闸主变压器必然会导致电压暂降，系统越弱电压暂降越明显。

三、谐波在传输线上产生过电压机理

在长线路轻负荷电网系统中，高幅值励磁涌流往往造成严重的过电压风险。下面详述导致过电压的长线路驻波效应、谐波谐振原理。

（一）驻波效应

根据传输线理论，图 2.1－2 所示的分布参数线路沿线电压电流的表达式为

$$\begin{cases}\dot{U}_1=\dot{U}_2\cosh\gamma l+\dot{I}_2Z_c\sinh\gamma l\\ \dot{I}_1=\dot{U}_2/Z_c\sinh\gamma l+\dot{I}_2\cosh\gamma l\end{cases} \qquad (2.1-2)$$

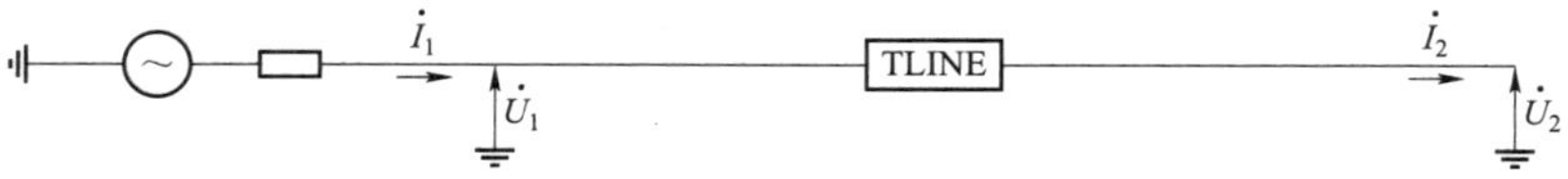

图 2.1－2　分布参数线路等值电路

如图 2.1－2 所示末端空载线路，四个边界条件中已知首端电压$\dot{U}_1$和末端电流$\dot{I}_2$，根据式（2.1－2），可以求出另外两个参数

$$\begin{cases}\dot{U}_1 = \dot{U}_2 \cosh \gamma L \\ \dot{I}_1 = \dot{U}_2 / Z_c \sinh \gamma L\end{cases} \tag{2.1-3}$$

其中
$$\gamma = \sqrt{zy}$$

假设线路无损，则

$$\gamma = \sqrt{zy} = \sqrt{lc} = \mathrm{j}\frac{\omega}{v_c} \tag{2.1-4}$$

式中　z、y——分别是线路单位长度的阻抗和导纳；

v_c——光速。

由式（2.1－3）可知，当线路为空载无损线路时，有

$$\dot{U}_2 = \dot{U}_1 / \cos(2\pi fL / 3\times10^8) \tag{2.1-5}$$

以 3 次和 5 次谐波为例，不同线路长度的末端空载电压曲线如图 2.1－3 所示。从图中可以看出，当线路长度小于某次谐波波长 1/4 时，线路末端电压与电源同相；线路长度接近 1/4 波长时，末端电压急剧增大，理论上可到正无穷；当线路长度超过 1/4 波长时，末端电压从负无穷逐渐减小，此时末端电压与电源反相，线路存在一个电压过零反相点，线路表现出明显的驻波效应。

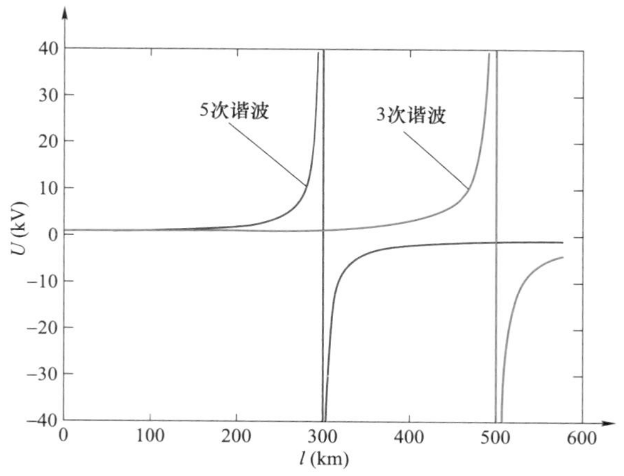

图 2.1－3　不同线路长度的末端空载电压曲线

由此可见，对于各次谐波而言，1/4 波长是一个极大的电压放大点，因此当输电线路的长度接近 1/4 波长，就需要得到必要的关注。表 2.1－1 所示是各次谐波的 1/4

波长。

表 2.1－1　各次谐波的 1/4 波长

谐波次数	频率（Hz）	波长（km）	1/4 波长（km）
1	50	6000	1500
2	100	3000	750
3	150	2000	500
4	200	1500	375
5	250	1200	300

以典型长距离小负荷的藏中电力联网工程为例，巴塘—澜沧江的距离约为 334km，巴塘—波密的距离为 528km，许木—林芝的距离为 292km，许木—波密的距离为 534km。这些距离均接近于某次谐波的 1/4 波长，可以预计藏中电力联网工程中谐波放大的效应会比较显著。

但是，由于实际工程中的线路并不是严格的空载无损线路，同时系统中还存在着变压器、负荷等集中参数元件，因此这类分析只能对可能存在的风险进行预估，并不能准确说明风险的大小，以及引发风险的谐波次数。

（二）谐波谐振

在图 2.1－4 所示的最简单线性参数谐振回路中，谐振条件为

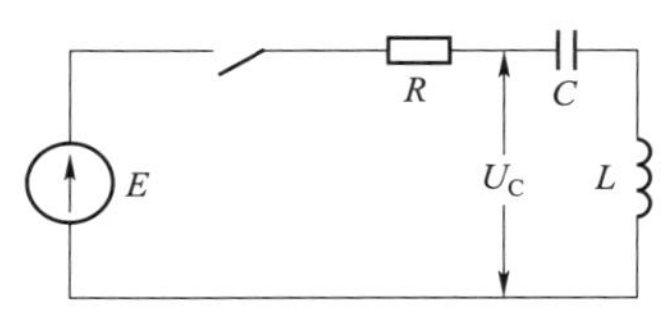

图 2.1－4　串联谐振电路

$$\begin{cases} \omega_0' = \sqrt{\omega_0^{\ 2} - \mu^2} \\ \omega_0 = \sqrt{\dfrac{1}{LC}} \\ \mu = \dfrac{R}{2L} \end{cases} \tag{2.1-6}$$

式中　ω_0、ω_0'——分别为忽略电阻和考虑电阻时电路的自振角频率；

R、L、C——分别为电阻、电感、电容参数。

当谐波频率与回路某个自振频率相等或接近时，就可能产生这个频率下的谐波谐振现象，导致严重过电压。输电系统中，一般回路电阻很小，所以发生此类谐振过电压幅值较高。过电压最大值 U_{Cmax} 及其参数条件为

$$\begin{cases} U_{\mathrm{C\,max}} = \dfrac{E}{\dfrac{2\mu}{\omega_0'}\sqrt{1-\left(\dfrac{\mu}{\omega_0'}\right)^2}} \\ \dfrac{\omega}{\omega_0'} = \sqrt{1-\dfrac{2\mu^2}{\omega_0'^2}} \end{cases} \tag{2.1-7}$$

四、谐波导致过电压风险快速评估技术

前面介绍的过电压机理仅能从原理上对该过电压进行一定解释，具体量化分析还需依赖于电磁暂态仿真。受制于大规模电磁暂态建模的难度、仿真的效率问题，要对所有运行方式都进行风险排查极为困难，因此，只介绍一种基于系统谐波阻抗阵扫描的过电压快速评估方法。

（一）各元件谐波等值模型

谐波阻抗阵的形成需要依赖于各元件的谐波等值模型，对系统中各元件的谐波等值模型归纳如下。

1. 输电线路

输电线路在谐波下的等值元件依然采用 Π 型等值电路，如图 2.1－5 所示。

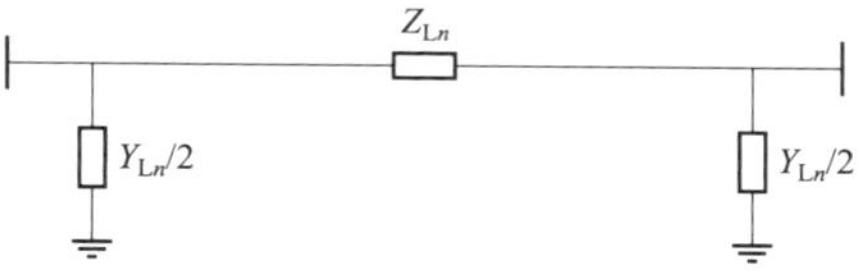

图 2.1－5　输电线路的谐波等值电路

然而由于在高次谐波作用下，输电线路的波长明显变短，因此线路的分布参数特性更加明显。由于励磁涌流引发的谐波过电压涉及 5～6 次谐波，因此根据经验当输电线路距离超过 50km 时，需要利用双曲函数计算输电线路的 Π 型电路等值参数，即

$$\begin{aligned} Z_{\mathrm{L}n} &= Z_{cn}\sinh\gamma_n l \\ \frac{Y_{\mathrm{L}n}}{2} &= \frac{\cosh\gamma_n l - 1}{Z_{cn}\sinh\gamma_n l} \end{aligned} \tag{2.1-8}$$

式中　Z_{cn} ——n 次谐波下线路的特征阻抗；

γ_n ——n 次谐波下线路的传播系数。

Z_{cn}、γ_n 可以由式（2.1－9）计算得出

$$Z_{cn} = \sqrt{\frac{z_{Ln}}{y_{Ln}}} \qquad (2.1-9)$$
$$\gamma_n = \sqrt{z_{Ln} y_{Ln}}$$

式中　z_{Ln}、y_{Ln}——分别是 n 次谐波下线路单位长度的阻抗和导纳。

2. 变压器

在对某一非线性负荷谐波含量进行分布计算时，网内的其他变压器可以忽略其励磁绕组，而用图 2.1-6 所示的等值电路。

$R_{Tn}+jX_{Tn}$

图 2.1-6　变压器谐波等值电路

图 2.1-6 所示变压器谐波等值电路中，变压器的谐波等值阻抗可表示为

$$R_{Tn} + jX_{Tn} = \sqrt{n}R_{T1} + njX_{T1} \qquad (2.1-10)$$

式中　R_{Tn}、X_{Tn}——变压器 n 次谐波的谐波电阻与电抗；

R_{T1}、X_{T1}——变压器基次谐波的谐波电阻与电抗。

3. 发电机

根据叠加定理，发电机的电动势仅存在于基波网络中，而在谐波网络中发电机的电动势可视为 0。而其在 n 次谐波下电抗 X_{Gn} 可近似等于基波负序阻抗 X_G 与谐波次数 n 的乘积，即

$$X_{Gn} = nX_G \qquad (2.1-11)$$

4. 负荷

本书中将负荷等值为一个综合等值电动机处理，其谐波阻抗 Z_n 为

$$Z_n = \sqrt{n}R_2 + jnX_2 \qquad (2.1-12)$$

式中　R_2、X_2——等值电动机的基波负序电阻与电抗。

5. 无功补偿元件

无功补偿元件近似地等值为单一的电容、电感元件，因此感性补偿元件与容性补偿元件的谐波阻抗 Z_{Ln}、Z_{Cn} 分别为

$$Z_{Ln} = jn\omega L \qquad (2.1-13)$$
$$Z_{Cn} = j\frac{1}{n\omega C}$$

式中　ω——基波角频率；

L、C——感性补偿元件与容性补偿元件的电感、电容值。

（二）谐波阻抗矩阵的形成及其物理意义

本书中谐波阻抗阵的形成，采用先求取谐波导纳阵，再对谐波导纳阵求逆的方法，其具体步骤为：

（1）利用前面所述的元件谐波模型，参照基波导纳阵的求法，得到各次谐波的谐波导纳阵。

（2）通过对导纳阵求逆得到各次谐波的阻抗阵。

利用上述方法，得到系统 n 次谐波阻抗阵 $\boldsymbol{Z}_n$ 后，可知该阵可写为

$$\boldsymbol{Z}_n=\begin{bmatrix} Z_{n11} & Z_{n12} & \cdots & Z_{n1i} & \cdots & Z_{n1m} \\ Z_{n21} & Z_{n22} & \cdots & Z_{n2i} & \cdots & Z_{n2m} \\ \vdots & \vdots & \vdots & \vdots & \vdots & \vdots \\ Z_{ni1} & Z_{ni2} & \cdots & Z_{nii} & \cdots & Z_{nim} \\ \vdots & \vdots & \vdots & \vdots & \vdots & \vdots \\ Z_{nm1} & Z_{nm2} & \cdots & Z_{nmi} & \cdots & Z_{nmm} \end{bmatrix} \tag{2.1-14}$$

该矩阵中的某一非对角元素 $Z_{nij}(i\neq j)$，则是系统中母线 i 与母线 j 之间的谐波互阻抗。根据互阻抗的定义，Z_{nij} 在数值上等于当母线 i 上注入单位大小的 n 次电流，而其他节点均处于开路状态时，母线 j 的电压。即当设定 $\dot{I}_{in}=1$，$\dot{I}_{jn}=0(j\neq i)$ 时，有

$$\dot{U}_{jn}=Z_{nij}$$

由此可见，在母线 i 处注入相同的 n 次谐波电流，Z_{nij} 的模值越大，则母线 j 处的谐波电压就越大，因此母线 j 处谐波电压畸变的风险就越高。

（三）励磁涌流引发谐波谐振电压的计算

谐波互阻抗 Z_{nij} 反映了电网中 n 次谐波的分布网络特性。利用该参数，可以对系统中励磁涌流引发的谐波电压畸变进行初步估算。

设定主变压器空载合闸时其励磁涌流峰值为额定电流的 k_{R} 倍。通过多次的仿真发现，考虑 60%以上的剩磁，在典型系统强度下，励磁涌流峰值的大小一般不会超过额定电流的 2.5 倍，实际测试表明常规三绕组变压器励磁涌流一般不会超过额定电流的 3 倍。

为考虑较为恶劣的情况，取励磁涌流为额定电流的 4.0 倍，即令 $k_{\mathrm{R}}=4.0$，则对主变压器进行空载合闸操作时，其产生的励磁涌流的峰值 I_{r} 计算式为

$$I_{\mathrm{r}}=\frac{4S_{\mathrm{N}}}{\sqrt{3}U_{\mathrm{NT}}} \tag{2.1-15}$$

式中　S_{N} ——变压器的额定容量；

U_{NT} ——变压器在操作侧的额定电压。

由此在最恶劣的情况下，主变压器产生的励磁涌流中各次谐波的大小可通过式（2.1-16）计算得出

$$I_{\mathrm{r}n}=k_nI_{\mathrm{r}}=k_n\frac{4S_{\mathrm{N}}}{\sqrt{3}U_{\mathrm{NT}}} \tag{2.1-16}$$

式中　k_n ——励磁涌流中 n 次谐波有效值与励磁涌流峰值的比值。

假设系统中没有其他谐波源，则该工况下母线 j 的 n 次谐波电压可由式（2.1-17）加以计算

$$U_{nj}=k_nZ_{nij}\frac{4S_{\mathrm{N}}}{\sqrt{3}U_{\mathrm{NT}}} \tag{2.1-17}$$

当系统中某条母线注入特定的谐波电流时，如果出现系统中另外一条母线上产生的谐波电压标幺值高于该注入点的谐波电压标幺值的情况，称其为谐波放大。

根据之前谐波阻抗的定义，可知当母线 i 上注入 n 次谐波 I_n 时，母线 i 上本身产生的谐波电压标幺值为

$$U_{in}=Z_{nii}I_n \tag{2.1-18}$$

式中　U_{in} ——母线 i 的 n 次谐波电压标幺值；

Z_{nii} ——母线 i 的 n 次谐波自阻抗。

而此时，另一条母线 j 上产生的 n 次谐波电压 U_{jn} 为

$$U_{jn}=Z_{nij}I_n \tag{2.1-19}$$

由以上两式可知，发生谐波放大的条件为

$$\frac{Z_{nij}}{Z_{nii}}>1 \tag{2.1-20}$$

且该比值越大，说明谐波放大的倍数越大。

五、励磁涌流及过电压仿真关键技术

基于谐波阻抗扫描的过电压快速评估方法，可初步筛选出具有过电压风险的运行方式，借此可缩小电磁暂态仿真计算范围，但量化分析仍需依靠电磁暂态仿真。以下将从

励磁涌流及过电压准确仿真方面介绍相关仿真技术。

（一）变压器饱和特性曲线

除去剩磁水平和合闸相角外，影响励磁涌流大小的因素主要包括主变压器结构、主变压器容量、系统强度、主变压器 *U—I* 特性曲线，其中尤以 *U—I* 特性曲线影响最大。因此在仿真中 *U—I* 特性曲线的参数选取对于励磁涌流的模拟至关重要。已知某厂家提供的实际变压器饱和特性试验数据，结合理论分析和工程经验给出了仿真输入 *U—I* 特性曲线及励磁涌流最大参考值选取方法。

某厂家提供的 500kV、1000MVA 主变压器（三相分体）*U—I* 特性曲线如图 2.1－7 所示，励磁曲线拐点约为 1.049（标幺值）。

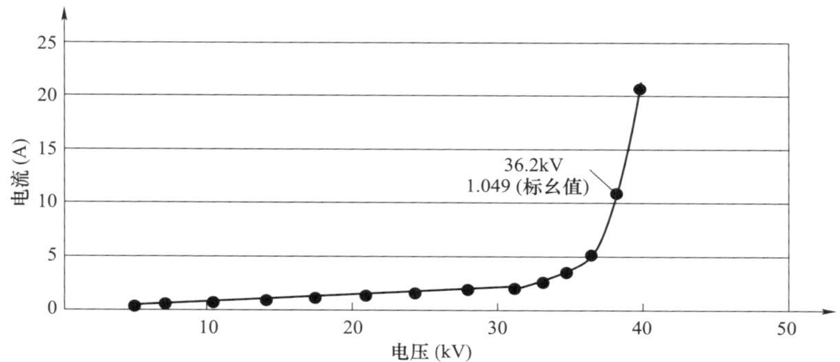

图 2.1－7　500kV、1000MVA 主变压器 *U—I* 特性曲线

实际主变压器很难通过试验得出深度饱和状态下 *U—I* 特性曲线，往往通过理论计算得出深度饱和情况下的 *U—I* 特性曲线，其饱和点电压约为 1.05～1.1（标幺值）。仿真计算中，在该范围内取值后计算的励磁涌流与现场测试的励磁涌流类似。

（二）励磁涌流计算

以某变电站为例，仿真中 750MVA 三绕组变压器励磁涌流峰值达到 2kA 左右，励磁涌流及各次谐波含量分别如图 2.1－8 和图 2.1－9 所示。

仿真表明，励磁涌流中 2 次谐波较大，其中：2 次谐波在主变压器合闸 100ms 后占比仍能达到 10%以上，2 次谐波电流有效值约 212A；3～5 次谐波占比相对较低，主变压器合闸 100ms 后占比约 6%，有效值小于 100A。

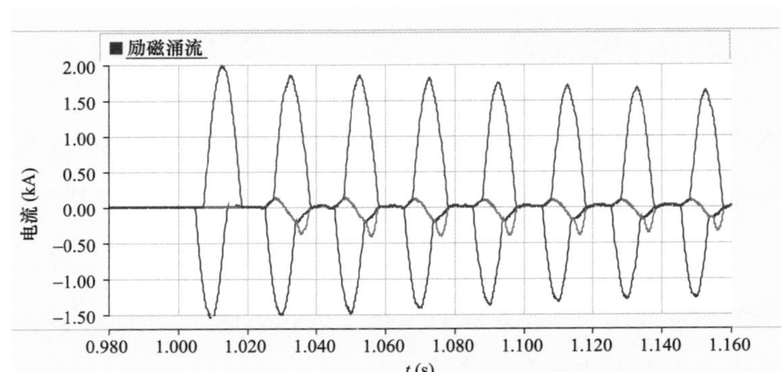

图 2.1-8　500kV 主变压器合闸励磁涌流

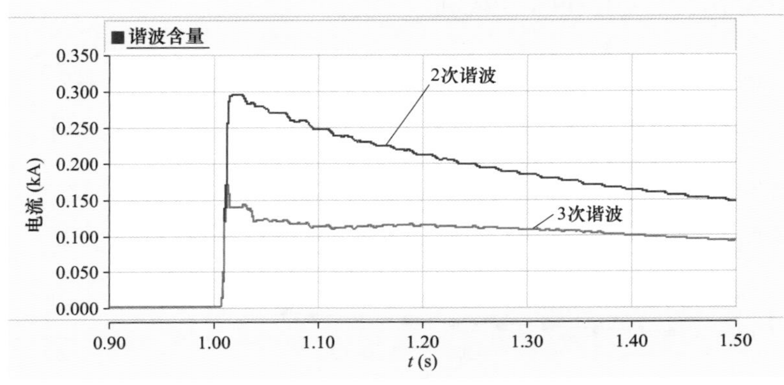

图 2.1-9　励磁涌流中各次谐波含量（峰值）

（三）运行方式的影响

分析表明，电网运行方式对励磁涌流引发电压畸变乃至过电压风险具有较大的影响。同时，分析得出，开机量的增加以及负荷的增长也对风险有明显抑制作用。因此可以利用方式调整，减少系统过电压风险。

但是，系统的实际运行方式千差万别，负荷水平、功率因数、开机数量、低电压等级电网运行方式均会对系统网络的谐波特性产生明显的影响。同时考虑到电网发展速度，可能很难寻找出一个合适的方式调整策略，以抑制风险。

因此，如果希望通过调整运行方式进行风险抑制，需要在每次操作前，针对具体电网检修、开机、负荷等工况进行计算，而不能采用一个固定的操作方式。

（四）谐波引起的过电压计算标准

目前国内外尚无针对持续时间几百毫秒至几秒时间尺度暂态谐波引发过电压的参考标准。由于谐波引起的过电压持续时间较长，参考 GB/T 50064—2014《交流电气装置的过电压保护和绝缘配合设计规范》及 DL/T 2044—2019《输电系统谐波引发谐振过电压计算导则》，对仿真系统中涉及的各电压等级过电压上限取值见表 2.1－2。

表 2.1－2　谐波过电压参考标准　kV

电压等级	系统最高运行电压	相电压峰值基准	1.3 倍相电压峰值
110	126	102.9	133.7
220	252	205.7	267.5
500	550	449	583.7

六、谐波对电力电子系统运行影响

（一）谐波对新能源的影响

长链式、弱联系电网中新能源易受到谐波影响，进而引发设备故障或系统稳定破坏。2016 年 11 月 8 日，四川某光伏电站发生一起由于 SVG 谐波保护动作跳闸而引发整个光伏电站脱网事件。事件原因为大容量光伏电源接入系统导致并网点母线电压畸变率超标，超过 SVG 谐波保护动作阈值，导致 SVG 跳闸，进而引发并网点电压大幅跌落［至 0.9（标幺值）以下］，光伏电站的低压解列装置工作，使整个光伏电站脱网。

西藏电网为典型高比例新能源接入的弱联系电网。西藏中部新能源装机容量已超过 1100MW，占整个西藏电网装机容量比例超过 50%。西藏地区大规模光伏接入对电网的安全稳定运行将带来较大考验。随着光伏建设规模的扩大，多个光伏电站可能同时接入同一弱联系输电通道。根据谐波的叠加原理，即使单个光伏电站的电能质量指标合格，也不能保证多个站接入后的总体电能质量指标合格，这就会导致大容量光伏电源接入系统时，存在受谐波影响而脱网的风险。此外，弱联系电网中可能存在空载合闸主变压器引发的暂时谐波，经弱联系网架的放大后，也可能引发谐波保护动作。由于西藏电网新能源占比高，若发生新能源大面积脱网事故，将会导致电网频率、电压剧烈波动，甚至引发垮网事故。

（二）谐波对直流输电系统的影响

谐波可能引发直流送出方式下功率波动、受入方式下换相失败，严重情况下甚至引发直流闭锁。

1. 直流系统换相失败原理

换相失败是直流输电换流站最常见故障之一，换相失败会导致瞬时传输功率中断，引发电网波动。在控制措施不当时，可能导致后续换相失败甚至闭锁。

在换流器中，退出导通的阀在反向电压作用的一段时间内，若未能恢复阻断能力，或者在反向电压期间换相过程未能进行完毕，则在阀电压变为正向时，被换相的阀将向原来预定退出的阀倒换相，这种现象被称为换相失败。换相失败一般发生在逆变器中，整流器一般不会发生换相失败。这是因为整流器的换相熄弧角一般大于 90°，阀关断后将会有较长时间处于反向电压作用。图 2.1－10 显示了触发超前角α、换相重叠角μ、熄弧角γ之间的关系。换相失败过程的等值电路图如图 2.1－11 所示。

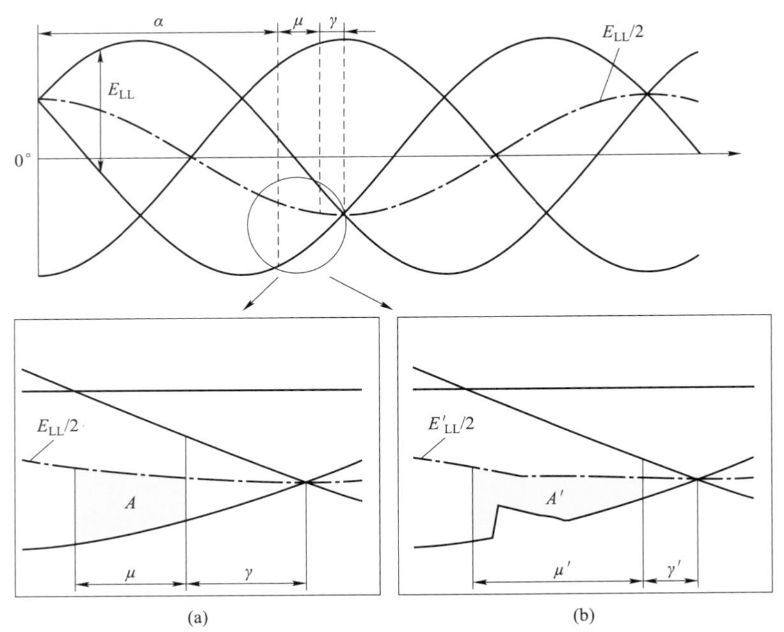

图 2.1－10　考虑谐波影响的换相过程

（a）正常换相过程；（b）考虑谐波的换相过程

E_{LL}—线电压；E'_{LL}—考虑谐波的线电压；α—触发超前角；γ—熄弧角；γ'—考虑谐波的熄弧角；μ—换相重叠角；μ'—考虑谐波的换相重叠角；$A=A'$—换相电压时间面积

由于直流侧串联了一个电抗值较大的平波电抗器，可以近似认为在换相过程 $t_0 \sim t_1$ 中，直流电流 I_d 保持不变，有

$$I_d = \int_{t_0}^{t_1} -\frac{U_{ab}}{2L_c} dt \tag{2.1-21}$$

在该时段内，阀 4 向阀 6 换相，阀 4 的电流从 I_d 减小到 0，换相重叠角为 $\mu = (t_1 - t_0) / 0.02\text{s} \times 2\pi \text{ rad}$。不考虑谐波的情况下，逆变器熄弧角为

$$\gamma = \arccos\left(\frac{\sqrt{2}kI_d X_c}{U_{ab}} + \cos\beta\right) \tag{2.1-22}$$

一般认为在阀熄弧角$\gamma < \gamma_{min}$时会发生换相失败。其中，γ_{min}为固有极限熄弧角，是晶闸管中载流子复合和建立 PN 结阻挡层所必需的时间，其大小和晶闸管元件参数、施加于晶闸管元件上的电压和电流有关，随电压、电流的增大而增大。

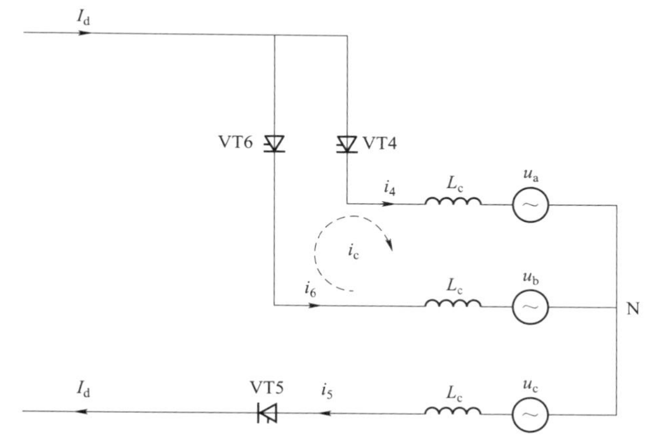

图 2.1－11　换相失败过程等值电路图

2. 谐波引发换相失败的定量分析

在谐波的影响下，换相电压时间面积由 A 变为 A'，导致换相重叠角增加，熄弧角减小，严重时甚至可能导致熄弧角$\gamma < \gamma_{min}$，从而造成换相失败。

将受谐波影响的线电压表示成傅里叶级数的形式

$$U_{ab} = E_1 \sin\omega t + \sum_{n=2}^{N} E_n \sin(n\omega t + \varphi_n) \tag{2.1-23}$$

将式（2.1－23）代入式（2.1－21）得

$$I_d = \int_{t_0}^{t_1} -\frac{E_1 \sin\omega t}{2L_c} dt + \sum_{n=2}^{N} \int_{t_0}^{t_1} -\frac{E_n \sin(n\omega t + \varphi_n)}{2L_c} dt \tag{2.1-24}$$

要使谐波项的影响小，每一项谐波项的系数应该尽可能小，n 次谐波对应的电压时间面积为

$$\begin{aligned}F_n &= \int_{t_0}^{t_1} -\frac{E_n \sin(n\omega t+\varphi_n)}{2L_c}\mathrm{d}t \\ &= \frac{E_n\cos(n\pi - n\gamma+\varphi_n) - E_n\cos(n\alpha+\varphi_n)}{2n\omega L_c}\end{aligned} \tag{2.1-25}$$

对式（2.1-25）进行化简，可得

$$\begin{aligned}F_n &= -\frac{E_n\sin\left(\frac{n\pi-n\gamma+n\alpha}{2}+\varphi_n\right)\sin\left(\frac{n\pi-n\gamma-n\alpha}{2}\right)}{n\omega L_c} \\ &= A_n\sin\left(\frac{n\pi-ny+n\alpha}{2}+\varphi_n\right)\end{aligned}$$

其中

$$A_n = -\frac{E_n\sin\left(\frac{n\pi-n\gamma+n\alpha}{2}+\varphi_n\right)}{n\omega L_c} \tag{2.1-26}$$

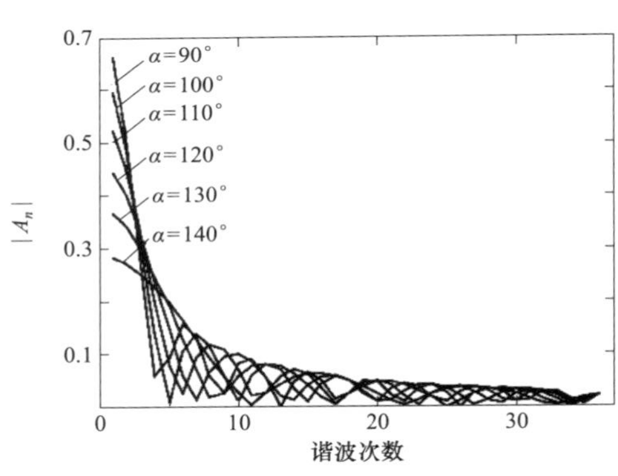

图 2.1-12　谐波换相系数和触发角α、谐波次数的关系

考虑φ_n的不确定性，n 次谐波的最大影响由$|A_n|$决定。定义$|A_n|$为谐波换相系数，其与谐波次数的关系如图 2.1-12 所示。

随着谐波次数的增加，谐波换相系数整体呈减小趋势，这主要是因为谐波阻抗 $n\omega L$ 与谐波次数呈正比关系。在励磁涌流引发的谐振过电压中低次谐波占主要成分，谐波电压幅值（E_n）随谐波次数的增加也呈减小趋势。因此，低次谐波对直流系统的换相失败起主要作用。

3. 直流系统谐波保护和励磁涌流

直流线路电流中的异常谐波分量长期存在，使换流阀及其缓冲回路、换流变压器、平波电抗器、直流滤波器、交流滤波器等承受较大的应力，主要表现为热容量、过负荷能力限制，因此需要对直流系统设置谐波保护。

直流输电采用等间隔触发原理，换流器阀侧电气量的频率特性实际上体现的是换流

站交流母线电压的空间旋转矢量与触发脉冲的空间旋转矢量的相对频率。由于锁相与同步环节的作用，各阀的触发脉冲的基波空间旋转矢量与换流母线的正序基波电压同步旋转。为防止交流系统故障，直流系统内部配置了 50Hz 和 100Hz 谐波保护，但是这些保护可能受到励磁涌流影响而动作。这是因为励磁涌流中含有丰富的谐波分量，其中二次谐波和三次谐波分量幅值较大，经过长线路放大效应以后，再经过换流器，在直流侧形成 50Hz 和 100Hz 分量，有可能触发直流谐波保护误动作，引发直流闭锁。2011 年 11 月 16 日，西北电网官厅变电站 750kV 2 号主变压器空载合闸，产生励磁涌流，最大峰值达 2632A，二次谐波电流在励磁涌流峰值中的占比达 50%。同时产生的二次谐波电压为 8kV，经交流网传导至近千千米外的柴达木换流站，达到 64kV，导致柴拉直流谐波保护动作，双极闭锁，对藏中电网造成严重冲击。

（三）谐波对 SVC 装置保护的影响

SVC 等 FACTS 装置的滤波支路的谐波阻抗很小，在电网谐波畸变率升高的情况下，滤波支路很可能会过载，甚至损坏滤波器。因此，FACTS 装置的滤波支路通常配置了谐波保护，在电网谐波畸变较大时，谐波保护会导致 FACTS 装置闭锁。在弱联系电网中，由于谐波放大效应显著，谐波畸变率水平通常高于普通电网，因此需要特别关注谐波对 SVC 等 FACTS 装置的影响。

七、励磁涌流抑制及过电压风险防控

（一）传统励磁涌流抑制策略及缺陷

抑制主变压器空载合闸时的励磁涌流可以从谐波源头对风险进行抑制，从而降低末端的谐波过电压水平。现有的励磁涌流抑制策略主要包括：① 变压器出线间隔断路器采用选相合闸技术；② 变压器出线间隔断路器增加合闸电阻；③ 调整运行方式。

还有其他限制励磁涌流的措施，如在主变压器低压侧投入电容器以抑制励磁涌流，但是该方法对电容器的取值要求极高，单纯依靠仿真很难得到合适的数值。另一种方法是利用 ZnO 故障电流抑制器，将其串联在主变压器回路中，利用 ZnO 的非

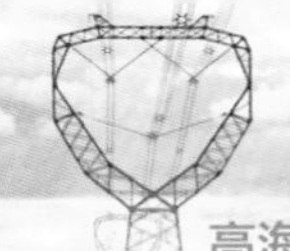

线性抑制励磁涌流。该方法未来可能会成为研究的热点，但是目前国内未见有成熟的产品。

1. 选相合闸技术

选相合闸技术一直是抑制励磁涌流的热门方法。在断路器动作离散性较低情况下，不对一次设备进行改动，只需增加控制系统就能实现，经济性较高。但是在考虑剩磁和开关动作离散性的情况下，选相合闸的效果将大打折扣。

（1）忽略剩磁和开关动作离散性。在忽略变压器剩磁的情况下，采用的选相合闸策略为：A 相在系统电压峰值处投入，在 A 相关合后 1/4 工频周期后投入 B、C 两相。以容量为 1000MVA 的某 500kV 主变压器为例，在忽略剩磁的情况下，采用选相合闸前后产生的励磁涌流如图 2.1－13 所示。

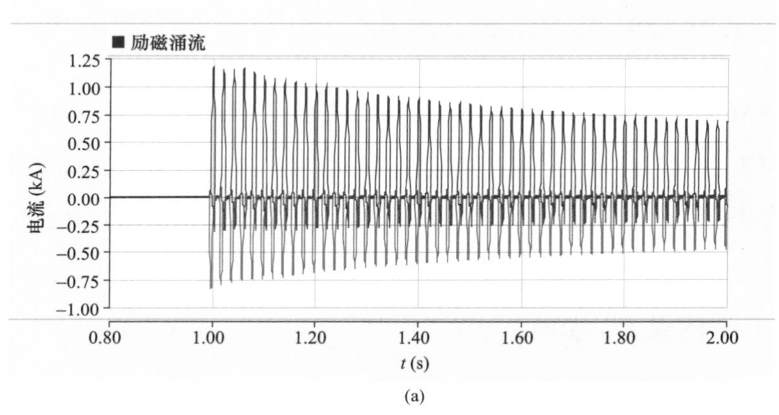

(a)

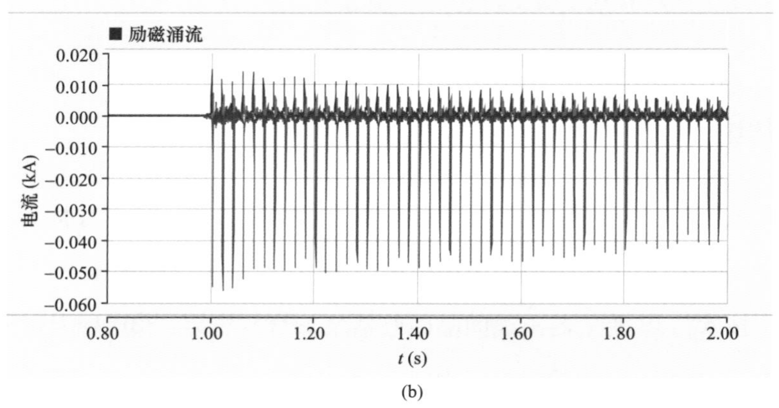

(b)

图 2.1－13　主变压器励磁涌流瞬时值

（a）采用选相合闸前；（b）采用选相合闸后

如果选相合闸策略能够完美执行，励磁涌流可以从 1200A 降低至 60A，从而极大地降低系统电压严重畸变及谐波过电压风险。

采用选相合闸前后，空载合闸该主变压器时，末端电网 35kV 的电压瞬时值波形如图 2.1－14 所示。由图可知，如果选相合闸策略能够完美执行，系统末端谐波过电压的风险基本上可以抑制。

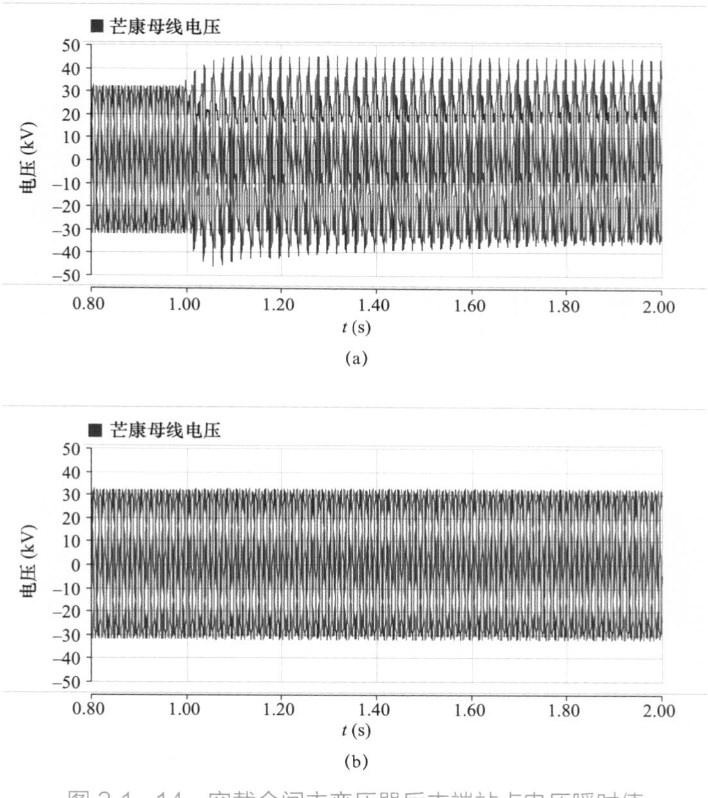

图 2.1－14　空载合闸主变压器后末端站点电压瞬时值

（a）采用选相合闸前；（b）采用选相合闸后

（2）考虑开关动作离散性。然而断路器的合闸时间总有离散性，导致无法保证选相合闸完美执行。如果考虑 1ms 的断路器合闸离散时间，谐波过电压的抑制效果可能就会有所衰减。仿真结果表明，当断路器合闸时间从最优合闸时间前移或后移 1ms，励磁涌流将恢复至 600A，末端变电站 35kV 侧的谐波过电压又会有所提高，如图 2.1－15 所示。

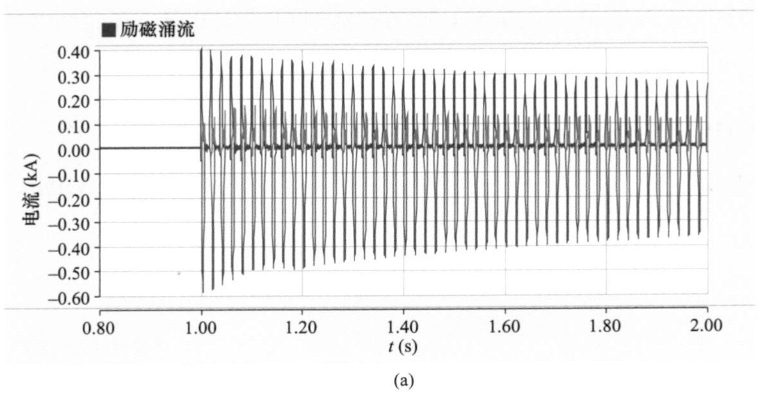

(a)

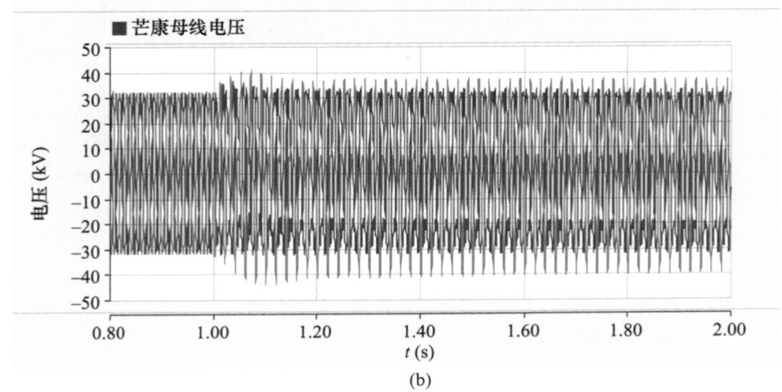

(b)

图 2.1－15　考虑 1ms 的断路器合闸时间离散性后选相合闸效果分析

（a）空载合闸主变压器励磁涌流；（b）末端站的电压瞬时值

由图 2.1－15 可知，如果断路器合闸时间存在 1ms 的误差，励磁涌流的抑制效果将大打折扣。现在的 220kV 断路器离散时间一般只规定小于 5ms，其特性可能很难满足选相合闸的要求。500kV 断路器虽然离散时间较短，但是也很难保证误差在 1ms 之内。

（3）考虑变压器剩磁。剩磁的存在也会影响选相合闸的效果。图 2.1－16 给出了考虑 60%剩磁情况下，选相合闸的执行效果。选相合闸的策略依然选用前面所述策略，合闸时间无误差。

由图 2.1－16 可知，当考虑剩磁时，传统的选相合闸策略无法起到应有的效果。如果在选相合闸时考虑剩磁的因素，在合闸策略上就会有较大的改变。现有的选相合闸技术应用时采取的措施是提前对变压器进行消磁处理。

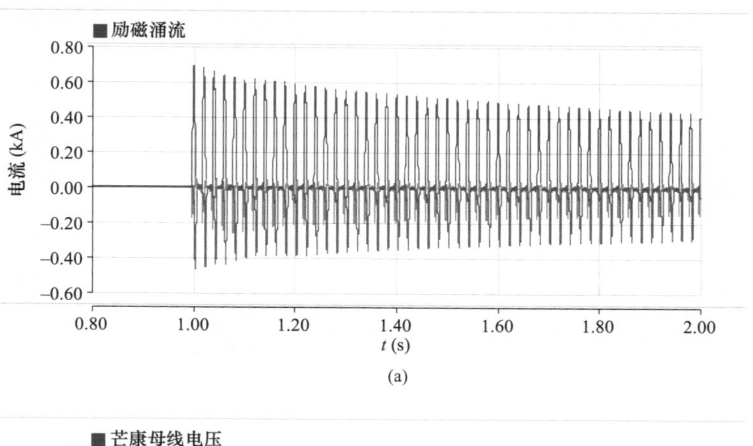

(a)

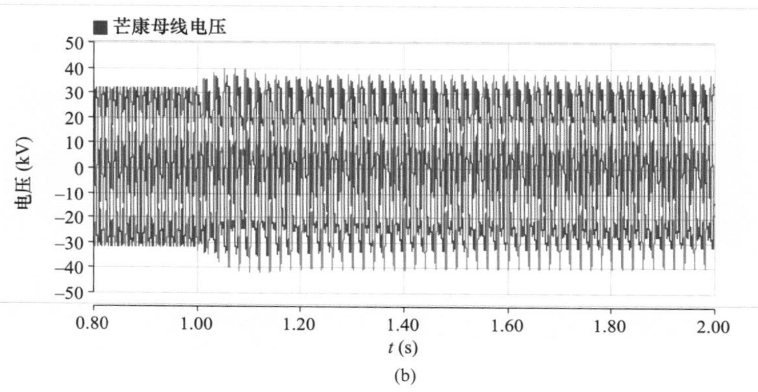

(b)

图 2.1−16　考虑剩磁后，选相合闸效果分析

（a）励磁涌流大小；（b）末端站点 35kV 电压瞬时值

2. 增加合闸电阻

抑制主变压器空载合闸时的励磁涌流可以从谐波源头对风险进行抑制，从而降低末端的谐波过电压水平。合闸电阻一般用于抑制电力系统合闸时的操作过电压。根据调研，目前国内合闸电阻应用情况如表 2.1−3 所示。

表 2.1−3　　合闸电阻应用情况

电压等级（kV）	作用	电阻值（Ω）	接入时间（ms）	应用地点
220	未见应用			
500	限制主变压器励磁涌流和操作过电压	400	8～12	主变压器出线间隔断路器
	限制换流变压器励磁涌流	1500	8～12	换流变压器出线间隔断路器
750	限制主变压器励磁涌流和操作过电压	575	8～12	主变压器出线间隔断路器

通过表 2.1−3 可以看出，合闸电阻对抑制变压器励磁涌流有明显效果，但相比限制

操作过电压，利用合闸电阻限制励磁涌流将具有特殊性。下面将对合闸电阻阻值、投入时间对励磁涌流抑制效果做定性分析。

图 2.1－17 给出了计及剩磁情况下，主变压器空载合闸时各相的磁链变化曲线。由图 2.1－17 可知，以 A 相为例，假设合空载主变压器前，通过调节产生剩磁的励磁电压大小，使得 A 相带有 60%的正向剩磁，B、C 两相分别带有 30%的反向剩磁。根据励磁涌流产生的机理可知，为了使 A 相最大限度地产生励磁涌流，必须选择 A 相电压初相角为 0° 时合闸。因此，图 2.1－17 中，在 1s 时刻，A 相电压相位恰好为 0°，合闸空载变压器，1/2 周波（0.01s）后，A 相磁链到达最大值，此时励磁涌流也达到最大值。可以看出，为了有效抑制 A 相励磁涌流，合闸电阻投入时间必须大于 10ms。在不考虑开关动作分散性的条件下，B 相和 C 相的反向磁链最大值分别出现在 1.006 7s 和 1.013 3s，因此为了同时抑制 B、C 两相的励磁涌流，合闸电阻的投入时间应至少达到 13.3ms。

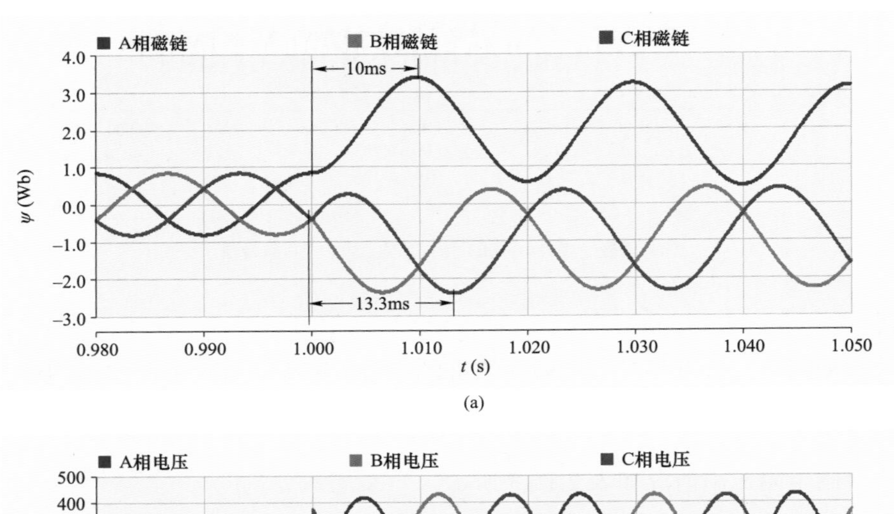

(a)

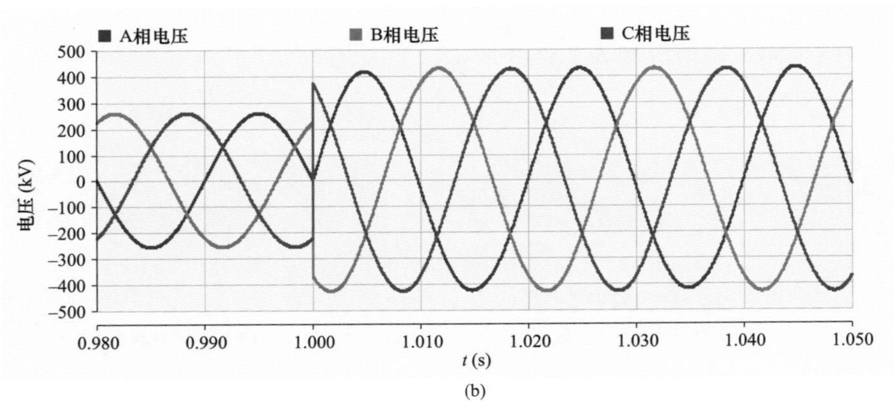

(b)

图 2.1－17　计及剩磁情况下合空载主变压器的各相磁链变化曲线

（a）各相磁链；（b）各相电压

如果考虑开关动作离散性，理论上要依据不同的剩磁大小、剩磁的衰减速度及相间励磁的影响大小来确定投入时间。按照剩磁不超60%且不衰减计算，合闸电阻的投入时间达到20ms是一个安全值。但是成熟的产品中合闸电阻的投入时间很难达到该要求。如果按照现有的产品装设投入时间为8ms的合闸电阻，励磁涌流的抑制效果则会有所降低。图2.1–18所示是投入1500Ω、8ms合闸电阻后，川藏电力联网工程中乡城变电站主变压器空载合闸时励磁涌流的抑制效果。由图2.1–18可知，由于合闸电阻投入时间过短，虽然使得励磁涌流有所下降，但依然没有完全抑制风险，末端站点的谐波过电压依然超过了1.3（标幺值）。

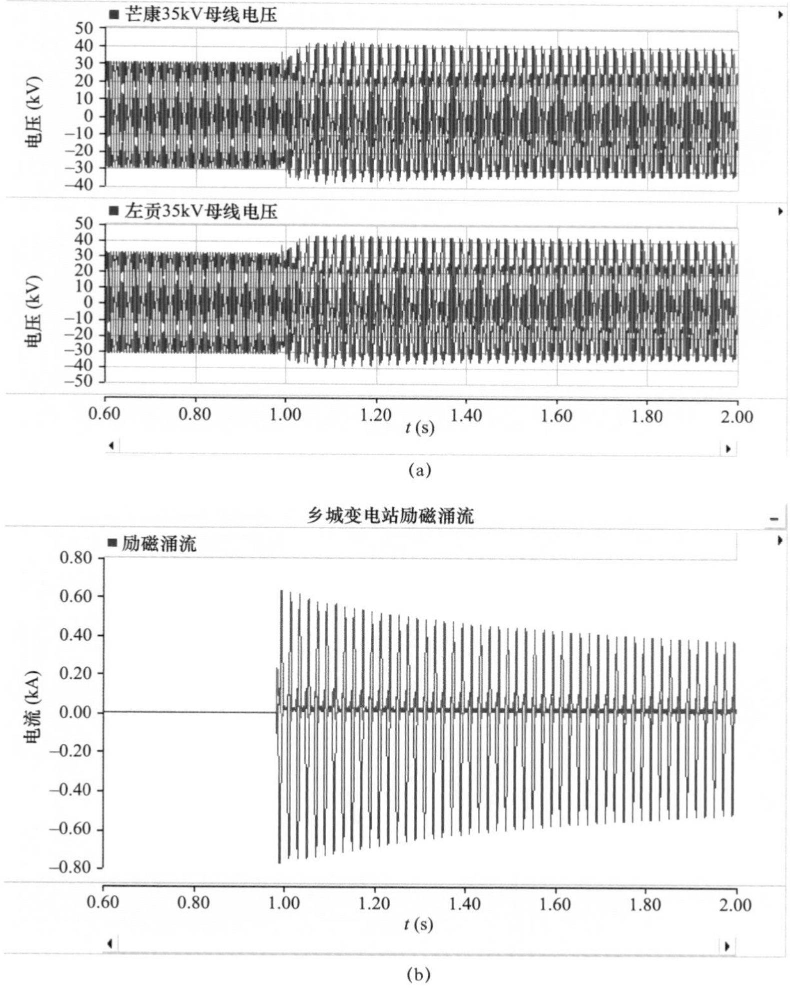

图2.1–18　投入1500Ω、8ms合闸电阻对乡城变电站空载合闸主变压器励磁涌流的抑制效果

（a）母线电压曲线；（b）励磁涌流曲线

同时，现场录波数据证明了上述观点。图 2.1－19 是 2013 年 8 月青藏电力联网工程拉萨换流站换流变压器空载合闸时录波图。

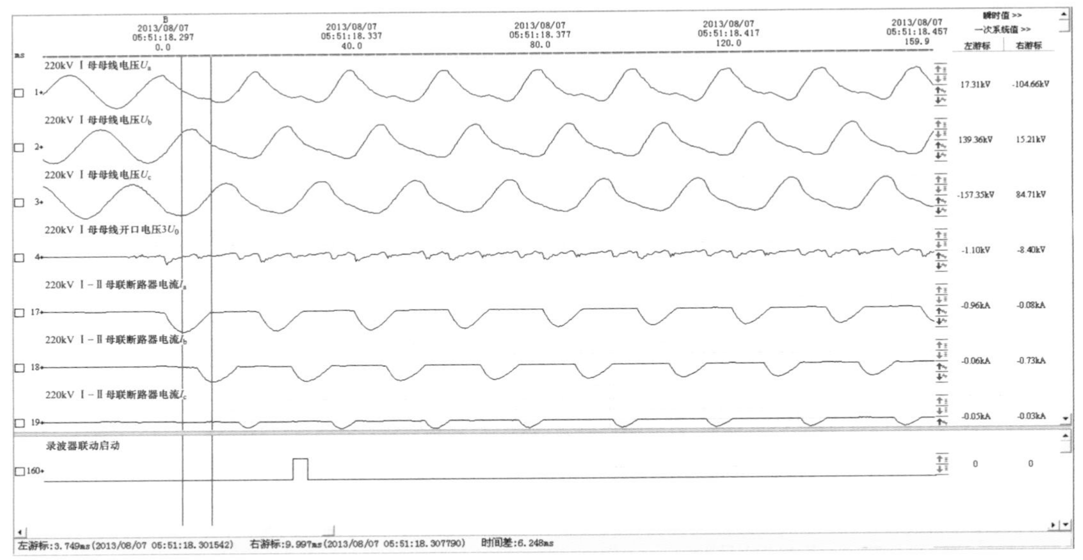

图 2.1－19　拉萨换流站换流变压器空载合闸时录波图

由图 2.1－19 可以看出，虽然拉萨换流站在换流变压器空载合闸时投入了合闸电阻，但由于电阻投入时间过短，励磁涌流依然达到了 960A。

同时有文献也表明，即使装设了 1500Ω 的合闸电阻，高岭换流站 500kV 变压器空载合闸时，励磁涌流也曾达到过 1066A。以上的分析均可说明，合闸电阻投入时间偏短会使励磁涌流抑制效果大打折扣。

除了合闸电阻投入时间长短以外，合闸电阻大小也会对抑制励磁涌流产生较大的影响。根据理论分析可知，变压器合闸瞬变过程中，暂态分量磁通的衰减快慢与合闸电阻大小成反比，因此合闸电阻越大，励磁涌流衰减时间越短。同时，由于合闸电阻的分压作用，合闸电阻越大，励磁电压分压越小，励磁涌流也会越小。工程上合闸电阻大小的选择主要有 400、575、600Ω 和 1500Ω。

（二）三种励磁涌流抑制策略

由上面分析可知，单纯的选相合闸技术及合闸电阻技术都无法满足抑制励磁涌流的要求，因此，下面提出了三种新的励磁涌流抑制策略，可实现在高剩磁、考虑开关动作离散性的情况下，有效抑制励磁涌流。

1. 加装特殊要求的合闸电阻

本节推导仅用合闸电阻抑制励磁涌流时，需要投入的最小时间，以防止出现某相的最大磁通还未到来，合闸电阻已经退出的情况。以单相变压器为例，其等值电路图如图 2.1－20 所示。

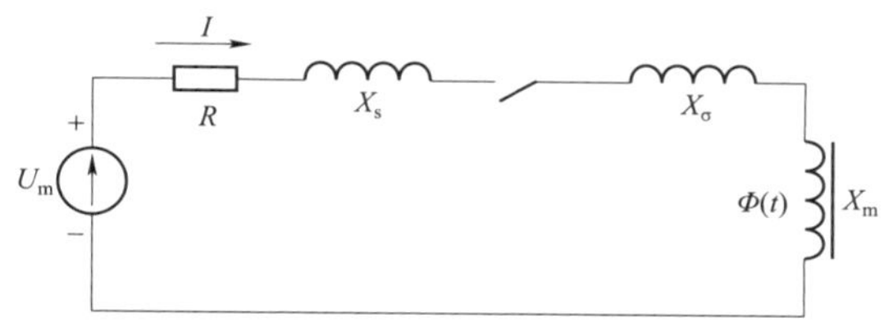

图 2.1－20　空载合闸主变压器等值电路图

图 2.1－20 中，U_m 为系统等值电源，R、X_s 为系统等值电阻、电抗，X_σ 为变压器漏抗，X_m 为变压器励磁电抗，$\Phi(t)$ 为变压器主磁通。变压器剩磁满足回路电压方程

$$\frac{\mathrm{d}\Phi}{\mathrm{d}t}=(R+X_s+X_\sigma)I+U_m\cos(\omega t+\alpha) \tag{2.1-27}$$

$$\Phi(t)=-\Phi_m\cos(\omega t+\alpha)+(\Phi_m\cos\alpha+\Phi_r)\mathrm{e}^{-\frac{R}{X_\Sigma}t} \tag{2.1-28}$$

$$\Phi_m=X_mI_m=\frac{X_mU_m}{\sqrt{R^2+X_\Sigma^2}} \tag{2.1-29}$$

$$X_\Sigma=X_s+X_\sigma+X_m \tag{2.1-30}$$

对于 Yyd 连接等大型三相变压器，假设 A 相先合闸，B、C 相后合闸

$$\Phi_A(t)=-\Phi_m\cos(\omega t+\alpha_A)+(\Phi_m\cos\alpha_A+\Phi_{rA})\mathrm{e}^{-\frac{R}{L_\Sigma}t} \tag{2.1-31}$$

式中　α_A ——A 相初始合闸角；

Φ_{rA} ——合闸前 A 相剩磁通。

当初始合闸角 $\alpha_A=0$，剩磁 $\Phi_{rA}>0$，$R\ll L_\Sigma$ 时，A 相磁通具有最大值

$$\Phi_A(t)=2\Phi_m+\Phi_{rA} \tag{2.1-32}$$

A 相励磁涌流在 $\omega t=\pi$，即 $t=10\mathrm{ms}$ 时有最大值。

A 相合闸后，B、C 相通过 D 绕组形成感应磁通，不计漏磁通应满足

$$\Phi_B(t)=\Phi_C(t)=-\frac{1}{2}\Phi_A(t) \tag{2.1-33}$$

以 B 相未合闸而 C 相合闸为例，C 相磁通为

$$\Phi_C(t)=-\Phi_m\cos\left(\omega t+\frac{2}{3}\pi\right)+\left[\Phi_m\cos\left(\alpha_C+\frac{2}{3}\pi\right)-\frac{1}{2}\Phi_{A(\omega t=\alpha_C)}+\Phi_{rC}\right]\mathrm{e}^{-\frac{R}{L_\Sigma}t} \tag{2.1-34}$$

其中

$$\Phi_{A(\omega t=\alpha_C)}=-\Phi_m\cos\alpha_C+\Phi_m\cos\alpha_A+\Phi_{rA}$$

式中　α_C ——C 相初始合闸角；

$-\frac{1}{2}\Phi_{A(\omega t=\alpha_C)}$ ——A 相合闸后在 C 相 $\omega t=\alpha_C$ 时刻产生的感应磁通；

Φ_{rC} ——合闸前 C 相剩磁通。

同样考虑 $R \ll L+L_\sigma$，对 $\Phi_C(t)$ 求导得

$$\frac{\partial \Phi_C(t)}{\partial \alpha_C}=-\Phi_m \sin\left(\alpha_C+\frac{2}{3}\pi\right)-\frac{1}{2}\Phi_m \sin\alpha_C \tag{2.1-35}$$

$$\frac{\partial \Phi_C(t)}{\partial \omega t}=\Phi_m \sin\left(\omega t+\frac{2}{3}\pi\right) \tag{2.1-36}$$

当 $\sin\left(\omega t+\frac{2}{3}\pi\right)=0$、$\sin\left(\alpha_C+\frac{2}{3}\pi\right)+\frac{1}{2}\sin\alpha_C=0$，即 $\alpha_C=\frac{\pi}{2}$，$\omega t=k\pi+\pi/3$ 时，$\Phi_C(t)$ 存在负最大值，即

$$\min\Phi_C(t)=-\left(\frac{3+\sqrt{3}}{2}\right)\Phi_m-\frac{1}{2}\Phi_{rA}+\Phi_{rC} \tag{2.1-37}$$

均不计三相合闸前剩磁，则考虑三相开关动作离散性情况下 $\max\left|\Phi_C(t)\right|=\frac{3+\sqrt{3}}{4}\max\left|\Phi_A(t)\right|$，即 C 相滞后 A 相合闸时间 5ms 时，C 相产生的励磁涌流大于 A 相。

由上述分析可知，为了同时抑制三相的励磁涌流，合闸电阻的投入时间应至少达到 15ms。如果考虑开关动作离散性，理论上要依据不同的剩磁大小、剩磁的衰减速度，以及相间励磁的影响大小来确定投入时间。仿真分析表明，合闸电阻传统的 8～12ms 投入时间无法满足励磁涌流抑制的要求，需要增加投入时间。按照剩磁不超 60%且不衰减计算，合闸电阻的投入时间达到 20ms 才能保证安全。

2. 剩磁方向可测的励磁涌流抑制技术

在不考虑开关动作离散性和剩磁的条件下，选相合闸技术能够较好地抑制励磁涌流，但是根据目前实际工程中的开关动作特性，至少需要考虑 1ms 的离散时间，因此无法完全实现开关的精确合闸。由前述分析可知，在考虑开关动作离散性和剩磁的条件下，对合闸电阻大小的要求是 1500Ω，对合闸电阻投入时间的要求是不小于 15ms。目前国内开关合闸电阻大小虽能够满足 1500Ω 的要求，但是合闸电阻投入时间为（10±2）ms，无法满足不小于 15ms 的技术要求。

根据国内相关厂家收资调研情况，目前国内已经研制出可以准确判断剩磁方向的仪器（其原理为检测开关关断时刻电压曲线）。变压器经直流电阻测试试验后，其剩磁可

不满足$\Phi_A+\Phi_B+\Phi_C=0$约束，但根据直流电流方向可直接判断剩磁方向，并且一般要求直流电阻测试后进行消磁，变压器剩磁往往较小。

不同结构的变压器因系统故障等原因跳闸，主磁通满足：

（1）三相三柱式，$\Phi_A+\Phi_B+\Phi_C=0$。

（2）分体式 Yyd，$\Phi_A+\Phi_B+\Phi_C=0$。

（3）三相五柱式，$\Phi_A+\Phi_B+\Phi_C\neq0$，但有一相剩磁最大，且与另两相反向，假设 A 相剩磁取正方向且最大，则$\Phi_A>-(\Phi_B+\Phi_C)$。

由于三相剩磁满足上述关系，必有一相与另外两相方向相反，且该相剩磁最大。根据该特点，本节将提出一种综合控制策略，即在空载合闸主变压器之前，先对主变压器进行剩磁测量，判断出剩磁最大相的极性，然后同时实施选相合闸与增加合闸电阻，在不超过现有设备能力的条件下，有效抑制励磁涌流引起的谐波过电压。

下面简要介绍该综合策略原理。如图 2.1–21 所示，曲线u为电源电压曲线，曲线ψ为变压器磁链曲线。根据理论分析可知，为了避免空载合闸冲击电流的产生，在电源经过最大值瞬间合闸最为有利，即在a点合闸，此时变压器中的磁链不存在任何直流分量，磁链到达最大值需要 5ms。如果考虑开关 1ms 的延时，即在b点合闸，根据磁链守恒原理，变压器中的磁链将产生一个负的直流分量，磁链到达最大值需要 14ms。由于合闸电阻投入时间最小为 8ms，因此在a点合闸能有效抑制励磁涌流，但是如果在

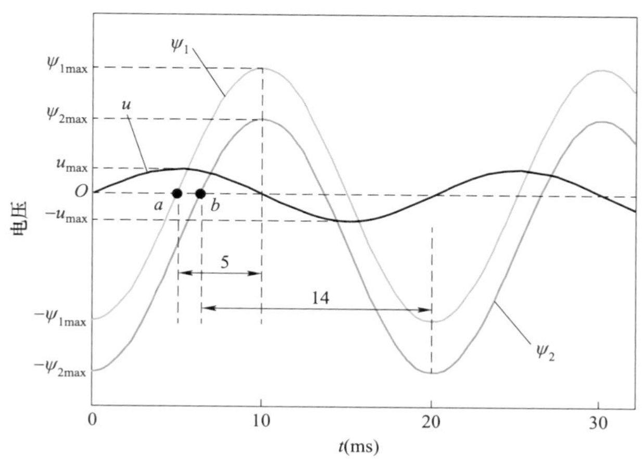

图 2.1–21　控制励磁涌流综合策略示意图

b 点合闸，有可能存在变压器磁链还未进入饱和区，合闸电阻已经退出的情况，这将使励磁涌流无法得到有效抑制。为此，在设计选相合闸时，必须将合闸时间提前 1ms，且合闸相的电压极性必须与剩磁极性一致。在此基础上，即使考虑 1ms 的开关动作离散性，也能保证合闸后变压器磁链的最大值出现在 8ms 之内。

按照该综合策略，以某 500kV 变电站空载合闸第二台主变压器为例进行谐波过电压校核，分析结果如图 2.1－22 所示。

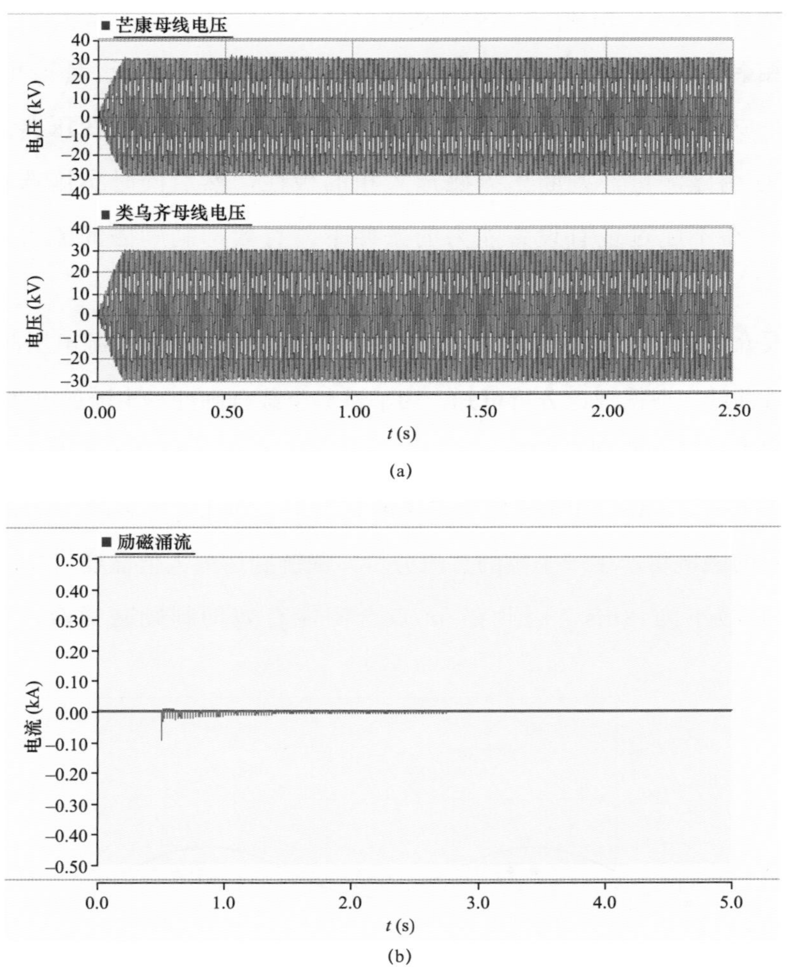

图 2.1－22　综合策略下投入合闸电阻后空载合闸第二台主变压器时的励磁涌流以及母线电压

（a）末端站点母线电压；（b）励磁涌流

由图 2.1－22 可知，在综合策略下，投入合闸电阻后，空载合闸第二台主变压器产生的励磁涌流能够被较好地抑制，从而证实了该方案的可行性和有效性。

3. 基于消磁的励磁涌流抑制技术

当剩磁大小、方向均不可测时，考虑采用成熟的消磁方式实现主变压器较小剩磁状况下合闸，可大幅降低励磁涌流大小。即在空载合闸主变压器之前，先利用消磁器对主变压器进行去磁操作，使主变压器的剩磁降到10%以下。然后同时实施选相合闸与增加合闸电阻，在不超过现有设备能力的条件下，有效抑制励磁涌流引起的谐波过电压。

在设计选相合闸时，同样采用将合闸时间提前1ms的策略。即使考虑1ms的开关动作离散性，也能保证合闸后变压器磁链的最大值出现在8ms之内。按照该综合策略，某500kV变电站进行第二台主变压器空载合闸时，谐波过电压仿真结果如图2.1－23所示。

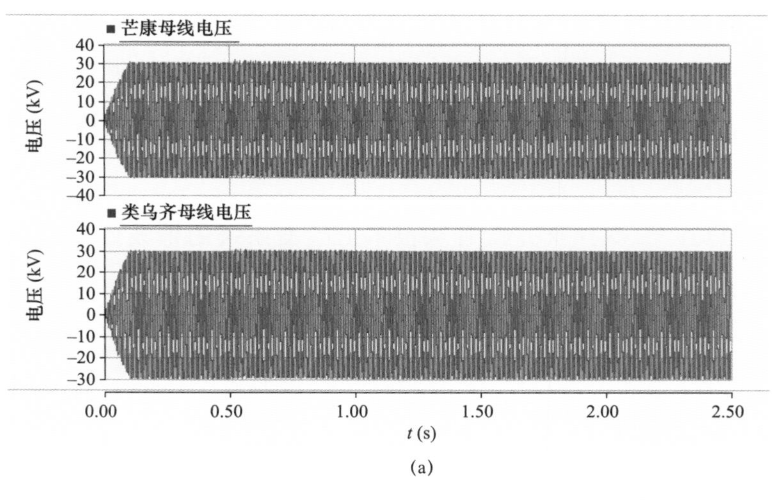

(a)

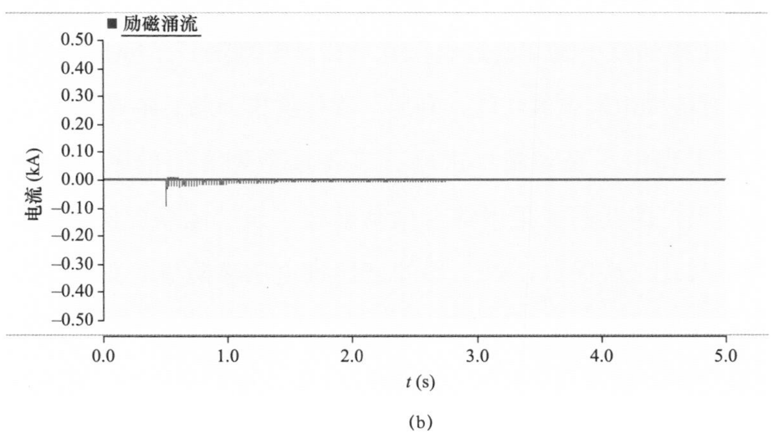

(b)

图2.1－23 综合策略下消磁后空载合闸第二台主变压器时的励磁涌流及母线电压

（a）末端站点母线电压；（b）励磁涌流

因此，在综合策略下，消磁后空载合闸第二台主变压器产生的励磁涌流能够被较好地抑制，从而证实了该方案的可行性和有效性。

（三）二次保护配置

前述策略是在一次系统中通过增加设备的方法抑制励磁涌流，改变电网的网络特性，然而为了给整个谐波过电压事故增加总后备保护，建议在谐波过电压风险较高的站点装设全波过电压保护及谐波保护，以防止在之前的措施失效时，能够及时地跳开线路。

其中，全波过电压保护是在计算过电压值时，同时计及各次谐波的含量。但是，该保护可能受到系统故障的影响。如果在全波过电压保护延时期间，系统由于过电压击穿绝缘，这将拉低系统电压，全波过电压保护停止计时，使得保护无法动作。

值得注意的是，二次保护并没有从根本上改变系统的谐波过电压风险，同时考虑到二次系统的延时，其对设备、负荷的保护效果依然有限。但是，增设二次保护后，可以在最后时刻切除线路，将出现过电压的变电站与谐波源隔离，防止事故的扩散。

（四）谐波过电压的综合抑制策略

前面对抑制励磁涌流引发谐波过电压几项措施分别进行了分析，包括抑制励磁涌流、加装滤波装置改变电网谐波特性、利用二次保护作为总后备等策略。

但是在实际工程中，受到施工进度、设备选型等方面的影响，单一的措施很难满足所有的要求，因此需要采用综合抑制措施，该措施综合使用励磁涌流抑制措施、无源滤波器以及二次保护，对工程的谐波过电压风险进行抑制，保证工程的安全运行。

因此，根据之前对谐波过电压抑制手段的效果分析，并考虑工程现场实际，制订了谐波过电压的综合抑制策略。该策略综合使用抑制励磁涌流、加装滤波装置改变电网谐波特性、利用二次保护等多项措施构筑防线，措施间的相互配合方式如图 2.1－24 所示。

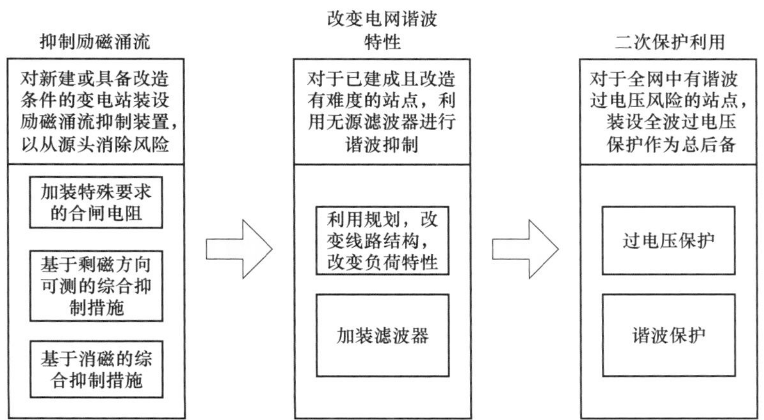

图 2.1－24　谐波过电压的综合抑制策略配合方式

如图 2.1－24 所示，谐波过电压的综合抑制策略配合方式包括以下几道防线：

（1）对新建或具备改造条件的变电站装设励磁涌流抑制装置，以从源头消除风险；

（2）对于已建成且改造有难度的站点，利用无源滤波器进行谐波抑制；

（3）对于全网中有谐波过电压风险的站点，装设全波过电压保护作为总后备；

（4）远期利用规划等手段，改变局部电网长线路、弱阻尼的特性，从根本上消除系统谐波过电压的风险。

八、变压器剩磁评估及消磁技术

在变压器开断之后，尤其是直流电阻试验后，变压器的铁芯中会残留一定量的磁通，这些磁通被称为剩磁。剩磁的影响因素很多，包括铁芯材料的非线性特征、绕组的等效杂散电容及断路器开断变压器的相位和每相的开断次序，这些都可能会影响剩磁的大小和方向。一般情况下，剩磁将长时间存在于铁芯中而不会自然消失。剩磁的大小和方向与空载变压器合闸时的励磁涌流有很密切的联系，因此对剩磁的有效并准确测量成为研究削减励磁涌流的重要前提。

变压器铁芯在失电后铁芯磁通的变化过程称为反磁化过程。在该过程中畴壁位移和磁矩转动都有可能发生，但两者所占的分量在不同的材料中是有差别的。由于磁化强度大幅度改变主要发生在畴壁位移起主要作用的阶段，因此变压器的磁性变化主要以畴壁

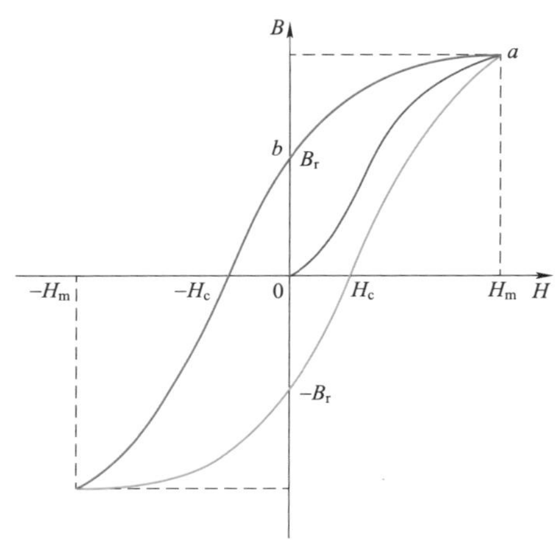

图 2.1–25　铁磁材料的磁滞回线

位移方式为主。

在交变磁场中，磁性材料的交变磁化过程可用磁滞回线来描述，如图 2.1–25 所示。磁滞回线是由两条相互对称的反磁化曲线组成。由于磁滞回线是对称的，可仅取曲线上半部分（即 1、2 象限）进行说明。图 2.1–25 中，*ab* 段是可逆段，当变压器加压后，磁势 H 由 0 上升至 H_m 时，磁通沿 *ab* 升至峰值；同样当变压器失电后，当磁势 H 由 H_m 下降至 0 时，磁通沿 *ab* 曲线下降，并保持为 B_r，这就是剩磁。在磁通沿 *ab* 曲线下降的可逆过程中，主要可通过可逆转动磁化和可逆畴壁位移两种方式说明磁场的变化规律。这两种方式都是部分磁畴按照外加磁场的方向进行重新排列的结果，但是由于内应力或者其他的原因，当外部磁场撤销时部分磁畴无法迅速还原至以前未加磁场的状态，从而产生剩磁。此时，如果希望磁通降至 0，则需要磁势 H 反向增加，直到 $H=-H_c$（矫顽力）时，方可实现 B_r 为 0。

根据上述原理，当给变压器绕组施加交流电压时，由于电压极性正负交变，于是磁路中的磁通极性也在磁滞回线上来回变化，如在 1、2 象限时撤除磁势，则剩磁为正或零，在 3、4 象限撤除磁势则剩磁为负或零。当铁磁体在外加磁势撤除之后磁通降到 B_r 之后到达平衡态，如果可以保证现场温度不会突变超过铁芯的居里点，同时现场的电磁噪声很小，不足以影响磁场的变化，就可以认为剩磁几乎不随时间而变化。

变压器剩磁的产生主要出现在变压器失电的几个毫秒内。而这种失电操作则往往是通过电力系统交流断路器动作实现的。根据电力系统运行方式，变压器的切除方式往往有三种：第一种情况是继电保护装置动作，断路器从一次侧将变压器切除从而切除短路电流；第二种情况是在某些正常运行情况下断路器从一次侧直接将负载电流切除；第三种情况是变压器正常退出运行，二次侧断路器先切除负载电流，此时变压器为空载状态，然后一次侧断路器动作，切除变压器空载电流。空载变压器可等值为一个励磁电感，因此切除空载变压器相当于切除一个小容量的电感负荷。

（一）电压法剩磁评估原理

由于变压器铁芯磁通与绕组电压存在积分关系，因此变压器铁芯剩磁可通过变压器断开前后铁芯端电压积分获得，具体实现方法为：

（1）通过检测变压器端口电压突变时刻，确定变压器间隔断路器开断时刻。

（2）以变压器间隔断路器开断时刻为起点，合理选取积分区间，对铁芯端电压进行积分，得到的计算结果即为变压器铁芯剩磁。

需要注意的是，由于断路器开断后，变压器电压存在暂态振荡，为了减小电压测量误差对于剩磁测量值的影响，电压积分只能在几个系统周期的合理时间窗［t_1，t_2］内进行。

以单相变压器为例，单相变压器空载并且处于稳态时，设一次侧绕组匝数为 N，一次侧绕组的端电压为 $u(t)$，剩磁为 $\Phi_r(t)$。为叙述方便，令 $N=1$，并忽略一次侧的电阻压降和漏抗压降，由电磁感应定律可得一次侧端电压与主磁通的关系

$$u(t)=\frac{\mathrm{d}\Phi_{total}(t)}{\mathrm{d}t} \tag{2.1-38}$$

其中 $\Phi_{total}(t)$ 是变压器铁芯绕组交链的主磁通，为表述方便，主磁通可视为电源电压激励的磁通与剩磁之和

$$\Phi_{total}(t)=\Phi(t)+\Phi_r(t) \tag{2.1-39}$$

式中　$\Phi(t)$ ——电源电压激励的磁通；

　　$\Phi_r(t)$ ——剩磁。

变压器处于稳态时，铁芯内无剩磁，即 $\Phi_r(t)=0$。在应用电压积分法计算剩磁的时间窗内，可将 $\Phi_{total}(t)$ 视为 $\Phi_r(t)$ 与 $\Phi(t)$ 之和。

由式（2.1－38）和式（2.1－39）可得

$$u(t)=\frac{\mathrm{d}[\Phi(t)+\Phi_r(t)]}{\mathrm{d}t} \tag{2.1-40}$$

电压的测量与积分在断电瞬间附近几个系统周期的时间窗［t_1，t_2］内完成，对式（2.1－40）两端在［t_1，t_2］上进行定积分，得

$$[\Phi(t_2)-\Phi(t_1)]+[\Phi_r(t_2)-\Phi_r(t_1)]=\int_{t_1}^{t_2}u(t)\mathrm{d}t \tag{2.1-41}$$

由于 $\Phi(t)$ 为电源激励变压器产生的磁通，因此可将 $\Phi(t)$ 波形视为理想正弦波。设

$t=t'$时刻，变压器一次侧断路器分闸，选取的积分下限 t_1 满足

$$\begin{cases} t_1 < t' \\ u(t_1) = U_p \\ t' - t_1 < 10\text{ms} \end{cases} \tag{2.1-42}$$

式中　U_p ——端口电压峰值。

由于 $u(t_1)=U_p$，因此在 t_1 时刻铁芯磁通为零，即 $\Phi(t_1)=0$，同时由于该时刻变压器尚处于稳态，故剩磁 $\Phi_r(t_1)=0$。

而在变压器一次侧断路器分闸之后，由于存在端口耦合电容的作用，变压器绕组上的电压不会立即降到零，而是有一个衰减的过程，电能和磁能转换过程结束之后，变压器绕组上的电压才会降到零。图 2.1-26 所示是变压器电压法测剩磁时电压的实测波形。

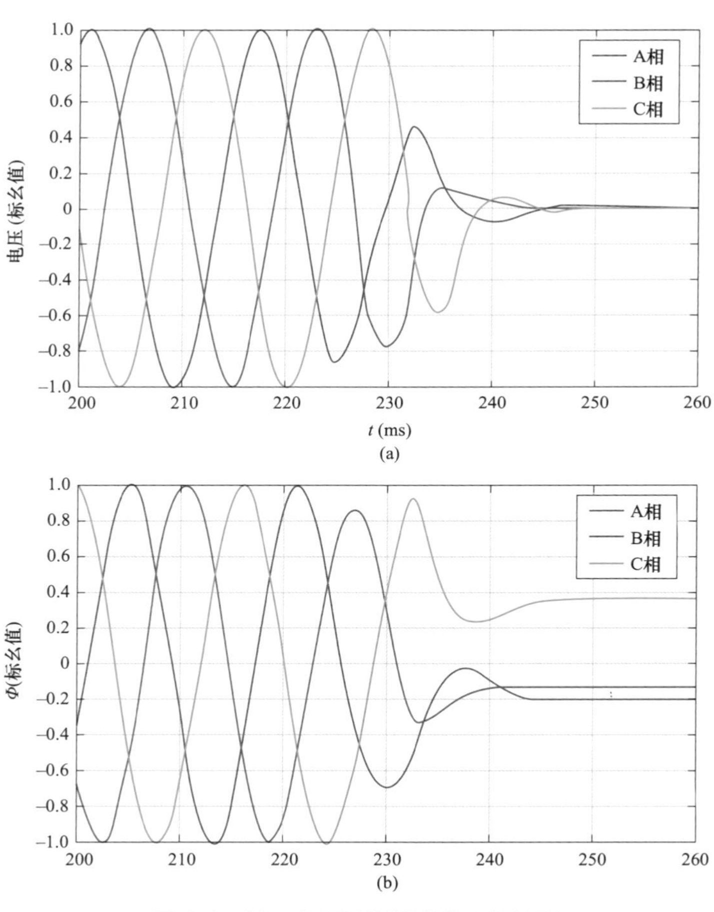

图 2.1-26　电压法测剩磁的实测波形

（a）变压器端口电压；（b）变压器剩磁

式（2.1－41）中的积分上限 t_2 的选择原则为：在 t_2 时刻需满足该时刻电能和磁能转换过程已结束，即变压器绕组上的电压已稳定为零，不再波动，即满足 $\forall\varepsilon \geqslant 0$，均有

$$u(t_2)+\varepsilon=0$$

由于 t_2 时刻变压器的电源已断开，故 $\boldsymbol{\Phi}(t_2)=0$。依据以上原则确定积分区间［t_1，t_2］之后，由式（2.1－41）可得

$$\boldsymbol{\Phi}_{\mathrm{r}}(t)=\int_{t_1}^{t_2}u(t)\mathrm{d}t \tag{2.1-43}$$

（二）剩磁评估算法中实测电压修正原理

由上述分析可知，变压器失电后的铁芯剩磁可以通过对绕组电压进行积分来测量和计算，然而由于该剩磁评估算法存在积分过程，在积分时如果受外界干扰，可能会产生较大误差。

目前高压电力系统中常使用的电压互感器是电容式电压互感器（CVT），由于 CVT 的二次侧电压抑制了几乎所有的低频分量，因此 CVT 测量的电压事实上并不完全对应于实际电压，直接使用 CVT 二次电压进行积分计算会引入显著的瞬态误差。

以 GIS 普遍应用的阻容分压电子式电压互感器为例，它利用电容分压原理实现电压变换，将柱状电容环套在导电线路外，柱状电容环及其等效接地电容构成了电容分压的基本回路，如图 2.1－27 所示。图 2.1－27 中 C_1、C_2 分别为高、低压电容，u_1 为被测一次电压，u_2 为二次输出电压。

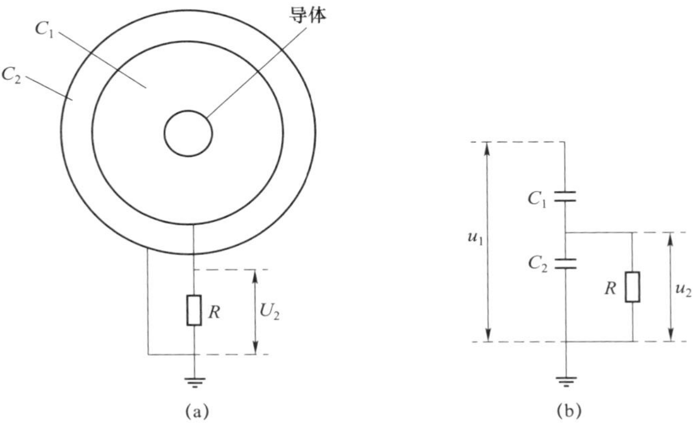

图 2.1－27　阻容分压电子式电压互感器原理图

（a）剖面图；（b）等值电路

利用 220kV 电压互感器的实际参数，对图 2.1－27 所示的互感器进行频谱分析，得到频率响应如图 2.1－28 中所示。由图 2.1－28 可知，CVT 对低频信号具有较强的衰减特性，会影响输入信号的直流分量。因此直接对 CVT 的测量输出进行积分不能获得正确的剩磁。

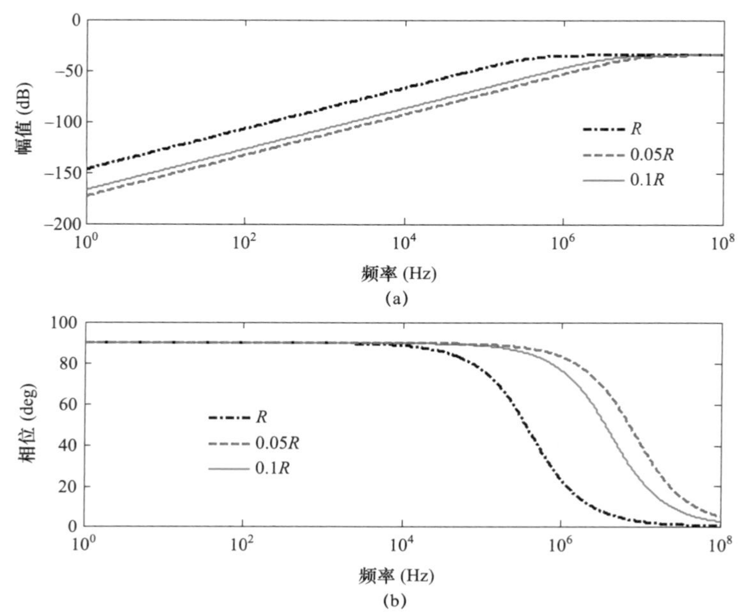

图 2.1－28　阻容分压电子式电压互感器频率响应

（a）幅值响应；（b）相位响应

为解决这个问题，须重建一次侧电压信号的波形。根据等效电路，可得出一次电压输入和二次电压输出间的幅值、相位传递函数为

$$\frac{U_2(s)}{U_1(s)}=\frac{sC_1}{s(C_1+C_2)+\frac{1}{R}} \tag{2.1-44}$$

$$\Delta\theta=90^\circ-\arctan[\omega R(C_1+C_2)] \tag{2.1-45}$$

特别地，若接地电容无法获得稳定的电容值，则可通过选取并联电阻 R 的值，使 $R\ll 1/[\omega(C_1+C_2)]$，则使输出二次电压近似满足

$$U_2(s)=sRC_1U_1(s) \tag{2.1-46}$$

为通过电压互感器二次侧电压重构一次侧电压，可对 CVT 输出电压经过其传递函数反向处理，进行电压波形重构后再用于剩磁预估。

（三）基于电压积分的剩磁评估方法误差分析

在对剩磁评估方法的输入电压进行修正后，下面将着重分析断路器均压电容及断路器不同期合闸对剩磁评估方法误差的影响。

对于双断口断路器而言，受均压电容的影响，开断之后仍然有电能和磁能之间的转换，剩磁受此影响会产生衰减，从而与电压法预估的剩磁有一定误差。早期的双断口断路器由于均压电容值较大，影响较为显著，随着断路器制造工艺的提高，现在双断口断路器的均压电容值已经足够小，对剩磁的影响可基本忽略。

断路器分闸时，由于受断路器机械特性的影响，断路器各相间或同相各断口间分闸时间不会完全一致，有一定的时间差，称为断路器分闸不同期时间。分闸不同期时间可能对电压法预估剩磁产生影响。DL/T 615—2013《高压交流断路器参数选用导则》中规定，如果对极间同期操作没有特别的规定要求，分闸时触头分离时刻的最大差异不应超过 3ms；如果一极由多个串联的开断单元组成，则这些串联的开断单元之间触头分离时刻的最大差异不应超过 2ms。由于分闸不同期时间不大于 3ms，电压法预估剩磁的积分区间相对于不同期时间足够大，可以将不同期的影响完全考虑进去，并不影响剩磁预估的精度。

2014 年 9 月 13 日，对四川某 500kV 变电站 2 号主变压器进行了两次空载合闸试验，对应的励磁涌流波形分别如图 2.1－29 和图 2.1－30 所示。第一次合闸前主变压器进行了消磁处理，第二次合闸则是直接拉开主变压器高压侧开关后，等待 10min 后进行。第一次合闸最大涌流出现在 B 相，为 1755A（合闸时刻为 B 相过零点）；第二次合闸最大涌流出现在 C 相（合闸时刻为 C 过零点前 0.5ms），为 1508A。

针对 500kV 变电站的 2 号主变压器第一次分闸过程，采用本书提出的方法开展分闸后剩磁评估。

首先利用 CVT 输出电压经过其传递函数反向处理对电压波形进行重构，可以得到重构前后一次侧电压变化如图 2.1－31 所示。

对重构后的电压进行积分，积分结果如图 2.1－32 所示，根据分闸前后磁链的变化可判断变压器剩磁大小。可见，正常分闸后，变压器剩磁大致在额定磁通的 20%～30%。其中 C 相的剩磁较高，A、B 两相剩磁相对较低，C 相剩磁方向与 A、B 两相相反。

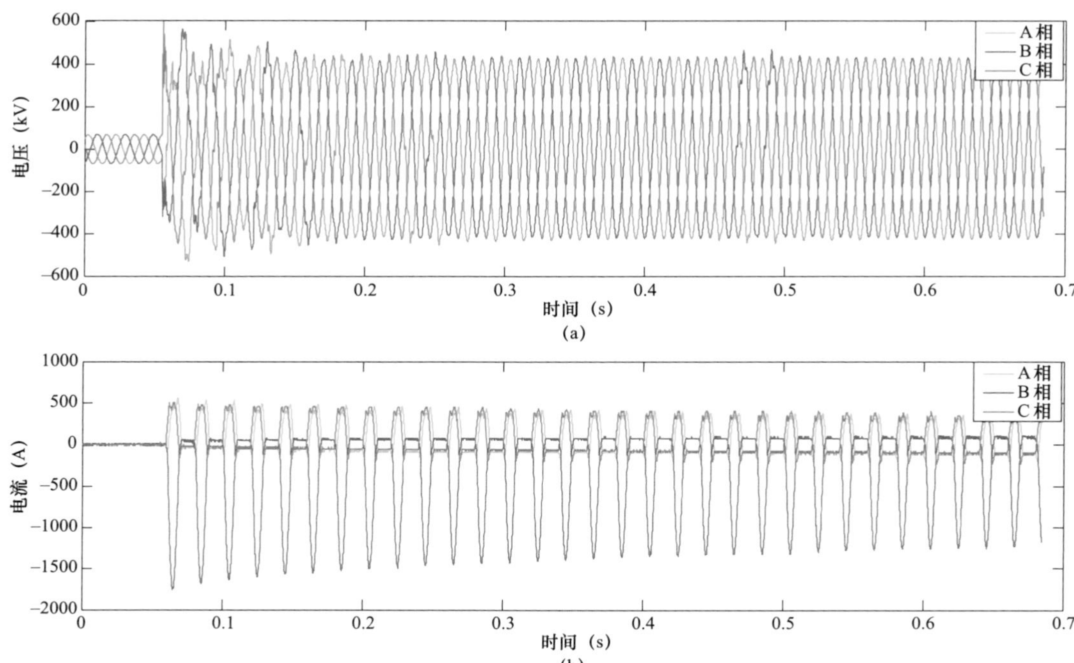

图 2.1–29　四川某 500kV 变电站 2 号主变压器第一次合闸

（a）变压器端口电压；（b）励磁涌流

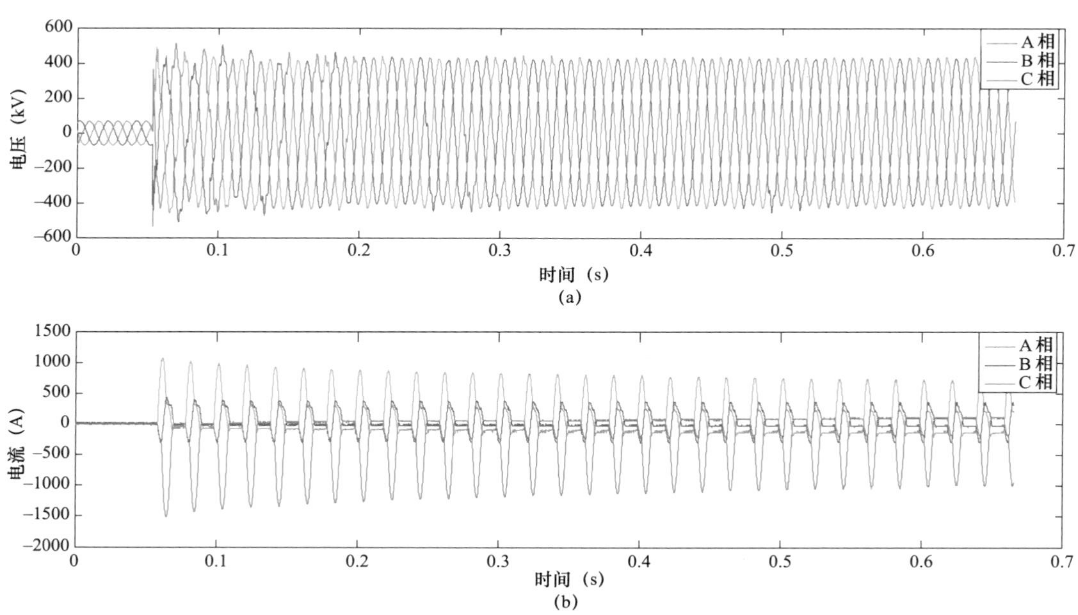

图 2.1–30　四川某 500kV 变电站 2 号主变压器第二次合闸

（a）变压器端口电压；（b）励磁涌流

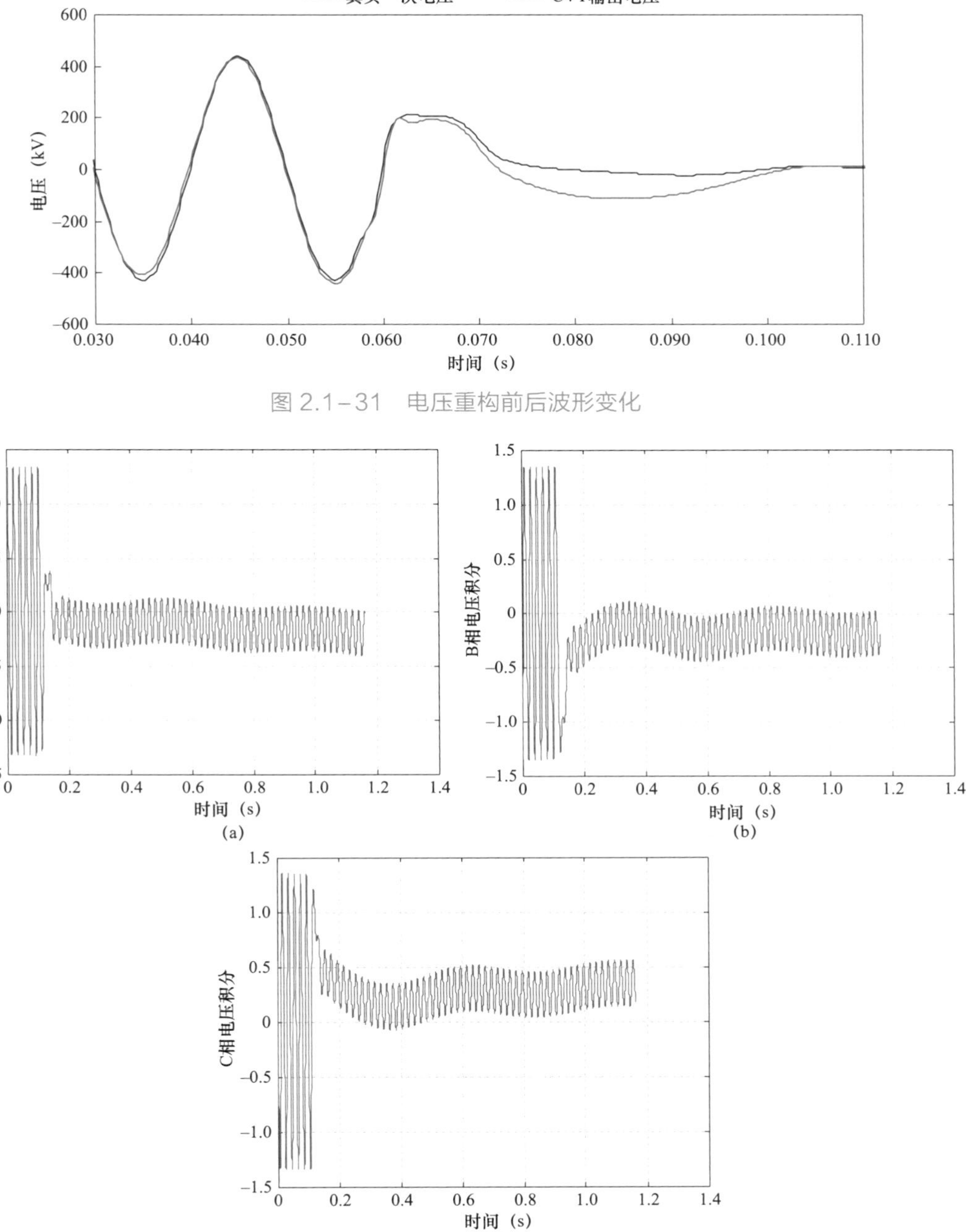

图 2.1-31　电压重构前后波形变化

图 2.1-32　对高压侧电压积分结果

（a）A 相；（b）B 相；（c）C 相

为验证剩磁评估结果的正确性，对主变压器空载合闸后的励磁涌流进行仿真，并与实测涌流值进行对比。仿真中根据图 2.1-32 计算结果，变压器剩磁设置为 A 相 8%、B

相 22%、C 相 23%。根据前期研究结果，气隙电抗设置为 1.8 倍 X_{13}，此时涌流峰值与实际录波较为吻合，具体对比如表 2.1－4 与图 2.1－33 所示。该仿真结果验证了剩磁测量的正确性。

表 2.1－4　励磁涌流计算结果　A

项目	A 相最大	B 相最大	C 相最大
计算值	1062	352	1510
实测值	1070	406	1508

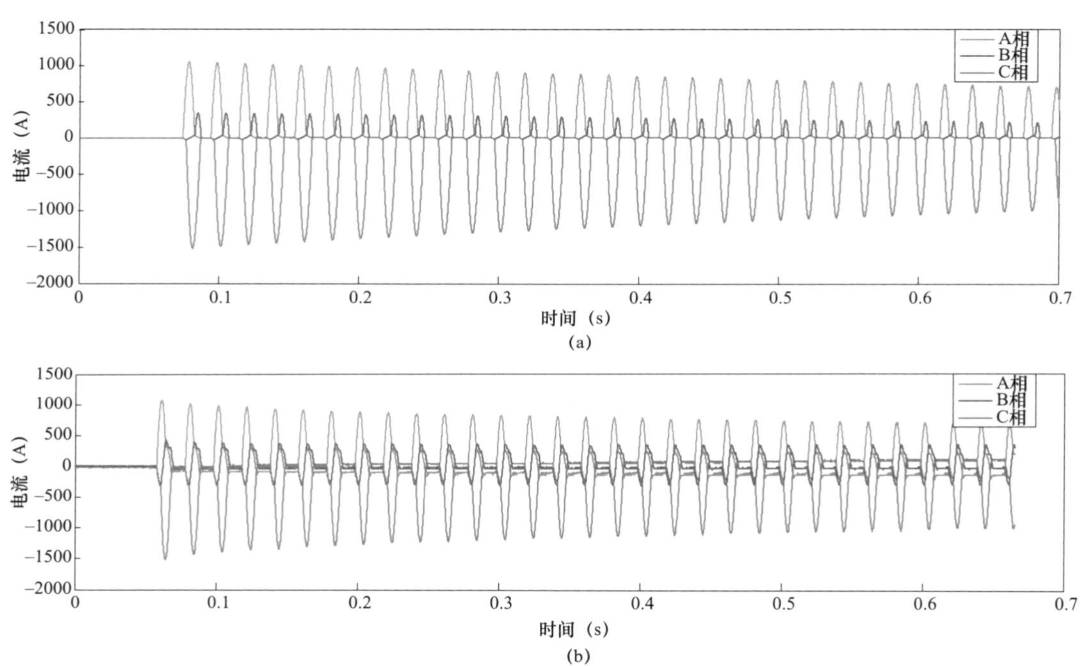

图 2.1－33　励磁涌流仿真结果

（a）仿真结果；（b）实际结果

（四）变压器消磁原理及效果评估

通过对主变压器进行消磁处理，可以降低主变压器空载合闸后的励磁涌流。针对工程前期开展的大量仿真计算，部分变压器在空载合闸前可能需进行消磁处理。但是目前缺少对主变压器消磁效果的检验手段，消磁效果无法进行准确评估。部分厂家基于变压器 U—I 特性曲线正反行程间的间距来判断消磁效果，但事实证明其判据存在缺陷，给出的消磁效果评估结果不能反映真实的变压器剩磁情况。以下采用基于励磁涌流反推的消磁效果评估策略，对消磁设备降低变压器剩磁的效果进行了验证。

1. 主变压器消磁原理

目前，市场上主要的变压器铁芯消磁方法有以下两种：

（1）将缓慢衰减的直流分量由变压器高压绕组两端正反向注入，从而实现缩小铁芯的磁滞回环，达到消除剩磁的目的。

（2）通过提高铁芯环境温度的方式来加速铁芯材料的分子热运动，从而打乱铁芯中有序排列的磁极，达到消磁的目的。

由于第二种方法存在控制困难的问题，所以第一种方案得到了广泛的应用。

该方案的原理可用图 2.1－34 所示的变压器铁芯磁化曲线加以说明。

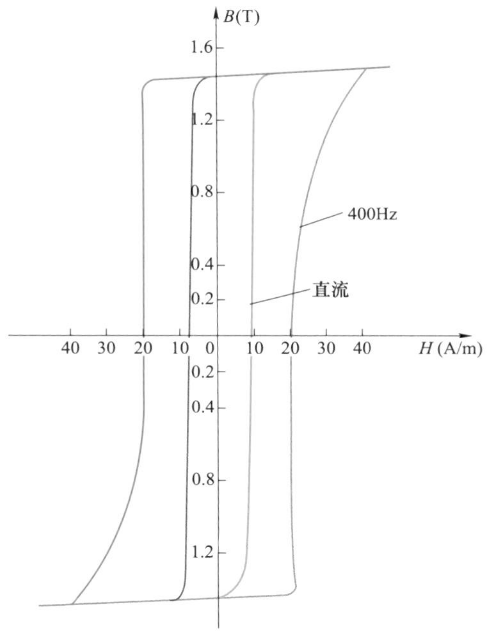

图 2.1－34　变压器铁芯磁化曲线

由图 2.1－34 可知当注入电流频率越低，磁化曲线越陡；注入电流频率越高，磁化曲线越平缓。因此，利用直流电流或类直流电流进行消磁，可以在较小的电流幅值下达到较好的消磁效果。

利用该原理，消磁试验接线原理如图 2.1－35 所示，用接地线将消磁仪接地端子与大地相连，消磁输出端子分别接某相变压器的高压侧端子和录波装置的电流测量端子（消磁输出不分正负），录波装置电流测量端子的另一端与变压器的中性点相连，将录波装置电压测量端子分别与消磁输出端子相连，连接消磁仪的外部 AC 220V 电源。

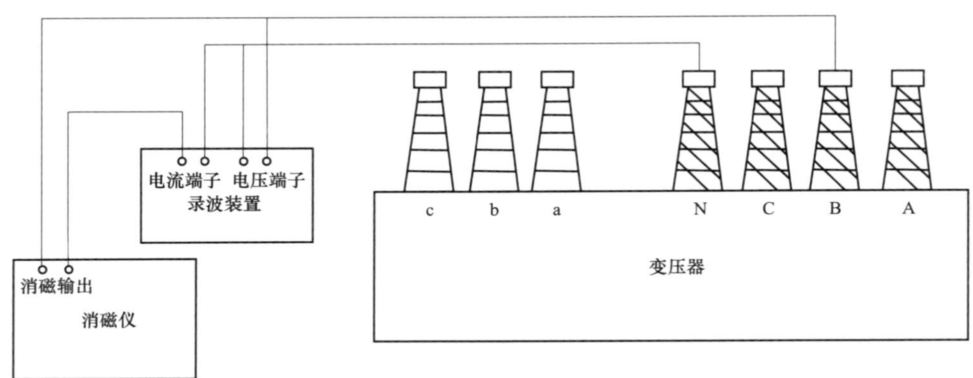

图 2.1-35　变压器消磁试验接线原理图

分别对某两种国内应用较为广泛的消磁设备消磁过程进行录波，采集消磁过程中的消磁电流和变压器高压侧电压，波形如图 2.1-36 和图 2.1-37 所示。厂家 1 消磁设备消磁电流采用幅值逐渐减小的梯形波（见图 2.1-36），厂家 2 采用图 2.1-37 所示的消磁电流，厂家 2 设备消磁电流的每个周期幅值也会逐渐衰减，直至最终减小到 50mA 左右。

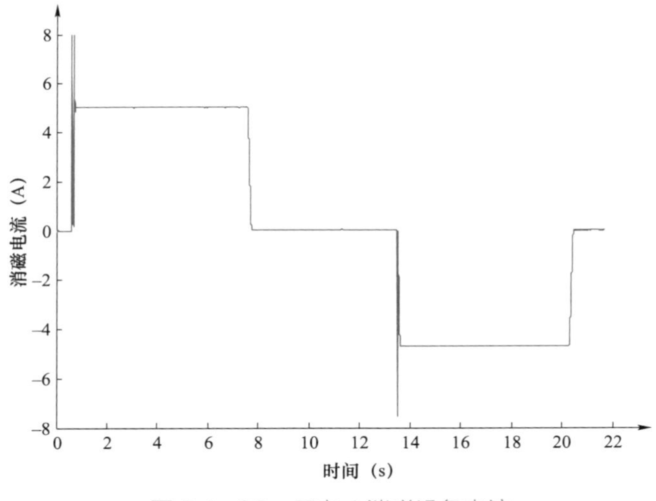

图 2.1-36　厂家 1 消磁设备电流

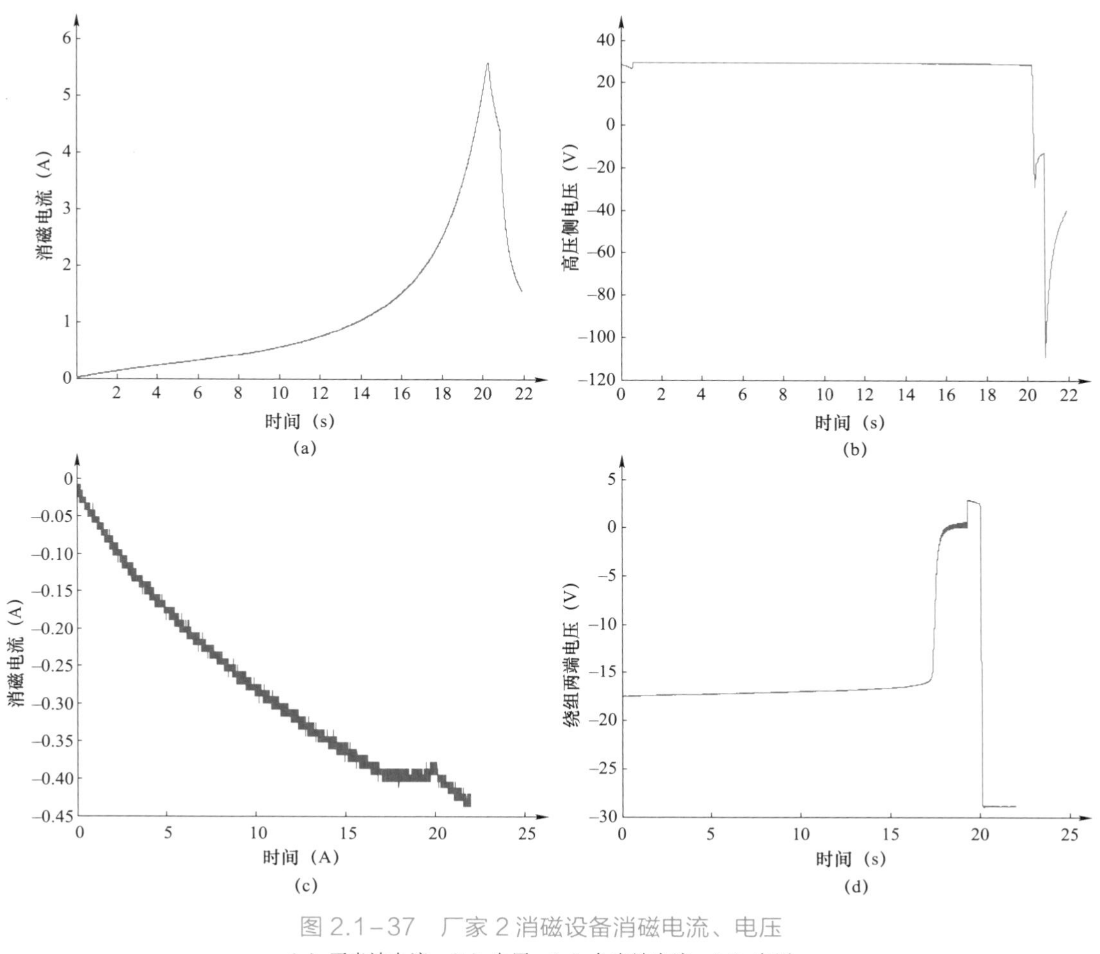

图 2.1–37　厂家 2 消磁设备消磁电流、电压

（a）正半波电流；（b）电压；（c）负半波电流；（d）电压

2. 变压器消磁效果评估

通过以下三种方法对变压器消磁的效果进行评估。

（1）交流电流对称性判别法。部分消磁设备提供了消磁效果评估功能，图 2.1–38 是其消磁效果评估的接线原理图。基本方法是在三角形绕组某一相上施加工频电压，绘制变压器的 *U*—*I* 特性曲线，并根据 *U*—*I* 特性曲线正反行程间的距离判断主变压器是否需要进行消磁，如图 2.1–39 所示。

厂家消磁效果评估的基本原理是在变压器的第三绕组相间施加 0V—200V—0V 渐变的电压信号，读取对应的电流值，绘制电压电流有效值对应的 *U*—*I* 曲线。若电压升高过程与回降过程中的电流值差值大于 3.5%时，即判定主变压器剩磁较高，需进行消磁处理。

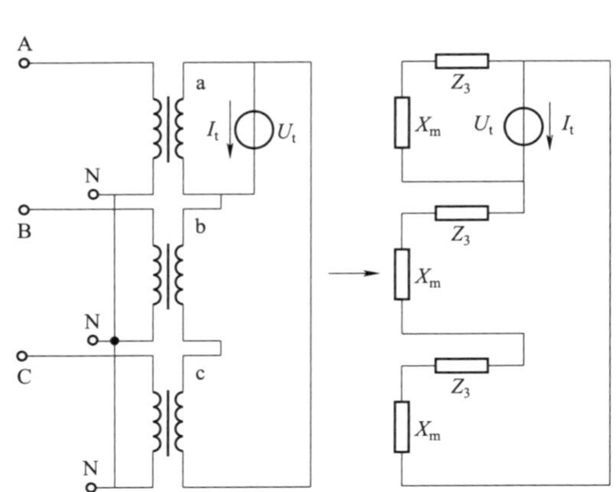

图 2.1-38　厂家 2 的剩磁判断接线原理图

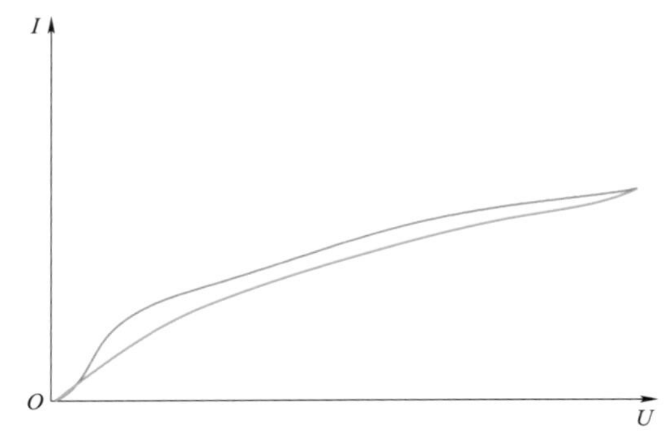

图 2.1-39　厂家 2 变压器的 $U-I$ 特性曲线

利用厂家 2 设备在某变电站 2 号主变压器进行了多次剩磁评估，结果如表 2.1-5 所示。

表 2.1-5　厂家 2 的剩磁评估结果

序号	结论	最高电压（V）	最大电流（mA）	备注
1	不需消磁	200.8	148.2	直阻测试后，直阻测试电流 10A
2	建议消磁	201.1	123.5	绝缘测试后
3	不需消磁	200.8	62.1	铁芯消磁后
4	建议消磁	200.8	62.7	铁芯消磁后

该站 2 号主变压器的额定励磁电流为 0.38A，直阻测试电流达到 10A，因此直阻测试后变压器一定存在大量剩磁，但厂家给出的分析结果却是不需消磁。因此，可以判定该消磁设备的剩磁评估功能存在缺陷。

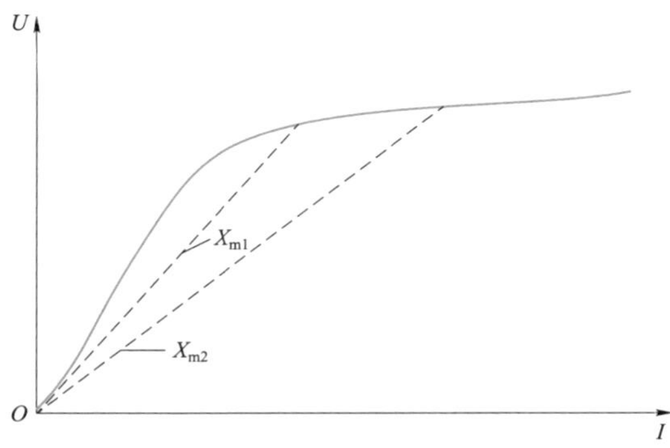

图 2.1-40　变压器 $U-I$ 特性曲线与励磁电抗

（2）励磁阻抗判别法。利用计算 X_m 的方法可对表 2.1-5 所示的几种工况进行剩磁初步评估，其具体原理可由图 2.1-40 进行简述。

当忽略变压器的漏抗时，测试电压和电流的比值为

$$\frac{U_t}{I_t}=\frac{2}{3}X_m \qquad (2.1-47)$$

式中　X_m——变压器的励磁电抗。

由图 2.1－40 可知，由于变压器饱和后的励磁电抗值小于饱和前的励磁电抗值，因此，利用变压器的 $U—I$ 特性曲线与励磁电抗间的关系可间接判断变压器铁芯是否处于磁饱和状态。利用上述方法对表 2.1－5 中的工况 1、工况 3 进行分析。

在工况 1 中，根据现场测试数据，直阻试验后的 X_m=457 287Ω，该值小于变压器在额定运行电压的励磁电抗（I_0=0.06%，X_{m0}=459 269Ω），因此，可以判定直阻试验后铁芯处于饱和状态，设备剩磁评估结果不正确。

在工况 3 中，根据现场实测数据计算铁芯消磁后的励磁电抗 X_m=1 080 861Ω，大于额定运行电压下的励磁电抗，因此可判定消磁具有效果，但消磁的深度无法通过 X_m 的变化来确定。

（3）基于涌流反推的消磁效果评估。根据前文论述，三绕组变压器深度饱和后的气隙阻抗约在 1.6～2.0 倍 X_{13} 这一范围，因此可根据已知的励磁涌流反推消磁效果。利用 2 号主变压器第一次合闸涌流反推消磁效果，对比结果见表 2.1－6。仿真表明，当设置剩磁为 A 相 3%、B 相 4%、C 相 3%时，B 相仿真涌流峰值与实际录波较为吻合，A、C 相还大于实测值。因此，从仿真结果基本可判定，消磁仪基本可以完全消除主变压器剩磁，剩磁幅值小于 10%额定磁通。

表 2.1－6　励磁涌流计算结果　A

项目	A 相最大	B 相最大	C 相最大
计算值	828	1763	864
实测值	564	1755	507

由以上分析可知，虽然上述三种方法在对消磁效果的判断上均存在一定的缺陷，然而上述方法均能得出消磁仪基本可以消除主变压器剩磁的结论。通过多次试验和仿真对照，可以认为即使在直流电阻试验实施后，经过消磁仪对主变压器进行消磁，主变压器的剩磁幅值小于 10%额定磁通。

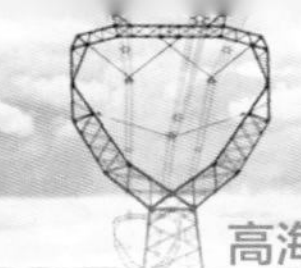

第二节　SVC引发系统次同步振荡风险及抑制策略

一、次同步振荡机理及研究现状

长链式联网工程由于输电距离长，沿途下网负荷较小，导致交流电网网架结构薄弱，而静止无功补偿器（SVC）具有动态电压调节能力，可有效提升电网的电压稳定性及长链式送出通道的暂态及动态稳定性。

然而，长链式通道配置SVC后的次同步振荡问题成为制约SVC充分发挥电压调节能力的新因素。在西藏电网的电磁暂态仿真中发现，在特定的SVC控制参数和网架结构下，长链式通道上各节点的电压可能发生在10～50Hz之间的次同步振荡；在机电暂态仿真中没能发现相同现象。该现象的形成机理尚缺乏明确解释。

对电力系统次同步振荡的研究可以追溯到1970年美国Mohave电站的次同步谐振事件。根据IEEE次同步振荡工作组发布的文件，其机理可分为扭振互作用（TI）、感应发电机效应（IGE）。早期的次同步振荡关注TI是一种发电机轴系参与的机电振荡模式。

随着新的控制技术和电力电子设备接入电力系统，出现了新的引发次同步振荡的机理。有文献指出电力系统稳定器可能恶化系统次同步频段阻尼，尤其是速度反馈型电力系统稳定器。更进一步的研究表明，次同步振荡的产生不一定需要同步发电机参与。近年来，有学者指出直驱风机经弱交流系统并网后可能引发次同步相互作用（subsynchronous interaction，SSI），该机理可以解释新疆哈密的直驱风机引发次同步振荡问题。上述新型电力电子变换器与电网相互作用引发次同步振荡，不存在与发电机轴系的相互作用，应归类为感应发电机效应（IGE）。传统的感应发电机效应主要发生在串补度较高的场合，但是在电力电子控制器参与的情况下，次同步谐振有可能发生在串补度很低，甚至完全没有串补度的系统中。该类电力电子变流器控制参与的感应发电机效应被称作也被称为次同步控制相互作用（SSCI）。该类新型次同步振荡的抑制方法方面，可归结为减小测量延时、优化控制器参数、增加阻尼控制三类。

关于 SVC 引发次同步振荡的问题，有文献在带 SVC 的西藏电网 RTDS 仿真中记录了次同步振荡的现象，并通过减小 *PI* 参数的方法消除了振荡，但是尚未见到有文献对 SVC 引发次同步振荡机理进行进一步的研究。

综上所述，现有研究无法解释藏中电力联网通道上的 SVC 引发的新型次同步振荡机理，辨明其主导影响因素，需要进一步开展研究。

在藏中电力联网工程调试风险分析中，PSCAD 及 RTDS 仿真均发现根据厂家提供的 SVC 控制参数将引发联网通道电压振荡，振荡频率低于 50Hz。为了抑制该振荡，对其振荡机理和控制措施进行了研究。

SVC 的基本任务根据母线电压的变化，自动调节 SVC 无功功率输出，使母线电压到达设定值，同时在暂态过程中为电网提供无功功率支撑。

SVC 的控制参数选择是否得当直接决定了 SVC 电压调节性能的优劣。不合理的参数选择会导致 SVC 电压控制性能不佳，限制其对电网电压的支撑作用，并存在严重的安全问题。尤其是在弱电网或弱电网联网工程中易引发系统振荡。不同于一般机电振荡，该振荡主要特点在于机电暂态无法模拟，只能通过电磁暂态分析发现。其振荡频率往往超过低频振荡频率范围，在 5～250Hz 甚至更高频率均有可能，主要与电力系统的 *LC* 参数以及 SVC 的 *PI* 控制器参数相关。

现有文献和方法主要在于 SVC 附加阻尼控制器参数优化，鲜有对 SVC 电压控制环 *PI* 控制参数不当引发电力系统电磁振荡的报道。SVC 电压控制环 *PI* 控制参数调节，主要依靠试凑法进行：一方面，快速的电压控制性能要求较大的 *PI* 参数；另一方面，前述电磁振荡的抑制又要求较小的 *PI* 参数，两者相互矛盾。当前，尚无方法可兼顾 SVC 电磁振荡抑制和电压调节性能，给 SVC 及电网运行带来极大安全风险。

二、SVC 引发电磁振荡机理和关键影响因素

（一）电磁振荡模式计算

1. SVC 小信号模型

派克变换下，电感（电抗 X）、电容（电纳 B）的方程可以表示如下（不考虑零轴分量）

$$\begin{cases}\dfrac{X}{\omega_0}si_{dq}=X\begin{bmatrix} & 1\\ -1 & \end{bmatrix}i_{dq}+u_{dq}\\ \dfrac{B}{\omega_0}su_{dq}=B\begin{bmatrix} & 1\\ -1 & \end{bmatrix}u_{dq}+i_{dq}\end{cases} \tag{2.2-1}$$

式中，$i_{dq}=\begin{bmatrix}i_d & i_q\end{bmatrix}^{\mathrm{T}}$，$u_{dq}=\begin{bmatrix}u_d & u_q\end{bmatrix}^{\mathrm{T}}$。

2. SVC 建模

SVC 一次电路结构由可控电抗器支路 TCR 及交流滤波器组并联而成，简化接线如图 2.2-1 所示（FC3、FC5 表示 3、5 次滤波器组，根据实际情况，SVC 可能配置多组滤波器，此处仅为示意图）。由于交流滤波器组实际上可分解为静态电感、电容，其建模方式同式（2.2-1），此处仅需对 SVC 的 TCR 支路进行建模。

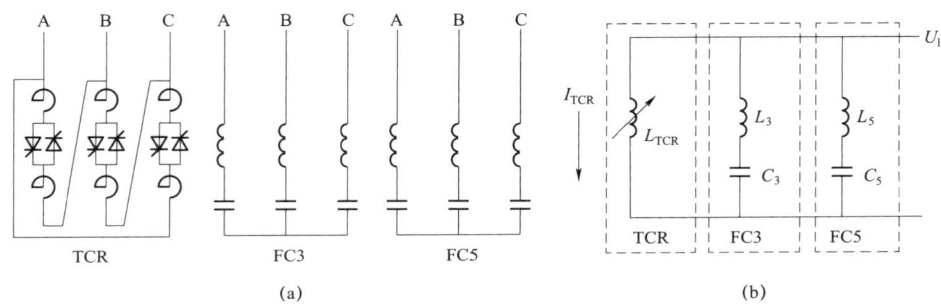

图 2.2-1　SVC 接线图

（a）详细电路；（b）简化电路

SVC 采用定电压 *PI* 控制，控制框图简化如图 2.2-2 所示。对该框图进行状态空间建模，化简结果如下

$$\begin{cases}sx=K_I(U_{\mathrm{ref}}-U_1)\\ sB_{\mathrm{TCR}}=\dfrac{1}{T_{\mathrm{v}}}x-\dfrac{1}{T_{\mathrm{v}}}B_{\mathrm{TCR}}+\dfrac{K_P}{T_{\mathrm{v}}}(U_{\mathrm{ref}}-U_1)\end{cases} \tag{2.2-2}$$

式中　B_{TCR}——TCR 支路的导纳。

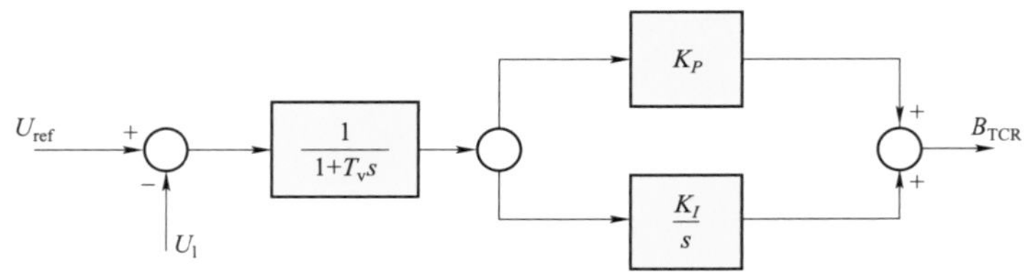

图 2.2-2　SVC 控制器简化传递函数框图

此简化模型下的 SVC 模型可以表示为

$$\begin{cases} sx = K_I(U_{\text{ref}} - U_1) \\ sB_{\text{TCR}} = \dfrac{1}{T_{\text{v}}}x - \dfrac{1}{T_{\text{v}}}B_{\text{TCR}} + \dfrac{K_P}{T_{\text{v}}}(U_{\text{ref}} - U_1) \\ \dfrac{1}{\omega_0}sI_{\text{TCR}} = \begin{bmatrix} & 1 \\ -1 & \end{bmatrix} I_{\text{TCR}} - B_{\text{TCR}}U_{\text{l}dq} \end{cases} \tag{2.2-3}$$

式中，$I_{\text{TCR}} = [I_{\text{TCR}d} \quad I_{\text{TCR}q}]^{\text{T}}$，$U_{\text{l}dq} = [U_{\text{ld}} \quad U_{\text{lq}}]^{T}$，$U_l = \sqrt{U_{\text{ld}}^2 + U_{\text{lq}}^2}$。

3. 含 SVC 的电磁振荡模式计算

对包含电感、电容和 SVC 的系统方程进行线性化。设所有的状态变量构成相量 $\boldsymbol{y}$，最终将方程线性化为

$$\boldsymbol{B}\Delta\boldsymbol{y} = \boldsymbol{A}\Delta\boldsymbol{y} \tag{2.2-4}$$

式中 $\boldsymbol{B}$——对角矩阵，代数方程对应的对角元是 0。

该系统特征值问题可转化为 $(\boldsymbol{A},\boldsymbol{B})$ 的广义特征值问题。SVC 接入系统后的电磁振荡模式即可通过该广义特征值计算得出。

系统电磁振荡模式特征值可表示为 $\lambda=\sigma \pm \text{j}\omega$ 形式，其对应的阻尼比为 $\xi = \dfrac{-\sigma}{\sqrt{\sigma^2+\omega^2}}$，振荡频率为 $f = \dfrac{\omega}{2\pi}$。

（二）SVC 引起电磁振荡特性分析

单机经长线路带 SVC 如图 2.2-3 所示。电气参数见表 2.2-1。

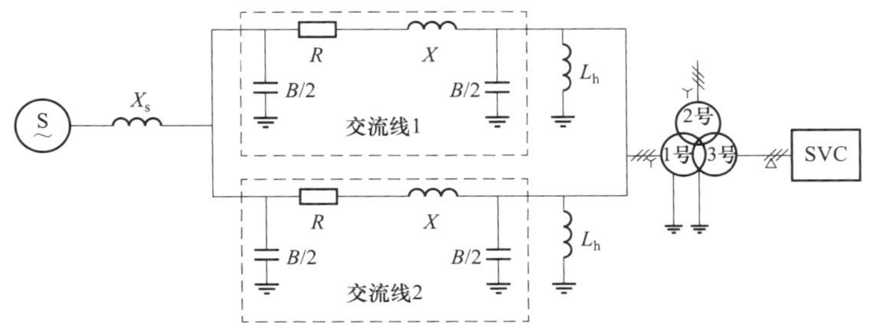

图 2.2-3 单机经长线路带 SVC

表 2.2-1 电气参数

X_s（Ω）	R（Ω/km）	X（Ω/km）	B（S/km）	变压器（750MVA）		
				X_{12}（%）	X_{13}（%）	X_{23}（%）
60	0.016 6	0.296 8	4.24×10^{-6}	12	44	30

以图 2.2－3 所示的单机经长线路带 SVC 系统进行研究，根据前述理论可计算得到系统电磁振荡模态。无 SVC 情况下电磁振荡模态随线路长度变化如图 2.2－4 所示。

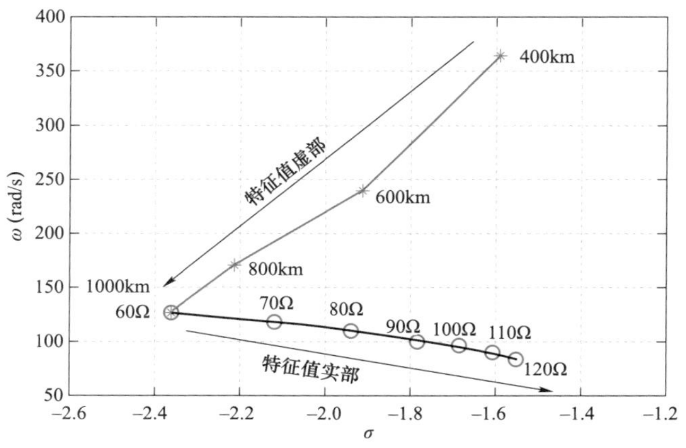

图 2.2－4　无 SVC 情况下电磁振荡模态随线路长度变化

在没有 SVC 的情况下随着线路长度的增加，次同步振荡的频率逐渐减小。当线路长度大于 500km，频率低于 50Hz 的电磁振荡模式发生。随着系统等效阻抗的增大，系统的频率和衰减系数电磁振荡逐渐减弱。SVC 接入对电磁振荡模态影响如图 2.2－5 所示。

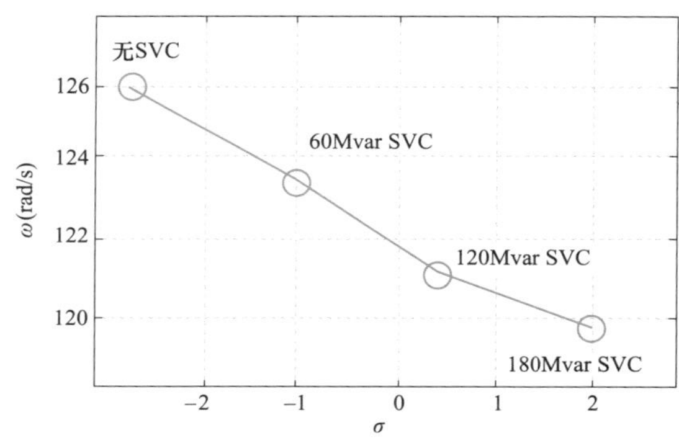

图 2.2－5　SVC 接入对主振荡模式影响

如图 2.2－5 所示，SVC 的接入降低了电磁振荡模式的阻尼。SVC 容量越大，对电磁振荡模式的负面影响越大。SVC 控制参数对主振模式影响如下［如图 2.2－6（a）所示］，当 ω 小于 1570rad/s（f<250Hz）时，随着比例增益 K_P 的增大，电磁模式的本征值向复平面的右侧移动。当 ω 小于 314rad/s（f<50Hz）时，K_P 对振荡模式的影响最大。当 ω 大于 1570rad/s（f>250Hz）时，K_P 对电磁振荡模式几乎没有影响。

如图 2.2－6（b）所示，当 ω 大于 314rad/s（f>50Hz）时，积分增益 K_I 对电磁振荡模式几乎没有影响。当 ω 小于 314rad/s（f<50Hz）时，随着 K_I 的增大，电磁模式的本征值向复平面的右侧移动。

当 ω 等于 314rad/s（f=50Hz）时，SVC 的 PI 参数对振荡模式没有影响。

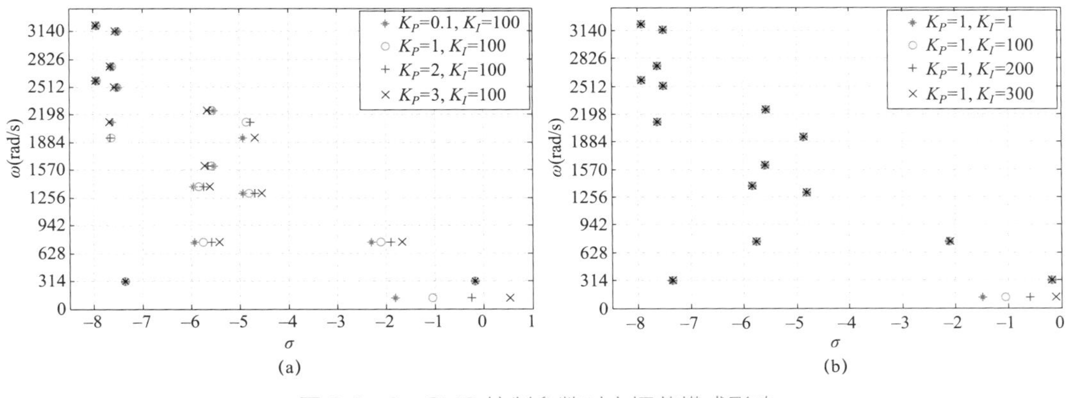

图 2.2-6 SVC 控制参数对主振荡模式影响

（a）K_I不变，K_P变化；（b）K_P不变，K_I变化

根据 TCR 的原理，晶闸管在一次功率循环中被触发 2 次。TCR 的输出采样率达到 100Hz。因此，根据 Shannon 的采样定理，对于角频率大于 314rad/s 的振荡模式，TCR 控制策略不可能对其产生影响。然而在小信号分析模型中，很难考虑这种频谱截断现象。由图可知角频率大于 50Hz 的振荡模式受 K_P 的影响。以下部分研究角频率小于 314rad/s 的振荡模式，因此该模型的缺陷不影响本研究。

三、兼顾电压调节性能和电磁振荡抑制的 SVC 参数优化方法

针对藏中电力联网工程电磁振荡抑制需求，提出一种兼顾调压性能和电磁振荡抑制的 SVC 控制器 *PI* 参数优化方法。该方法建立包含被优化 SVC 及电网的电磁暂态模型，采用线性化方法，求取系统的电磁振荡模式，以及 SVC 在阶跃信号激励下的输出无功功率响应。以 SVC 输出无功功率响应曲线上升时间、稳定时间作为电压调节性能指标，以系统电磁振荡模态阻尼水平为电磁振荡抑制能力指标，建立综合优化指标函数。以 SVC 控制器 *PI* 参数为优化对象，结合该综合优化指标函数，建立优化数学模型，采用智能算法进行参数优化，为通过优化 SVC 控制器 *PI* 参数抑制电磁振荡提供了技术手段。

（一）电磁振荡抑制与电压调节性能矛盾

基于上述分析，为了抑制电磁振荡，有必要降低 K_P 和 K_I。然而，SVC 的无功功率和电压调节能力将被削弱。如图 2.2-7 所示，电磁振荡阻尼水平和无功功率调节的性能

是矛盾的。因此，有必要寻找一种既能抑制电磁振荡又能保持 SVC 足够无功调节性能的 SVC 控制参数优化方法。

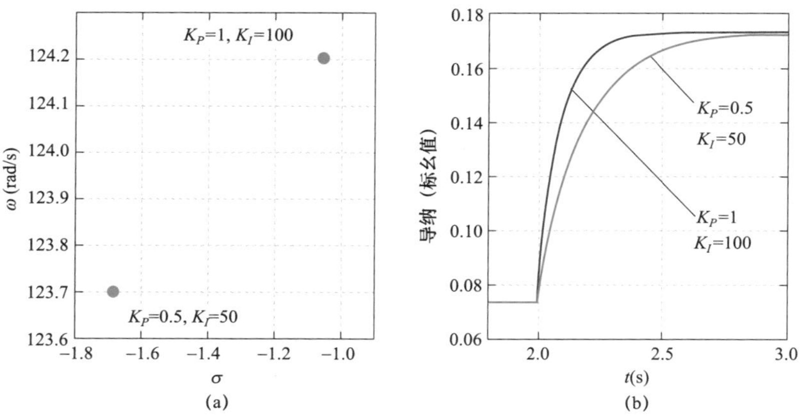

图 2.2-7　不同 *PI* 参数下 SVC 的电磁振荡模态特征值和导纳阶跃响应

（a）不同 *PI* 参数下 SVC 的电磁振荡模态特征值；（b）不同 *PI* 参数下 SVC 的导纳响应

（二）电压调节性能定量描述

建立含有 SVC 的等值仿真模型，在 SVC 控制系统，电压参考上施加一定幅值的阶跃信号（以不触发 SVC 控制器限幅环节为宜），即可得到 SVC 输出无功功率响应曲线。

反映 SVC 电压调节性能的指标函数 J_1（K）定义为

$$J_1(K)=k_1T_r+k_2T_s \tag{2.2-5}$$

式中　$J_1(K)$——SVC 在 *PI* 参数相量 K=［K_P，K_I］取值下的电压调节性能指标函数；

T_r——自压差超过电压调节死区开始至 SVC 输出无功功率达到 90%目标值的上升时间；

T_s——自压差超过电压调节死区开始至 SVC 输出无功功率达到稳定所经历的时间；

k_1——无功功率上升时间权重系数；

k_2——无功功率稳定时间权重系数。

（三）电磁振荡抑制性能定量描述

以 SVC 接入后系统电磁振荡模态阻尼水平作为电磁振荡抑制性能指标，反映 SVC

电磁振荡抑制能力的指标函数 $J_2(K)$ 可定义为

$$\begin{cases} J_2(K) = \sum_{n=1}^{n=n_{\max}} p_n \dfrac{1}{\xi_n(f_n)} \\ f_n < f_{\max} < 50\text{Hz} \\ \xi_n > 0 \end{cases} \tag{2.2-6}$$

式中 $J_2(K)$ ——关注的电磁暂态振荡模式频带范围内，所有模式阻尼比之和；

f_n ——第 n 个电磁振荡模式频率；

$f_{\max}$ ——关注的振荡频率上限；

ξ_n ——对应振荡频率下的阻尼比；

p_n ——各个振荡模式的权重系数。

（四）综合性能定量描述

定义抑制电磁振荡的 SVC 控制器 PI 参数优化综合目标函数 $J(K)$ 为

$$J(K) = m_1 J_1(K) + m_2 J_2(K) \tag{2.2-7}$$

式中 $J(K)$ ——在电磁振荡模式阻尼水平 $\xi > 0$ 条件下，SVC 的无功电压调节性能与电磁振荡抑制能力的综合评价指标函数；

m_1、m_2 ——分别表示 SVC 的无功电压调节性能指标权重、电磁振荡抑制能力指标权重。

确定优化的目标函数为：找到适当的 PI 控制器参数 K^*，使综合目标函数最小，即在保证不发生不稳定电磁振荡，同时具有最小的无功电压响应时间，即最快的响应速度。K^* 计算式如下

$$K^* = \arg\min J(K) \tag{2.2-8}$$

（五）参数优化流程

SVC 控制器 PI 参数优化流程如图 2.2-8 所示。

（1）读取待优化参数的 SVC 调节系统模型和除 PI 之外的所有 SVC 参数、电网等值系统参数。

（2）对 SVC 控制器 PI 参数进行初始化，可选择厂家推荐的典型参数，确定衡量 SVC 无功电压调节性能指标权重系数 k_1、k_2；确定 SVC 无功电压调节性能与电磁振荡阻尼

水平指标综合权重系数 m_1、m_2；确定各个振荡模式的权重系数 P_n。

（3）计算系统电磁振荡模式，求取阻尼指标。

（4）SVC 控制系统电压参考信号上施加一定的电压阶跃扰动（如幅值 1%的阶跃信号），启动仿真求取 SVC 输出无功功率响应，计算上升时间和稳定时间。

（5）根据综合优化目标函数，利用粒子群算法、遗传算法等智能优化算法对 SVC 控制器 *PI* 参数进行优化。

（6）判断目标函数 J 是否小于某一阈值或达到优化计算次数上限，是则结束 SVC 参数优化流程，获得最优 *PI* 参数，否则返回（3）～（5）继续计算。

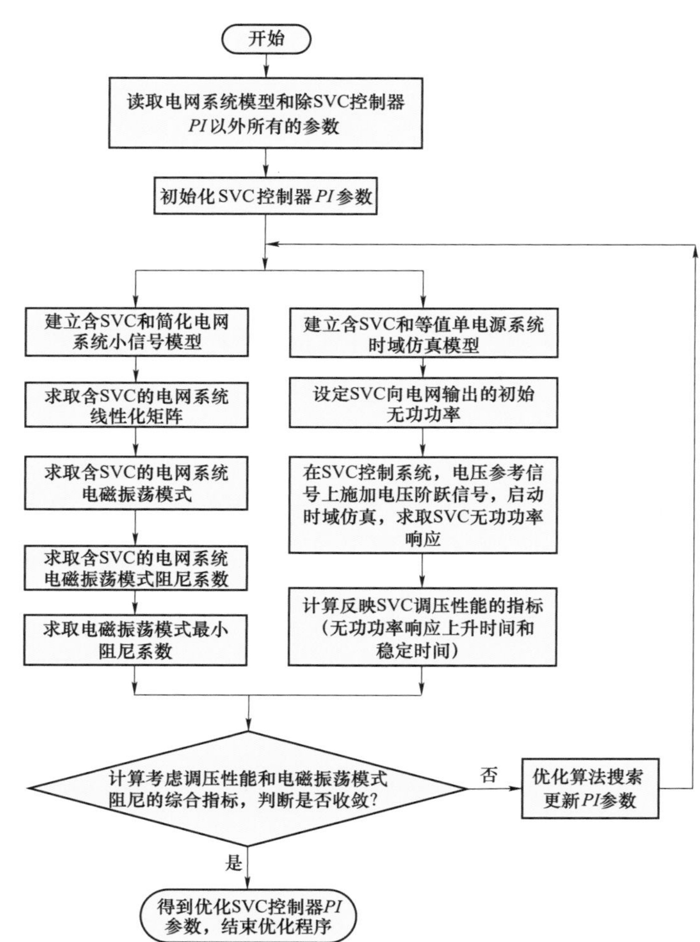

图 2.2-8　SVC 控制器 *PI* 参数优化流程

（六）参数适应性校核

读取求得的 SVC 控制器 *PI* 参数，仅为简化系统，且只代表在一种运行方式下的优化参数，还需校核该 *PI* 参数在其他运行方式下的无功电压响应及电磁振荡抑制效果是否满足要求。可按下述步骤进行校核：

（1）建立含 SVC 的电网全电磁暂态仿真模型。

（2）考虑电网大、小运行方式及各方式下的线路 $N-1$ 和 $N-2$ 故障，大型发电机组无故障甩负荷等故障，对 SVC 抑制系统电磁振荡和无功电压响应性能进行校核。

本方法与现有技术相比，具有的优点：提出了一种兼顾 SVC 无功电压调节性能和电磁振荡抑制的 SVC 控制器 *PI* 参数优化方法，定义了综合衡量 SVC 无功电压调节性能和电磁振荡阻尼水平的量化评估指标，并采用优化算法进行 SVC 控制器 *PI* 参数优化的方法，为以考虑无功电压调节性能和电磁振荡抑制为目标的 SVC 控制器 *PI* 参数优化提供了技术手段。

四、方法有效性验证

由于参数优化是在简化模型的基础上进行的，因此需要建立详细的电磁暂态模型来验证其适应性。

带有 SVC 的简化传输系统如图 2.2－3 所示。SVC 容量为±60Mvar，交流线路长度为 1000km。SVC 控制参数 $K_P=2$，$K_I=100$，系统稳定无扰动。当系统的等效阻抗从 60Ω 增加到 80Ω 时，会产生不稳定的电磁振荡。

采用上述优化方法对 SVC 参数进行调整。*PI* 参数范围设为：$K_P\in[0.1, 3]$，$K_I\in[10, 300]$，振荡频率 f_{max} 的上限为 250Hz，各振荡模式的权重系数 $PI=1$。上升时间 T_r 和稳定时间 T_s 的权重系数为 1。无功功率调节性能指标 m_1 的权重系数为 1，电磁振荡抑制能力指标的权重系数为 2，$T_r\in[0.01, 0.5]$，$T_s\in[0.02, 1]$。优化后，$K_P=1.08$，$K_I=162.84$。

SVC 参数优化前后阶跃响应仿真对比如图 2.2－9 所示。优化后的 SVC 在抑制电磁振荡的同时，阶跃响应性能略有下降。

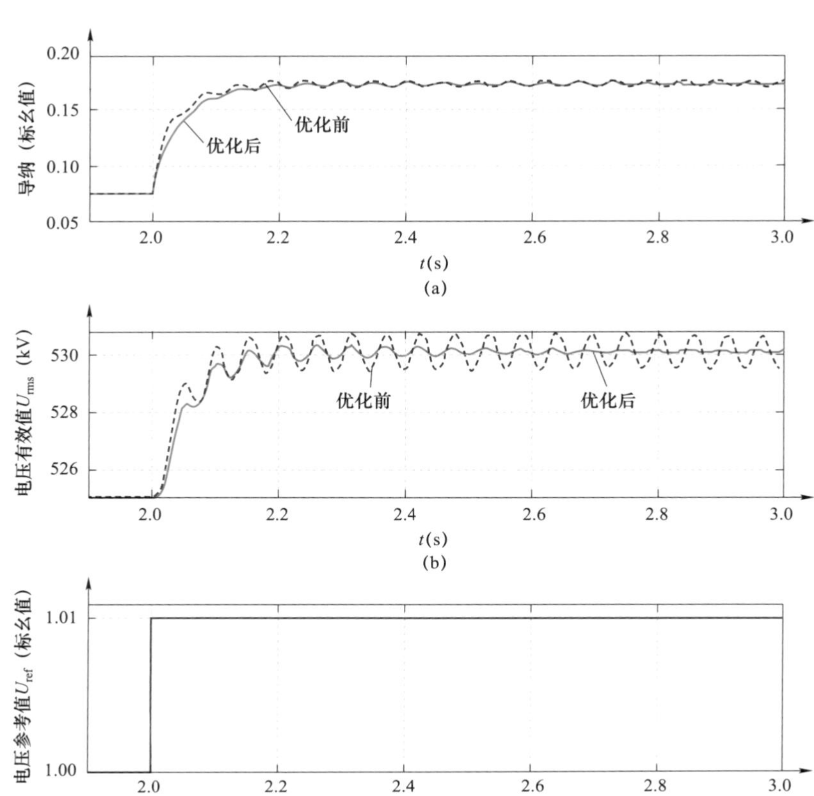

图 2.2-9　SVC 参数优化前后的仿真比较

（a）SVC 输出导纳；（b）母线电压；（c）电压阶跃信号

第三节　弱电网频率和电压稳定风险及抑制策略

新能源接入及长链式输电通道的建设和投运使电网不仅面临电压稳定问题，也面临更加突出的频率稳定问题，两者交织耦合使系统运行更加复杂。

以西藏电网为例，西藏电网是典型的清洁能源高占比弱联系电网，西藏中部电网通过长距离交流线路接入西南主网，同时通过柴拉直流接入西北电网，藏中互联电网与主网联系薄弱。西藏地区光伏大规模接入，藏中电网 2018 年新能源装机容量占比已超过 50%，对电网的安全稳定运行将带来较大考验。在发生通道中断时，仍需要采取切机、切负荷措施来保证电网的稳定。在当前的稳定控制措施中，以光伏为主的新能源是优先切除对象，一旦被切除，除了可能引发局部无功电压控制困难，还存在恢复时间较慢影响新能源利用效率等问题。西藏电网中频率稳定和电压稳定问题交织耦合特性突出成为制约光伏发电接纳能力的主要因素之一。

一、发电机自励磁过电压风险分析

零起升压过程当中，藏中联网网架是典型的机组带空载长线路结构，自励磁风险、过电压风险显著。因此，应对零起升压过程，机组的自励磁风险、过电压风险进行深入研究。对于由于发电机进相深度过大后低励限制动作可能导致的定子过电压问题尤其应重点防范。

（一）同步发电机自励磁原理

自励磁是由于电容性负荷的助磁作用导致同步发电机定子电压、电流自发上升的现象。同步发电机自励磁的本质是定子电感在周期性变化中与外电路容抗参数配合时发生的参数谐振。在图 2.3－1 中，由于空载长线充电电容的影响，发电机相当于连接一个等效容性负载。此电容负载达到一定值，则发电机即使在没有励磁电源的情况下，由于铁芯剩磁的作用，也能使机端电压不断升高。在磁路饱和的约束下机端电压不会无限增大，最终稳定在磁路的饱和点。

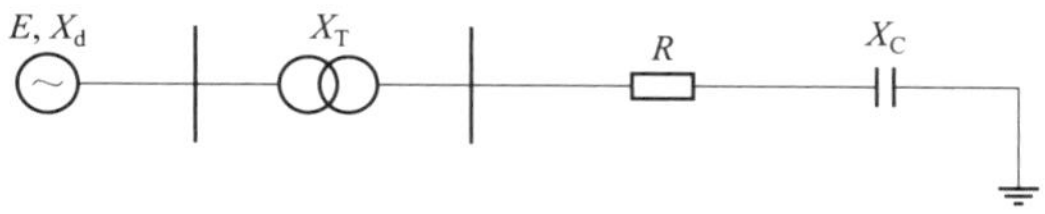

E, X_d X_T R X_C

图 2.3－1　同步发电机—空载长线路简化电路图

系统自励磁发展起来后，由于可以形成持续性的谐振过电压和过电流，将严重损坏系统设备，甚至损毁用户电器。发电机一旦发生自励磁，和发电机相连的整个系统将同步谐振，即自励磁产生的危害不会像暂时过电压一样局限在一个小范围内，而是会产生大面积的灾难性后果。

最常用的几种自励磁判断方法如下：

1. 参数判断法

根据 DL/T 5429—2009《电力系统设计技术规程》，当发电机带空载长线时，不发生自励磁的理论判据是

$$W_N > Q_C X_D \quad (2.3-1)$$

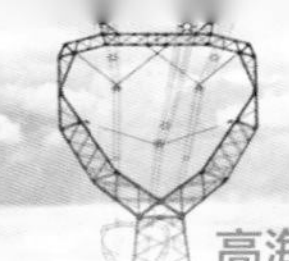

式中　W_N——发电机额定容量，MVA；

Q_C——考虑高压电抗器或低抗补偿后的线路剩余充电功率，Mvar；

X_d——发电机等值同步电抗（包括升压变漏抗，以发电机容量为基准的标幺值）。

2. 特征值判别法

特征值判别法是建立发电机和外部电路的状态方程，求取状态方程特征根，用特征根的范围来判断系统是否存在自励磁风险。若系统存在正实部的特征值，则系统存在自励磁风险。

3. 频率扫描法

频率扫描法是对发电机的外围等值阻抗进行扫描，由阻抗的频率特性确定系统是否可能发生自励磁。若系统在 50Hz 左右存在谐振频率，则有自励磁风险。

需要说明的是，上述三种方法虽然都可以用作自励磁条件的判断，但是特征值判别法和频率扫描法对系统参数的知悉度要求较高，前者还要求判断人员具有较高的理论素质，因此在实际工程中应用的极少。实际工程应用几乎都是采用参数判断法。

（二）低励限制动作导致正反馈过电压

发电机带长线运行时，还应对低励限制动作导致的正反馈过电压进行校核。低励限制原理为：装置实时检测发电机有功功率和无功功率，判断实际运行点离欠励限制曲线的远近，当运行点越过欠励限制曲线，装置立即禁止减磁操作，同时以无功功率作为被调节量，调节偏差为运行点至欠励曲线的距离，从而保证发电机运行点回到安全允许区域。

低励限制一般有直线形、圆周形和折线形三种类型。以直线形为例，其无功限制值为

$$Q_{VR}=f(P)=KP+CU_t^2 \quad (2.3-2)$$

式中　K、C——分别为低励限制直线的斜率和截距，可用低励限制曲线上两点（P_1、Q_1）、（P_2、Q_2）求得；

P——机组功率；

U_t——机端电压。

直线形低励限制曲线见图 2.3－2。

一旦触发低励限制动作，发电机最大进相无功除与有功功率相关，还与机端电压的平方相关。励磁调节器进入定无功控制方式，当发电机进相深度趋于增大时，励磁调节器的调节作用是增大励磁电流，以使进相无功保持不变。在被调节发电机并网运行时，调节效果与期望目标一致。但是当发电机带长空线并使低励限制动作时，由于励磁调节器的调节作用是增加励磁电流，励磁电流增大将导致机端电压增高，机端电压升高使线路充电无功呈平方律增加，线路无功流入发电机，进一步增大了电机进相深度，并使励磁调节器做进一步增大励磁的调节，该过程是一个正反馈过程，同时会迅速使发电机电压增高到危险数值。低励限制动作导致电压升高如图 2.3－3 所示。

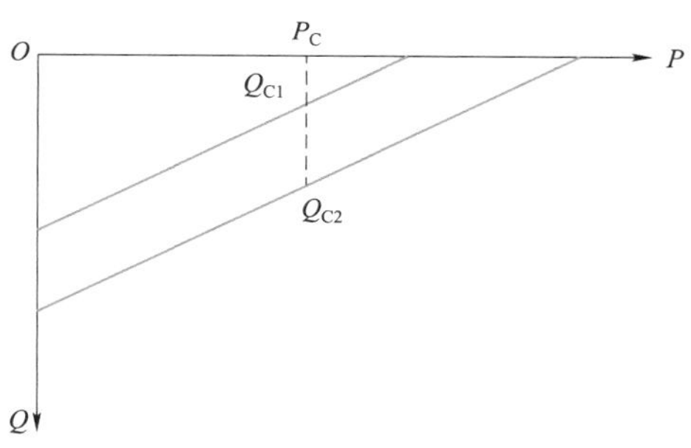

图 2.3－2　直线形低励限制曲线

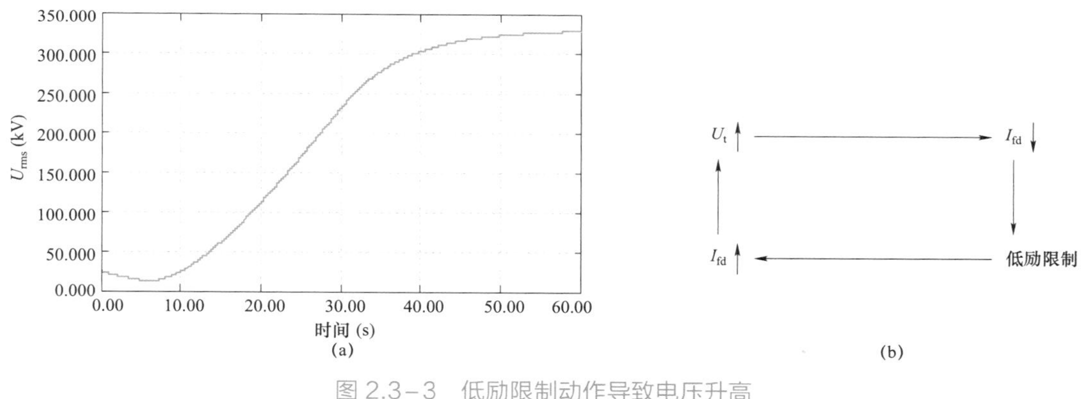

图 2.3－3　低励限制动作导致电压升高

（a）低励限制动作导致电压升高；（b）低励限制动作导致电压升高正反馈

二、弱电网频率稳定风险及抑制措施

以西藏电网为例，西藏电网通道中断引发频率稳定问题复杂主要体现为：

（1）西藏电网主网架结构薄弱。总装机容量小且以水电为主，频率调节反调特性显著，10MW 功率就可能引起 0.1Hz 频率变化，导致通道中断后的孤网系统严重依赖安控来保持频率稳定。

（2）频率、电压稳定性相互交织，主要体现在联络线有功和无功流动方向相反时，若发生通道中断，无功变化带来的负荷功率波动会加剧频率波动。

（3）在电网发生大扰动时，若光伏电站不具备低电压穿越及谐波耐受能力，容易退出运行，从而对电网带来二次冲击，影响电网的暂态稳定性。

（4）旋转备用容量需求很大。

由于光伏发电出力具有随机波动性，为保证正常供电，电网需要根据光伏电站的上网电力不断调整旋转备用容量，光伏发电上网越多，相应为其准备的备用容量也越多。

（一）无功功率与频率之间的相互影响

为了分析新能源和小水电供电系统孤网运行后的频率稳定风险，可采用图 2.3−4 所示的简化电网进行理论分析，其中单位长度参数为 r_0、l_0、c_0。

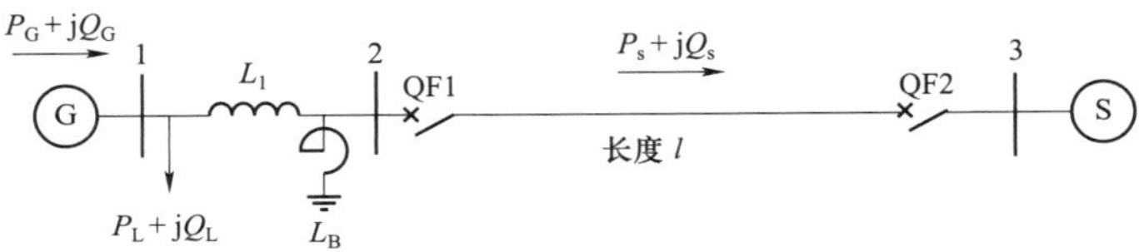

图 2.3−4　简化电网

以电网功率外送方式为例，当小电网从联网运行转为孤网运行时，由于联络线的截断，孤网内有功出现了富裕，电网频率升高。当发电机端口电压恒定为 U_1 时，母线 2、3 的电压 U_2、U_3 会随着电网频率的升高而进一步抬高，说明高频对高压有促进效应。根据电路理论，电容、电感发出的无功 Q_C、Q_L，分别定义为

$$\begin{cases} Q_C = U^2\omega C \\ Q_L = \dfrac{U^2}{\omega L} \end{cases} \tag{2.3-3}$$

随着频率的升高，电容上产生的容性功率 Q_C 成比例增加，但电感上产生的感性功率 Q_L 却成比例减少。随着容性无功补偿度的降低，富余的容性功率会进一步抬升电压。

假设孤网内的负荷满足式（2.3−4）所述的静特性。

$$P_L = P_{L0}(a_p U_L^2 + b_p U_L + c_p) \tag{2.3-4}$$

式中　a_p、b_p、c_p——分别为恒定阻抗、恒定电流、恒定功率负荷的有功功率占总有功功率的百分比；

U_L——负荷电压。

随着电压升高，孤网内有功负荷会明显地提升，从而增大发电机组电磁功率，抑制

频率上升。

以某小型系统为例，如图 2.3－5 所示，断面有功功率外送约 10MW，无功功率约为零，解列后系统最高频率达到 50.75Hz；如图 2.3－6 所示，断面有功功率外送约 10MW，无功功率外送约 10Mvar，解列后系统最高频率达到 50.45Hz；如图 2.3－7 所示，断面有功功率外送约 10MW，无功功率受入约 10Mvar，解列后系统最高频率达到 50.97Hz。

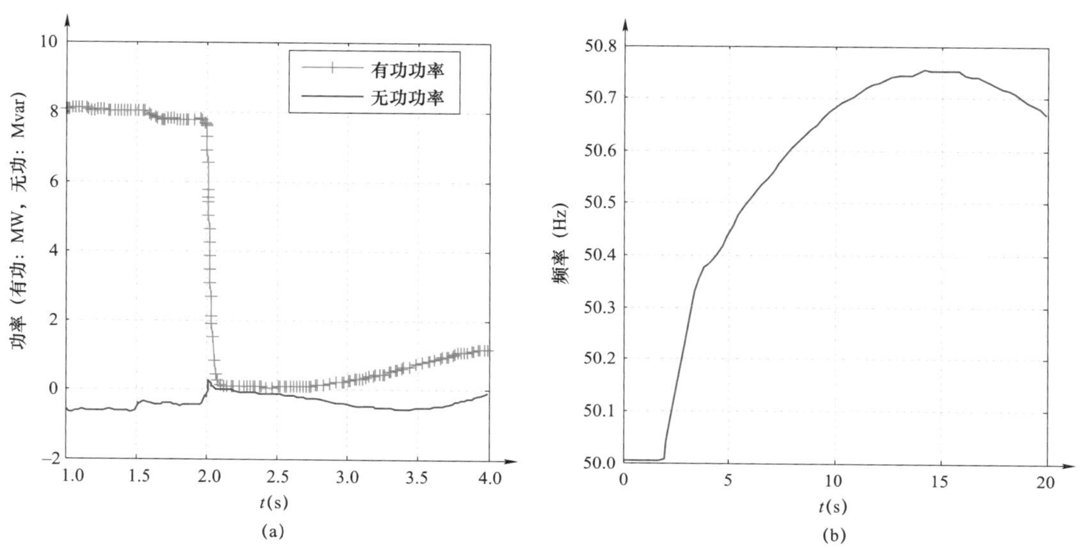

图 2.3－5　断面有功功率外送约 10MW、无功功率约为零

（a）解列断面功率；（b）系统频率

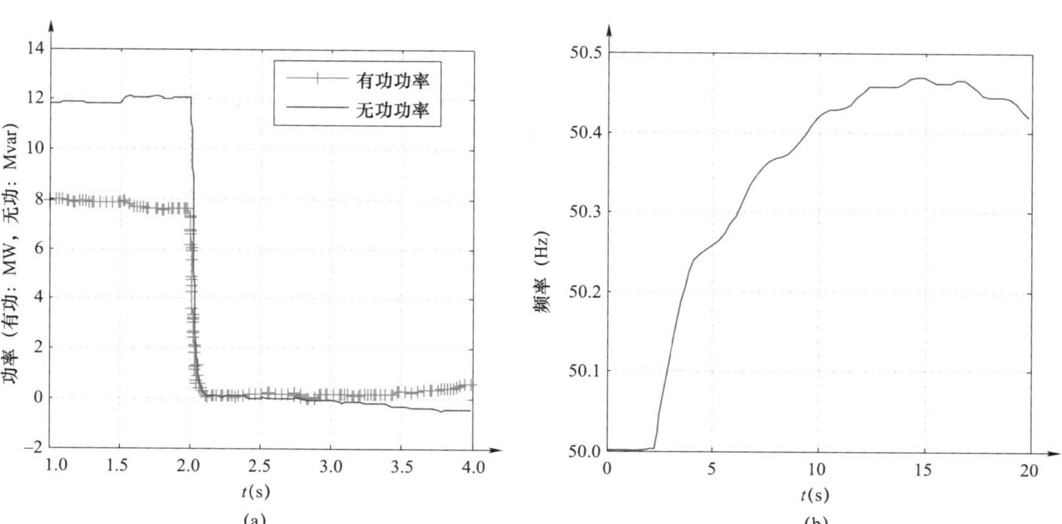

图 2.3－6　断面有功功率外送约 10MW、无功功率外送约 10Mvar

（a）解列断面功率；（b）系统频率

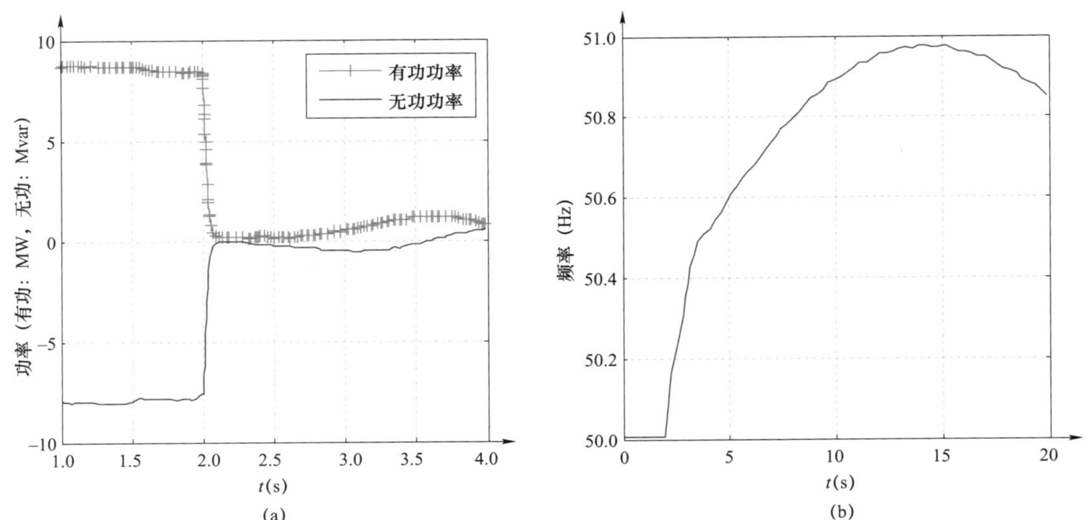

图 2.3-7　断面有功功率外送约 10MW、无功功率受入约 10Mvar

（a）解列断面功率；（b）系统频率

（二）调速系统模型参数对频率稳定影响

水轮机非线性模型和小扰动模型分别如图 2.3-8 和图 2.3-9 所示。在图 2.3-9 中，$e_y=(e_{qy}e_{mh}-e_{my}e_{qh})/e_{my}$，对于理想水轮机，$e_{qy}=1$，$e_{mh}=1.5$，$e_{my}=1$，$e_{qh}=0.5$，$e_y=1$。

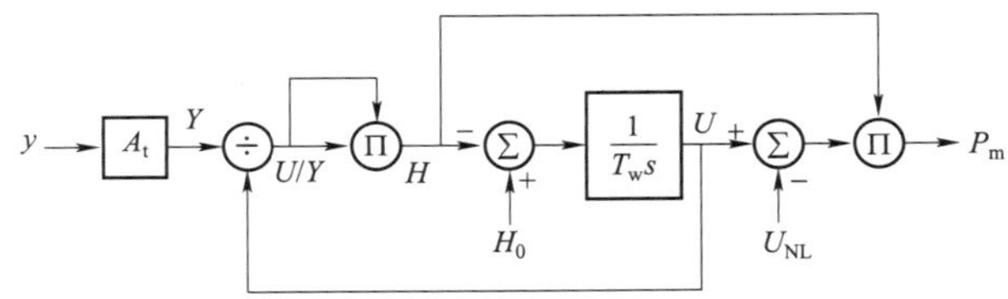

图 2.3-8　水轮机非线性模型

y—实际导叶开度；Y—理想导叶开度；U—水速；U_{NL}—空载水速；A_t—水轮机增益；H—在导叶处的水头；H_0—水头初始稳态值；T_w—水锤效应时间常数

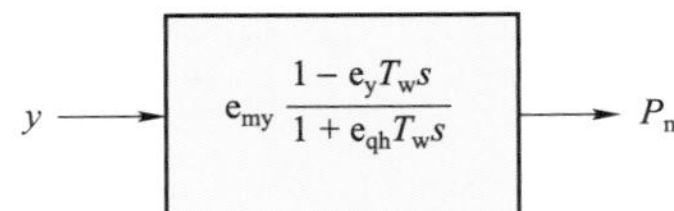

图 2.3-9　水轮机小扰动模型

y—实际导叶开度；P_m—水轮机输出功率；T_w—水锤效应时间常数；s—微分算子

由图 2.3－10 看出，大扰动情况下，采用传统分析用的水轮机小扰动模型，机组的暂态响应行为差异巨大，对于小型电网，采用水轮机小扰动模型进行分析可能使得分析结果严重脱离实际。因此，宜采用水轮机非线性模型进行频率稳定计算。

以 PSASP 7 型调速器为例，其控制框图如图 2.3－11 所示。

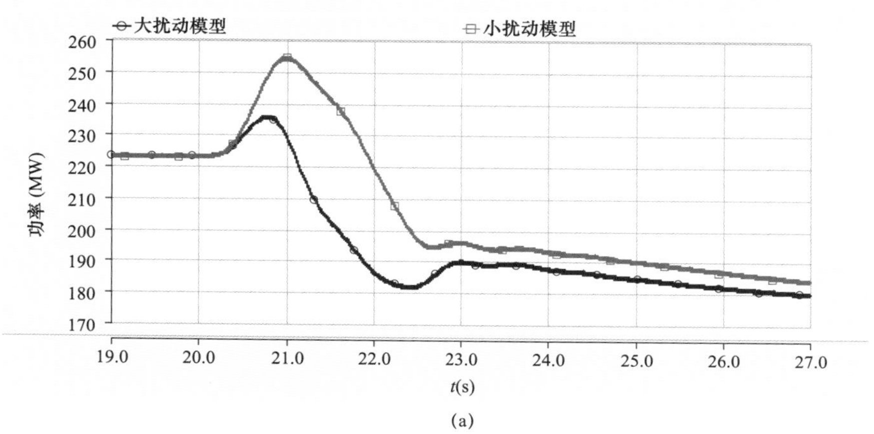

(a)

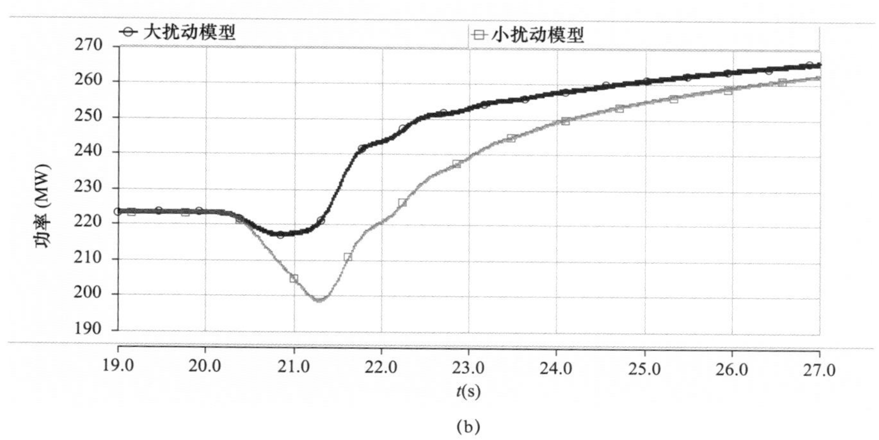

(b)

图 2.3－10　大扰动下水电机组功率响应

（a）0.2 标幺值频率下扰，水电机组功率响应；
（b）0.2 标幺值频率上扰，水电机组功率响应

图 2.3－12 给出了调速器工作于联网模式和孤网模式时，机组在相同扰动下的频率响应。由以上分析，调速器不同控制模式下，机组频率响应行为差异巨大，计算中需考虑机组联网参数（模式）和孤网参数（模式）切换。

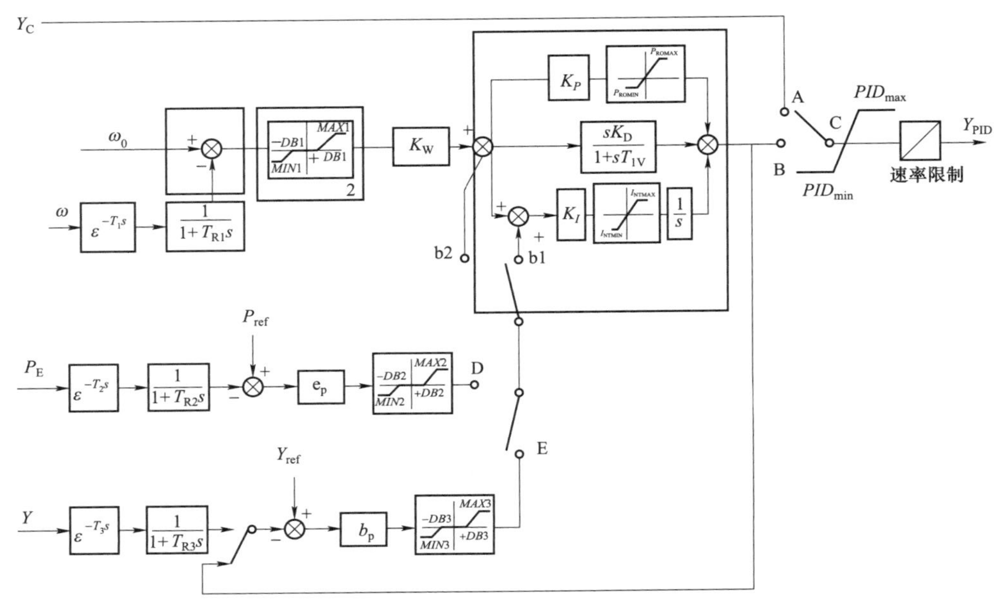

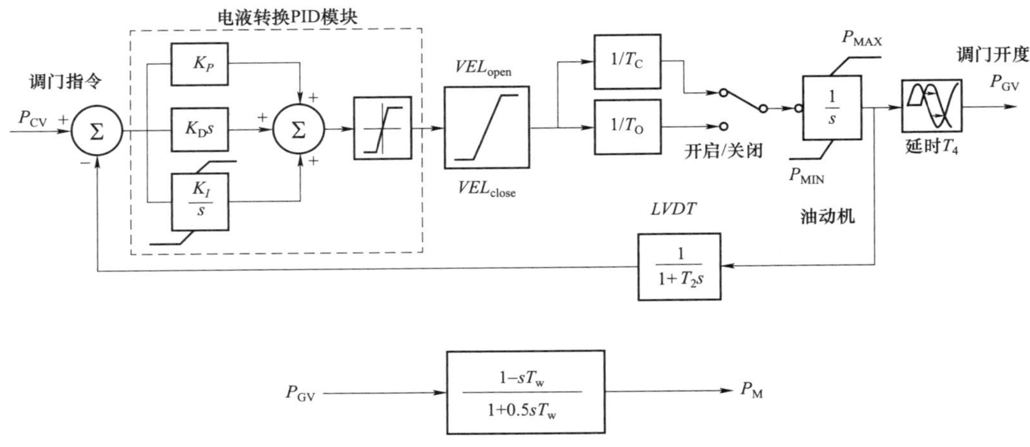

$$P_{GV} \longrightarrow \boxed{\frac{1-sT_w}{1+0.5sT_w}} \longrightarrow P_M$$

图 2.3-11　PSASP 7 型调速器控制框图

（三）提升频率风险分析准确性的技术原则

基于前述分析，提出了提升频率风险分析准确性的技术原则如下。

1. 总体技术原则

（1）孤立运行或存在孤立运行风险的电力系统应进行频率稳定计算，并提出控制措施。

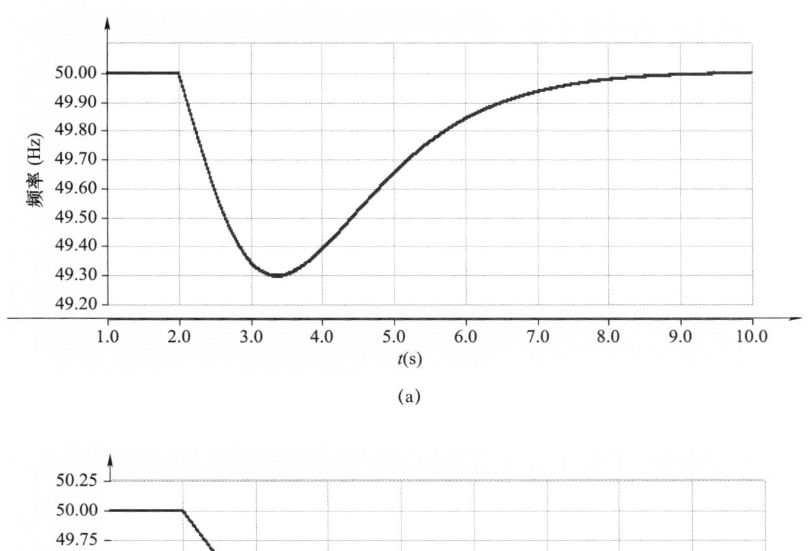

(a)

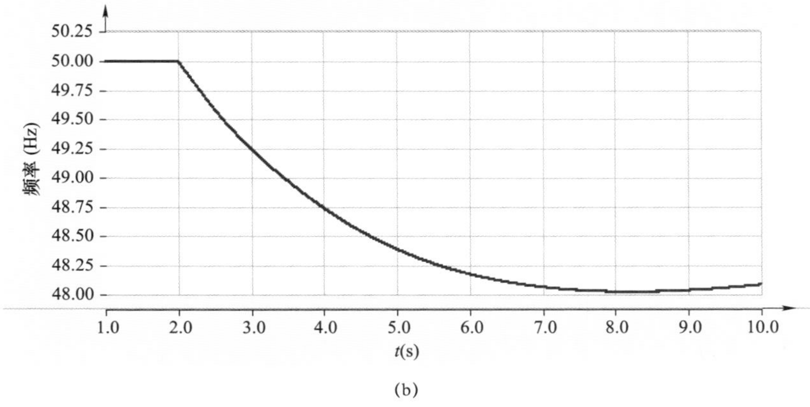

(b)

图 2.3－12　调速器控制模式对频率响应影响

（a）联网模式（K_P=5，K_I=2）；（b）孤网模式（K_P=1.5，K_I=0.1）

（2）频率稳定计算应包括短期、中长期频率稳定性计算，水电高占比系统应计算确定频率振荡风险。

（3）频率稳定计算应采用常规发电机组及其调速系统、励磁系统、发电机涉网保护、新能源发电系统控制及涉网保护、负荷等模型。水轮机宜采用如图 2.3－8 所示非线性模型，条件不具备时可采用如图 2.3－9 所示的小扰动模型，宜考虑动态水锤时间的影响。

（4）常规发电机组涉网保护应包括超速保护、过频保护、V/Hz 限制及过励磁保护，系统中存在火电机组时还应包括汽轮机超速保护（OPC）。

（5）新能源机组涉网保护应包括过频保护、欠频保护、过电压保护、欠电压保护。

（6）负荷模型应采用符合电网实际的典型模型和参数，计及电压、频率对负荷特性影响。

（7）频率稳定计算宜考虑水头、光照、风速等因素对小水电和新能源发电的影响，并计及频率变化对线路充电功率、无功补偿的影响。

（8）频率稳定风险防控措施可从电网运行方式优化、机组控制系统优化、第三道防线策略优化等方面制订。

2. 计算条件和技术要求

（1）基础数据准备。频率稳定计算分析前应确定下列基础数据：

1）电力系统接线和运行方式；

2）机组、新能源场站模型和参数；

3）负荷模型和参数；

4）机组、新能源场站涉网保护；

5）安全自动装置；

6）无功补偿装置；

7）其他元件及其控制系统的模型和参数。

（2）机组建模范围。接入电网电压等级 35kV 及以上机组应建模，35kV 以下且对系统有较大影响时宜建模；新能源场站应建模，其余可等值处理。

（3）机组控制系统和涉网保护。

1）机组调速、励磁系统应采用实测参数，未实测参数的可参照相同类型、相似容量机组选取。水电机组调速系统模型应计及控制模式切换等逻辑控制；励磁系统应计及发电机低励限制、过励限制等限制及保护。

2）新能源发电系统控制及涉网保护应采用实测参数，无实测参数时可参照相同类型、容量以及控制策略的发电系统选取；模型应计及高穿、低穿特性；应考虑新能源发电系统配置的动态无功补偿装置。

（4）负荷模型。负荷模型宜采用综合动态负荷模型，特殊情况下可采用综合静态模型，负荷模型组成和参数应根据电网实际情况确定。

3. 频率稳定计算方式

（1）应合理安排电网运行方式，反映高频、低频、频率振荡等稳定问题，并应根据下列影响因素确定：

1）新能源发电出力特性；

2）小水电发电出力特性；

3）其他类型发电机组出力特性；

4）不同类型电源的组合方式；

5）负荷水平；

6）联络线运行方式。

（2）高频风险分析时，电网运行方式可参照以下要求确定：

1）不安排备用。

2）联网转孤网运行过程，联络线有功功率宜按大外送方式确定，无功功率宜按受入方式考虑；新能源无快速频率响应能力时宜按大出力方式确定。

3）孤网运行，宜按水电机组小开机，新能源无快速频率响应能力时宜按大出力方式确定。

（3）低频风险分析时，电网运行方式可参照以下要求确定：

1）不安排备用。

2）联网转孤网运行过程，联络线有功功率宜按大受入方式考虑，无功功率宜按送出方式确定；新能源无快速频率响应能力时宜按大出力方式确定。

3）孤网运行，宜按水电机组小开机，新能源无快速频率响应能力时宜按大出力方式确定。

（4）应排查不同运行方式下，孤立电网发生频率振荡的风险。

4. 故障和扰动设置

除常规线路等元件故障外，故障设置应根据下列可能诱发频率稳定风险的故障和扰动形式确定：

（1）网内最大容量机组跳机。

（2）电厂出线或变压器故障导致电源全停。

（3）网内损失大负荷。

（4）电网解列。

（5）新能源出力波动。

（6）负荷冲击。

（7）其他严重故障。

5. 频率稳定计算方法

可按照小扰动稳定和大扰动稳定研究需求确定分析方法：

（1）小扰动频率稳定计算可采用基于电力系统线性化模型的特征值方法。

（2）大扰动频率稳定计算可采用机电暂态仿真程序。

（3）考虑频率对无功功率的影响时可采用电磁暂态仿真程序。

（4）考虑新能源控制作用时可采用电磁暂态仿真程序。

6. 频率稳定判据

扰动后系统稳态频率应维持在49.5～50.5Hz，不发生等幅、增幅、弱阻尼频率振荡，不影响地区小电网设备正常运行。特殊情况下，扰动后系统频率应保持稳定，频率运行范围根据主管部门的要求确定。

（四）频率风险控制措施

1. 运行方式优化

具有高频或低频风险时，可参照以下措施和要求对电网运行方式进行优化：

（1）增加系统转动惯量。

（2）增加电源备用容量。

（3）增加具有一次调频能力的机组开机。

（4）联络线解列前断面控制应给出有功功率限额，还宜给出无功功率限额。

2. 机组控制系统优化

除对电网运行方式优化外，可对水电机组和新能源场站控制系统和频率及电压耐受能力进行优化改造，可参考以下措施：

（1）具有频率振荡风险的应优化水电机组调速系统参数，调速器参数优化方法如下。

1）水轮机调速系统阻尼水平评估。引发频率振荡风险的重要因素为水轮机调速系统提供的负阻尼，系统超低频段负阻尼特性主要受水轮机水锤效应及调速器控制参数影响。调速器和水轮机组成的开环系统模型如图2.3－13所示。

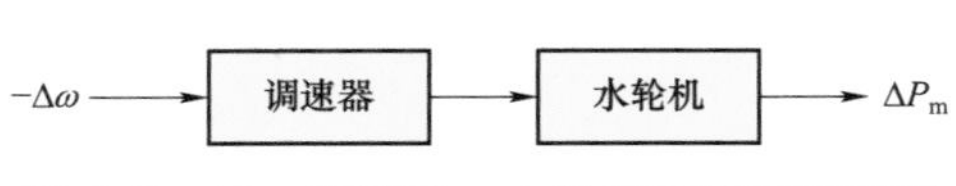

图2.3－13　调速器、水轮机开环系统模型

调速器和水轮机系统的开环传递函数 G_K 为

$$G_K = \frac{\Delta P_m}{-\Delta \omega} = G_t G_s \quad (2.3-5)$$

式中　G_t、G_s——分别为调速器和水轮机传递函数。

将式（2.3-5）所示的开环传递函数在$\Delta\delta$—$\Delta\omega$坐标系中分解后如式（2.3-6）所示

$$\Delta P_m = D_G \Delta\omega + K_G \Delta\delta \quad (2.3-6)$$

式中　ΔP_m——机械功率增量；

$\Delta\omega$——转速增量；

D_G——阻尼转矩分量；

K_G——同步转矩分量。

由ΔP_m与$\Delta\omega$之间的传递函数可知，$D_G>0$时发电机将向系统提供正阻尼。

将水轮机调速系统提供的转矩在$\Delta\delta$—$\Delta\omega$坐标系中分解后，位于$\Delta\omega$轴的分量即为阻尼转矩分量，定义为该系统的阻尼系数，可借此评估系统对频率振荡的阻尼性能。

典型参数下水电机组在0.04～2.5Hz都提供负阻尼。随水锤时间常数变化的典型调速器和原动机系统阻尼特性如图2.3-14所示，其中T_w为水锤效应时间常数，T_w越大，超低频段负阻尼越明显。

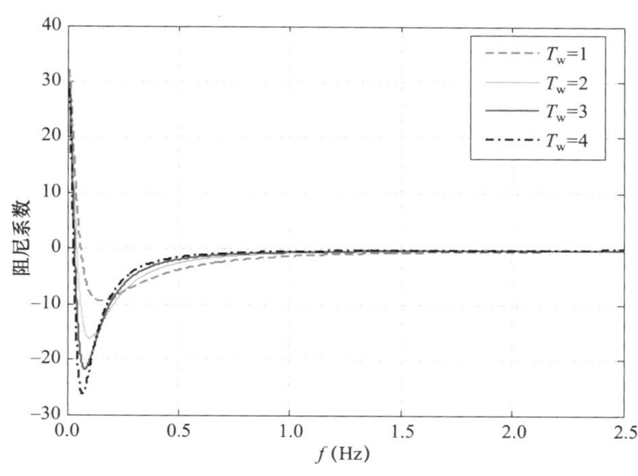

图2.3-14　典型调速器和原动机系统阻尼特性

2）调速器参数优化目标。减小调速器PI参数有利于提升超低频段阻尼水平，但机组一次调频能力将会降低；增大调速器PI参数有利于提升机组调频能力，但会恶化超低频段阻尼水平。一次调频性能和阻尼水平对比如图 2.3－15 所示。因此，进行调速器参数优化时应兼顾频率振荡抑制和频率调节性能。

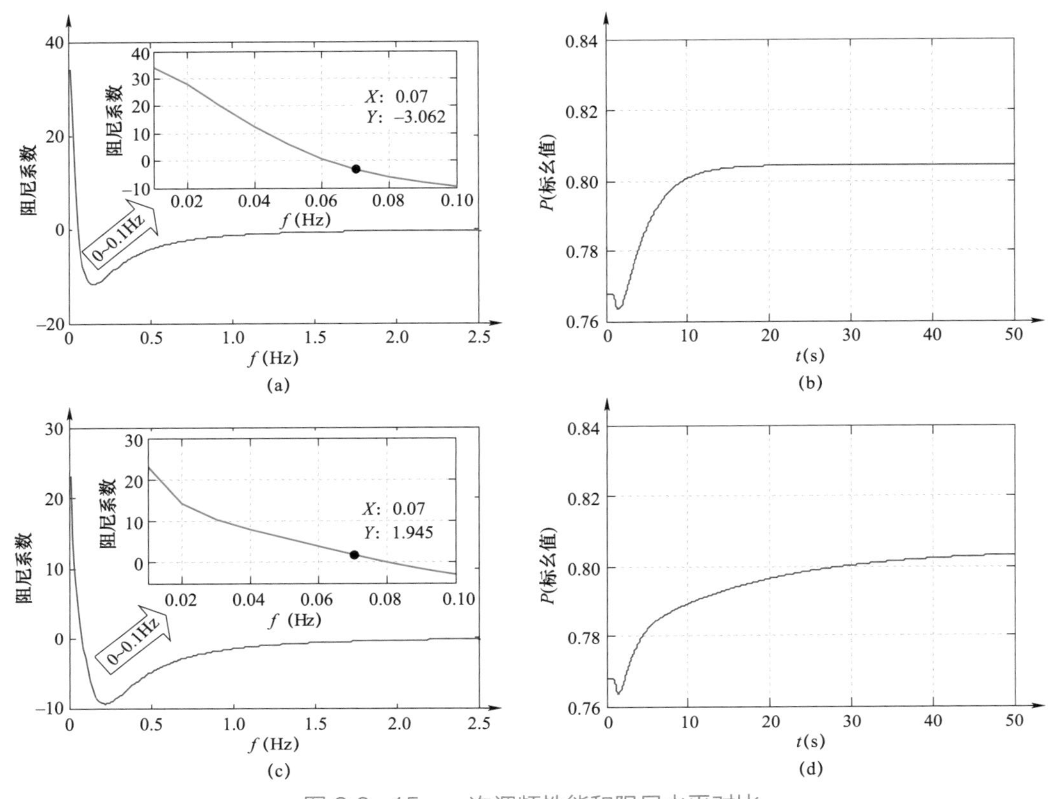

图 2.3－15　一次调频性能和阻尼水平对比

（a）阻尼系数（原始参数）；（b）一次调频功率响应（原始参数）；（c）阻尼系数（优化参数）；（d）一次调频功率响应（优化参数）

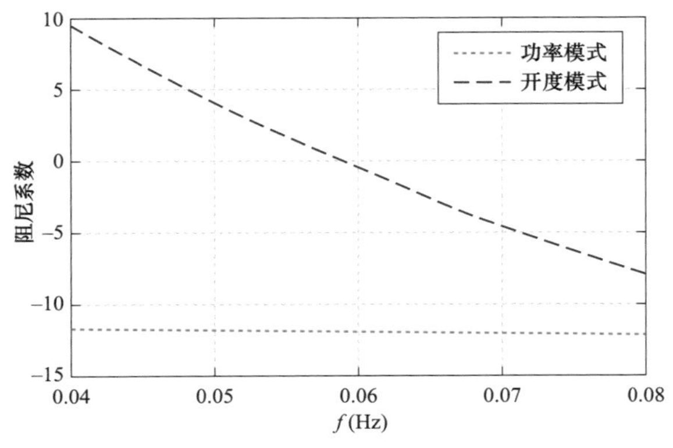

图 2.3－16　功率模式和开度模式阻尼特性对比

3）调速器运行模式选择。调速系统的阻尼特性与调速器工作模式和参数相关。某水电机组实测功率模式、开度模式的阻尼特性对比如图 2.3－16 所示。

功率模式在整个超低频段均提供负阻尼；开度模式阻尼特性在整个超低频段均优于功率模式。开度模式下，采用大网参数、小网参数、孤网参数的阻尼特性对比如图 2.3－17 所示。

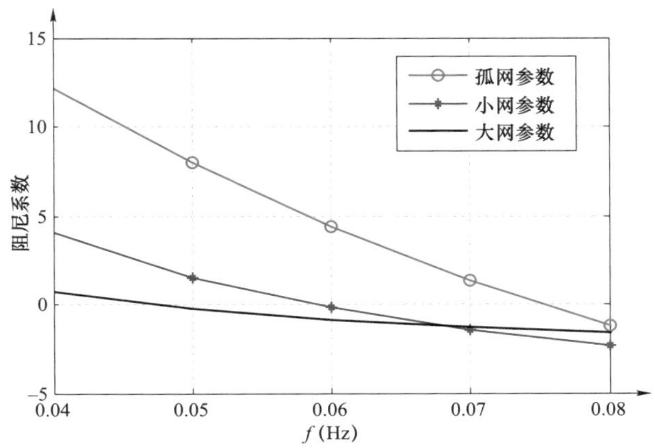

图 2.3–17　开度模式下不同控制参数阻尼特性对比

孤网参数在超低频频段基本提供正阻尼，小网参数下阻尼减小，大网参数下超低频段基本呈负阻尼。因此，为提高调速系统阻尼，抑制频率振荡，水电机组可考虑优先采用开度模式调节，在满足频率调节能力的前提下，可考虑按照孤网参数运行。

（2）宜对不具备快速频率调节能力的新能源场站进行改造。新能源频率调节能力改造方法如下。

1）风机单机。为实现新能源电站频率调节能力改造，可对每台风机进行单机改造，使每台风机具备调频率节能力，进而使整站具备频率调节能力。风机应对频率上升时可通过弃风降低出力的方式进行频率调节，风机应对频率下降时，需增发出力进行频率调节，增发出力的能量来源是关键问题，针对这一问题，衍生出了多种风机频率调节控制方式。

a. 转子超速控制。转子超速控制是控制转子超速运行，使风机运行于非最大功率捕获状态的次优点，保留一部分的有功功率备用。超速控制参与系统频率调节的响应速度快，对风机本身机械应力影响不大，但存在控制盲区。当风速达到额定值以后，机组需要通过桨距角控制实现恒功率运行，此时提高转子转速会超过设定的阈值，因此，超速控制仅适用于额定风速以下的运行工况。

b. 变桨控制。变桨距控制是通过控制风机的桨距角，改变桨叶的迎风角度，使其处于最大功率点之下的某一运行点，从而留出一定的备用容量。风况一定的情况下，桨距角越大，机组留有的有功备用也就越大。桨距角控制的调节能力较强，调节范围较大，可以实现全风速下的功率控制。但由于其执行机构为机械部件，因而响应速度较慢；而且当桨距角变化过于频繁时，也容易加剧机组的机械磨损，缩短使用寿命，增加维护成本。

c. 配置储能。储能系统具有性能稳定、控制灵活、响应快速的特点，在风电机组配置一定容量的储能，可以辅助风电参与系统的频率调节过程。

2）风电场。除了针对每台风机进行单机改造，还可以以风电场为频率调节主体，根据风电场并网点频率计算整个场站的频率调节功率，并进行相应控制实现整场输出功率的调节，达到频率调节目标。根据上述逻辑进行风电场频率调节控制的技术路线主要有以下两种：

a. 场站级快速功率控制。根据风电场并网点频率计算整个场站需要输出的频率调节功率，并根据一定的分配逻辑计算每台风机所应承担的频率调节功率目标，通过通信网络下发每台风机所需承担的调节任务，进而实现频率调节功率的控制。采用这种方式进行频率调节增发功率时，要求风机提前预留足够的备用容量。

b. 配置储能。在风电场配置一定容量的储能，根据风电场并网点频率计算整个场站需要输出的频率调节功率，控制储能输出相应的频率调节功率。

3）光伏单机。为使光伏电站具备频率调节能力，可对每台光伏进行单机改造，使其具备频率调节能力，进而使整站具备频率调节能力。光伏和风机一样，在进行频率调节需要增发功率时，其能量来源是关键问题，针对这一问题，主要有两种解决方案：

a. 正常运行时通过控制使光伏不运行在 MPPT 点，留备用，在频率调节需要增发出力时释放备用容量。

b. 配置储能。

4）光伏电站。和风电场类似，除了针对每台光伏单元进行单机改造，还可以以光伏电站为频率调节主体，根据光伏电站并网点频率计算整个场站的频率调节功率，并进行相应控制实现整场输出功率的调节，达到频率调节目标。根据上述逻辑进行光伏电站频率调节控制的技术路线主要有以下两种：

a. 场站级快速功率控制。根据光伏电站并网点频率计算整个场站需要输出的频率调节功率，并根据一定的分配逻辑计算每个光伏单机所应承担的频率调节功率目标，通过通信网络下发每个光伏单机所需承担的调节任务，进而实现频率调节功率的控制。采用这种方式进行频率调节增发功率时，要求光伏单机提前预留足够的备用容量。

b. 配置储能。在光伏电站配置一定容量的储能，根据光伏电站并网点频率计算整个场站需要输出的频率调节功率，控制储能输出相应的频率调节功率。

（3）对新能源机组改造，提升过频、欠频、过电压、欠电压的耐受与穿越能力。

3. 第三道防线策略优化

提升系统频率稳定的第三道防线改造策略如下：

（1）优化高频切机、低频减载方案；

（2）对于解列后，孤立电网存在高频高压风险的可采用先跳小系统侧联络线开关，后跳大电网侧联络线开关策略。

4. 其他控制措施

各单位可根据电网实际情况制定可行的频率稳定风险防控措施。

三、小电网与主网解列后高频高压相互影响及抑制策略

具有小机组、轻负荷特性的偏远地区电网逐渐通过联络线路与主网相连，由于地处偏远，这些小电网一旦因为故障等原因单侧与主网解列，孤网内过剩的有功功率及长联络线的充电功率极有可能在孤网内导致严重的高频高压风险。单纯利用自励磁机理解释高频高压现象存在着一定的不足，下面基于简化电网，深入分析高频高压现象出现的机理以及高频高压现象间相互关系并开展抑制策略研究。

（一）高频高压风险机理分析

偏远地区电网与主网解列后出现的高压风险本质上依然属于工频过电压的范畴。然而，与传统工频过电压不同，偏远地区电网的高频高压风险存在着以下两点显著区别：

（1）传统的工频过电压不会计及发电机的机电暂态的影响，然而高频高压风险中发电机的机电暂态则无法忽略。

（2）传统的工频过电压往往在线路的断开点处发生，而高频高压风险则是一个全网型的风险。

为了分析偏远地区电网孤网运行后的高频高压风险，可采用图 2.3－18 所示的简化电网进行理论分析，其中单位长度参数为 r_0、l_0、c_0。

图 2.3－18 所示的分析电网中，发电机通过大小为 L_1 的电感与母线 2 相连，同时在机端连接负荷，而母线 2 上连接了高压电抗器。母线 2 与母线 3 之间是一条长度为 l 的输电线路，线路在母线 3 处与大电网相连而当 QF2 断开，则可模拟小电网与主网解列。当 QF2 断开前，图 2.3－18 所示的电网处于稳态运行状态，忽略发电机损耗，则有

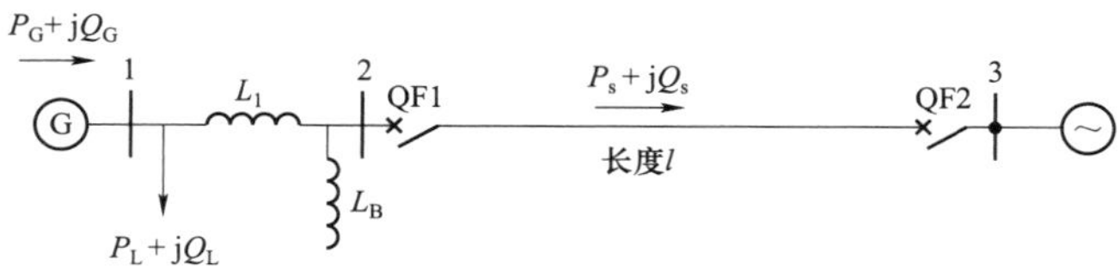

图 2.3－18 简化电网图

$$P_m = P_G = P_L + P_s \tag{2.3-7}$$

式中 P_m ——发电机机械功率；

P_G ——发电机的电磁功率；

P_L ——母线 1 上的负荷；

P_s ——线路 2－3 上的外送功率。

当 QF2 断开，由母线 1、2 组成的小电网转为孤网运行状态，孤网系统外送功率 P_s 突变为 0。同时，孤网的频率则完全由发电机转速所决定。由于发电机机械功率不能突变，根据发电机转子运动方程，可以得到在 QF2 断开瞬间，有

$$T_j \frac{d\omega}{dt} = P_m - P_L = P_s \tag{2.3-8}$$

式中 T_j ——发电机惯性时间常数；

ω ——发电机的角速度。

由式（2.3－8）可知，在 QF2 断开瞬间，原来的外送功率 P_s 则转换为孤网内发电机的加速功率，电网频率开始上升。

在高电压机理方面，忽略线路电阻，设定发电机端口电压恒定为 U_1，利用潮流分析方法，可以估算得到在图 2.3－18 所示的电网中，在 QF2 断开瞬间，母线 3、母线 2 的稳态电压值满足

$$\frac{U_3}{U_2}=\frac{2v^2}{2v^2-\omega^2 l^2} \tag{2.3-9}$$

同时，母线2、母线1的稳态电压值则满足

$$\frac{U_2}{U_1}=\frac{1}{1+\frac{L_1}{L_R}-\frac{\omega^2 L_1 C_0 l}{2}-\frac{L_1 C_0 l}{2}\left(\frac{2v^2\omega}{2v^2-\omega^2 l^2}\right)^2} \tag{2.3-10}$$

$$v\approx c=\frac{1}{\sqrt{l_0 C_0}} \tag{2.3-11}$$

式中　v——电磁波在线路中的传输速度。

由式（2.3－9）、式（2.3－10）可知，当母线2－母线3间的线路空载时，由于长线路对地电容C_0的影响，母线2、母线3的电压均会随着线路的长度l的增加而显著上升。

当小电网因故障转为孤网运行时，由于外送通道的截断，孤网内有功出现了富裕，电网频率升高。由式（2.3－9）、式（2.3－10）可知，当发电机端口电压恒定为U_1时，母线2、3的电压U_2、U_3会随着电网频率的升高而进一步抬高，这说明了高频对高压的促进效应。根据电路理论，电容、电感发出的无功Q_C、Q_L，分别定义为

$$\begin{cases} Q_C=U^2\omega C \\ Q_L=\dfrac{U^2}{\omega L} \end{cases} \tag{2.3-12}$$

由式（2.3－12）可知，随着频率的增加，电容上产生的容性功率Q_C成比例增加，但电感上产生的感性功率Q_L却成比例减少。随着容性无功补偿度的减少，多余的容性功率则会进一步恶化过电压现象。相反地，电网的高压现象却会对高频风险加以抑制。设定孤网内的负荷满足式（2.3－13）所述的静特性

$$P_L=P_{L0}(a_p U_{L*}^2+b_p U_{L*}+c_p) \tag{2.3-13}$$

式中　a_p、b_p、c_p——分别为恒定阻抗、恒定电流、恒定功率负荷的有功功率占总有功功率的百分比；

U_{L*}——负荷上电压的标幺值。

由式（2.3－13）可知，随着电压的增加，孤网内有功负荷会明显地提升，从而加大

了发电机组电磁功率，抑制了频率的上升。

（二）高频高压风险影响因素分析

1. 机组调速控制方式对高频高压风险的影响

为了配合电力系统调频和调峰的需求，正常运行时，电网中大量发电机均运行在功率控制模式，其调速器根据 AGC 指令对发电机出力进行控制。但是一旦电网因为事故而使频率偏差超过整定值时，这些发电机组的控制模式则会自动调整为频率控制模型，随着频率的波动调整出力，确保电网频率维持在 50Hz。

然而在偏远地区电网中，大量的小水电则不具备控制模式切换功能。为了减小运维难度，这些小水电机组并网后，往往直接进入定开度控制模式。即使当电网频率明显升高时，这些机组依然恒定开度运行，出力不会调整，因此会显著地恶化电网高频高压的风险。

2. 发电机低励限制对高频高压风险的影响

当偏远地区电网因故障而孤网运行时，随着电网电压的上升，发电机逐渐从电网吸收无功功率，从而转为进相运行状态。研究表明，发电机的进相能力对电网过电压的抑制有明显的作用。然而发电机的进相能力却受到了定子铁芯端部热极限、静稳极限和定子过电流极限的限制。为限制发电机进相功率，往往发电机在励磁控制器中实行低励限制（UEL），然而低励限制环节限制了发电机的进相能力，恶化电网高频高压的风险。

3. 负荷特性对高频高压风险的影响

在电力系统静态安全分析中，有功负荷模型往往采用如式（2.3－13）所示的多项式进行描述。当电网孤网运行时，发电机的电磁功率单纯依靠有功负荷消耗，假设孤网内所有机组近似同调，因此有

$$T_{\mathrm{j}}\frac{\mathrm{d}\omega}{\mathrm{d}t}=P_{\mathrm{m}}-P_0\left[a_{\mathrm{p}}\left(\frac{U}{U_0}\right)^2+b_{\mathrm{p}}\frac{U}{U_0}+c_{\mathrm{p}}\right] \tag{2.3－14}$$

由式（2.3－14）可以看出，在相同过电压水平下，恒阻抗负荷对高频现象的抑制最为明显，恒电流负荷次之，而恒功率负荷最差。

综上可知，发电机调速器控制方式、发电机励磁控制中模块设置及孤网系统内负荷

类型均会对高频高压风险产生影响。孤网内发电机的调速器在频率上升时一直工作在定开度控制方式，发电机励磁器中增加低励限制环节，恒功率、恒电流负荷比例的增加，均会使高频高压风险进一步恶化。

（三）高频高压风险抑制策略研究

1. 现有抑制方案及不足

为了抑制小电网孤网运行时的高频高压风险，电力系统中常常采用无功补偿以及高频切机两种措施相配合的方式。然而研究表明，以上两种措施在实施过程中均存在着一定的不足。

利用无功补偿装置，容易导致过电压抑制与稳态调压之间的矛盾。当偏远地区电网因故障转为孤网运行后，随着电网频率的升高，电网中线路的充电无功将会随之正比增加。然而电网中电抗器所提供的感性无功却随着频率的升高而反比下降。从而可知，当电网频率升高时，长输电线路容性无功的补偿度则会明显下降。

为了抑制过电压，需保证电网在高频情况下依然保证足够的补偿度。但这势必要求电网在工频情况下，感性无功明显的过补偿，从而导致电网调压的困难。

高频切机策略主要的作用是在电网频率升高时，切除部分发电机组，以抑制电网频率的上升。但研究结果表明，高频切机策略对抑制孤网运行后的高频高压风险，却是一把双刃剑：一方面，通过切除机组降低了电网的最高频率，减小了最高频率下线路的充电功率；另一方面切机策略的实施也削弱了孤网整体的进相运行能力，提高了电网的过电压水平。

2. 基于解列的高频高压风险抑制策略及效果

以上的分析表明，传统无功补偿及高频切机措施在抑制高频高压风险方面均存在着一定的缺陷，需要寻求一套新的抑制策略。

考虑到孤网高频高压风险出现的主要原因是由于孤网富裕的充电功率及长线路巨大的充电功率，因此本书提出了一种基于解列的高频高压风险抑制策略。该策略的核心思想是在偏远地区电网因故障转为孤网运行并导致频率升高时，将各地区变电站与长输电线路解开，各地区电网孤立运行。同时在各孤立电网内通过高频切机、无功补偿等措施维持电网正常运行。

该策略包含了以下措施：

（1）对孤网内发电机的控制系统进行排查与改造，防止任何机组出现恒定有功出力的运行控制情况。

（2）在枢纽变电站配置高频解列装置，当电网频率超过整定值时，解列枢纽变电站低压出线，并远跳远端。从而实现各地区电网与长输电线路的隔离。

（3）在各孤立电网内配置高频切机装置，并利用发电机调速特性维持孤立电网频率，并保证孤立电网安全稳定运行。

（4）在孤立电网内部装设过电压保护。当前几套策略动作失败时，利用保护解列电网，防止事故扩大。

该策略具有简单易行、动作可靠等优点，从机理的源头避免了高频高压风险，可有效避免由于收资不准确导致的策略失效等情况，已在四川藏区电网中得以实施。

第三章

藏中电力联网工程系统安全风险分析与防控实践

结合前面提出的系统调试安全分析技术要求，对藏中电力联网工程系统调试和运行过程中的重大风险进行了分析。提出了通过优化充电启动顺序的无功电压控制方法；加装合闸电阻、选相合闸装置并配合运行方式调整的励磁涌流和过电压综合防控策略；兼顾电磁振荡抑制和无功调节性能的 SVC 控制参数优化方法。制订了考虑光伏发电、直流输电系统运行风险及电网频率稳定风险的调控运行策略，有效保障了调试期间电网运行安全。本章详述安全风险分析和防控策略研究方法与过程，以期为读者提供借鉴和参考。

第一节　长链式通道无功电压控制与充电时序优化

在图 3.1－1 中，从网络拓扑及电源来源看，工程有两种启动充电方式：一是从四川向西藏方向充电；二是从藏中向四川方向充电。由于西藏电网装机容量小且联网通道过长，单组低压电抗器（简称低抗）容量达 60Mvar，系统电压控制较为困难。两种启动充电方式下，单组低抗投切引发系统电压波动情况如图 3.1－2 所示。

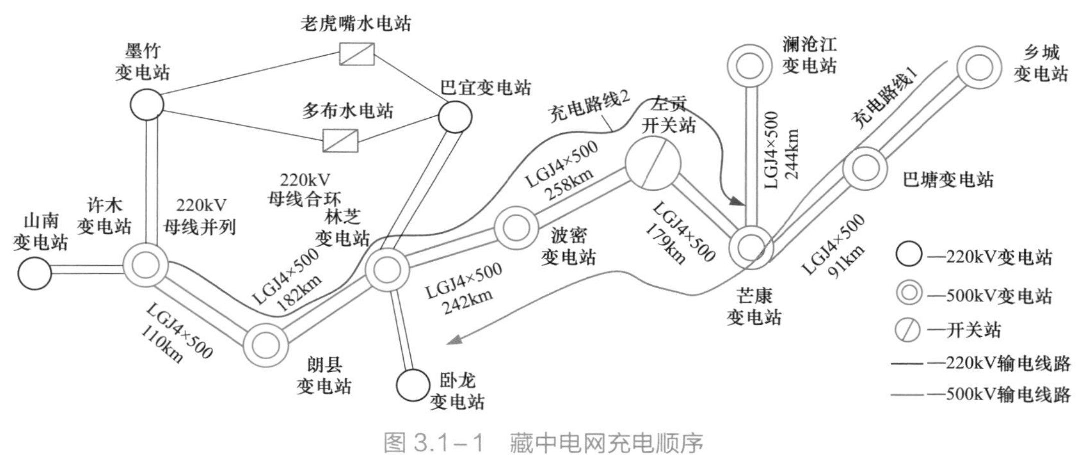

图 3.1－1　藏中电网充电顺序

从四川向藏中方向充电，随着联网通道带电距离的增加，单组低抗投切引起的电压波动显著增加，充电至末端许木 500kV 变电站时，电压波动可能达到 23kV。

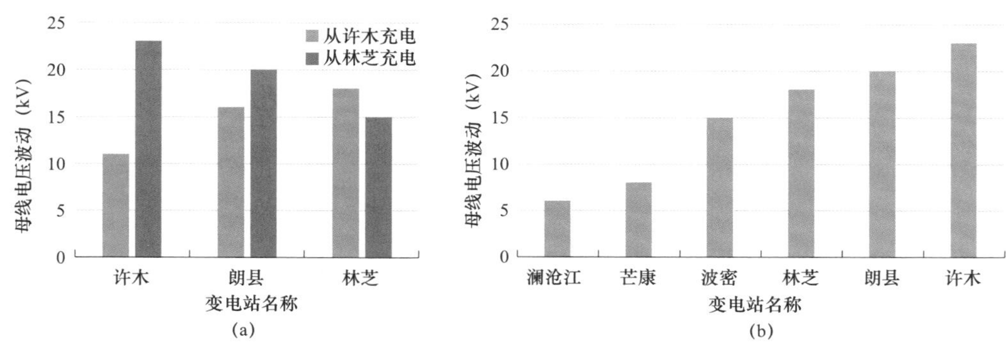

图 3.1-2　单组电抗投切对系统电压影响（仿真结果）

（a）从藏中向四川方向充电；（b）从四川向藏中方向充电

从藏中向四川方向充电，由于藏中电网装机容量最大的藏木电厂靠近许木 500kV 变电站，林芝 500kV 变电站附近电源容量相对较小。因此，从许木 500kV 变电站充电，电压控制能力相对较强。按照林芝—朗县—许木充电顺序，充电至许木时最大电压波动达到 23kV；按照许木—朗县—林芝充电顺序，充电至林芝时最大电压波动 18kV。若调试过程发生主变压器 $N-1$ 等事故，系统电压可能面临失控风险。因此，为减轻工程带电启动过程电压控制困难，同时考虑昌都电网运行安全性，制订了四川、西藏双侧充电顺序：

（1）从四川向藏中方向充电顺序为：乡城—巴塘—芒康—澜沧江，澜沧江 500kV 变电站带电后并入昌都电网运行。后续充电顺序为：芒康—左贡—波密。

（2）从藏中向四川方向充电顺序为：许木—朗县—林芝，林芝 500kV 变电站带电后完成林芝 220kV 电磁环网合环。后续向波密充电，在波密—左贡断面完成藏中、昌都及四川电网并列。

第二节　变压器空载合闸多重风险与防控措施研究

根据近年来国内电网发生的合空载变压器引起谐波过电压事件，直流换相失败、谐波保护动作事件，结合四川甘孜藏区新甘石电网、川藏电力联网工程的运行经验及四川电网光伏因谐波脱网事件，在藏中电力联网工程建设初期就发现了藏中联网工程大型主

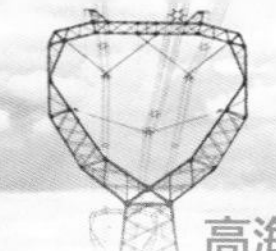

变压器空载合闸产生的励磁涌流将导致过电压和电压暂降，并威胁柴拉直流、光伏发电系统等敏感电力电子设备的运行安全。经过深入分析，藏中电力联网工程面临的主变压器空载合闸多重风险如下。

一、励磁涌流导致过电压

启动充电过程，芒康—澜沧江（芒澜）双回运行，澜沧江存在 2 次谐振点。考虑线路参数误差的谐波阻抗如图 3.2−1 所示。

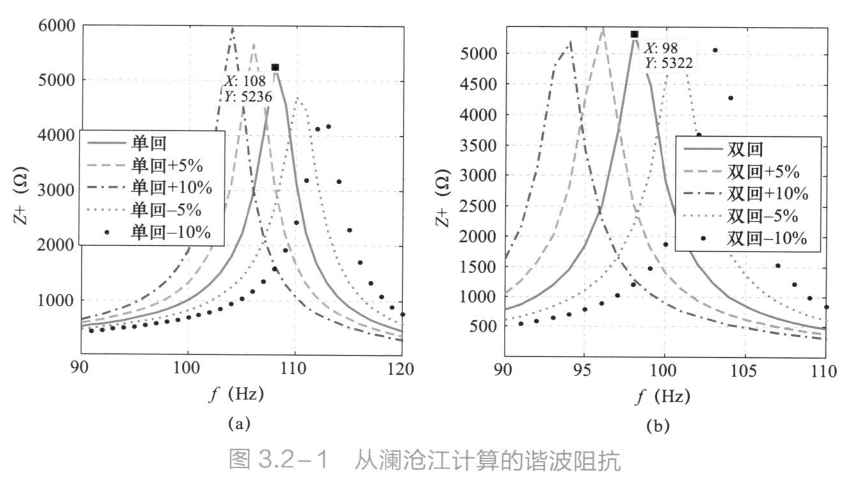

图 3.2−1　从澜沧江计算的谐波阻抗

（a）芒澜单回运行；（b）芒澜双回运行

表 3.2−1 给出了启动充电过程采取防控策略前后，40%剩磁条件下澜沧江主变压器空载合闸产生的励磁涌流和过电压水平。芒澜双回运行，最大励磁涌流 1150A，过电压达到 1.43（标幺值）。由于存在 2 次谐振点，采用合闸电阻或选相合闸单一措施无法有效抑制空载合闸主变压器引发的过电压。两种措施同时配置后，最大励磁涌流可降至 200A，过电压 1.08（标幺值）。芒澜单回运行可有效控制过电压水平。

表 3.2−1　澜沧江主变压器空载合闸励磁涌流及过电压（仿真结果）

控制措施	线路运行方式	涌流峰值（A）	过电压（标幺值）			
			巴塘	乡城	芒康	澜沧江
无	芒澜单回运行	1050	1.11	1.08	1.16	1.19
无	芒澜双回运行	1150	1.39	1.36	1.41	1.43
合闸电阻	芒澜双回运行	400	1.20	1.16	1.30	1.32

续表

控制措施	线路运行方式	涌流峰值（A）	过电压（标幺值）			
			巴塘	乡城	芒康	澜沧江
选相合闸	芒澜双回运行	700	1.29	1.25	1.34	1.39
合闸电阻+选相合闸	芒澜双回运行	200	1.05	1.00	1.04	1.08

此外，昌都电网负荷小、网架薄弱，谐波分流和耗散能力差，且部分 110kV 变电站点通过 300km 以上线路接入系统。启动充电过程空充波密主变压器，以及四川和昌都电网并网运行方式下空载合闸芒康、巴塘 500kV 变电站主变压器，将在昌都电网内部引发严重的过电压。表 3.2–2 给出了 40%剩磁条件下，空载合闸波密、芒康、巴塘 500kV 变电站主变压器最大励磁涌流和过电压水平。根据仿真结果，采用合闸电阻或选相合闸单一措施均能将过电压限制到 1.3（标幺值）的标准以下。

表 3.2–2　主变压器空载合闸时昌都电网过电压（仿真结果）

操作点	控制措施	涌流峰值（A）	过电压（标幺值）	
			边坝	洛隆
波密	无	1175	1.35	1.32
	合闸电阻	500	1.12	1.09
	选相合闸	800	1.19	1.17
芒康	无	1080	1.38	1.37
	合闸电阻	400	1.11	1.11
	选相合闸	710	1.21	1.21
巴塘	无	1400	1.45	1.41
	合闸电阻	500	1.14	1.14
	选相合闸	830	1.26	1.26

二、励磁涌流导致电压暂降和柴拉直流换相失败

工程启动充电过程或联网方式下，从许木、林芝 500kV 变电站 220kV 侧，许木、林芝、朗县、波密 500kV 变电站 500kV 侧对主变压器充电，均会引发不同程度的

电压暂降，导致柴拉直流发生换相失败，严重影响交、直流系统安全运行，需要采取措施对励磁涌流进行限制。

采取消磁、加装选相合闸装置策略前后从许木 500kV 变电站 220kV 侧对主变压器充电，藏中电网 220kV 母线电压及柴拉直流主要电气量变化曲线如图 3.2-2 所示。

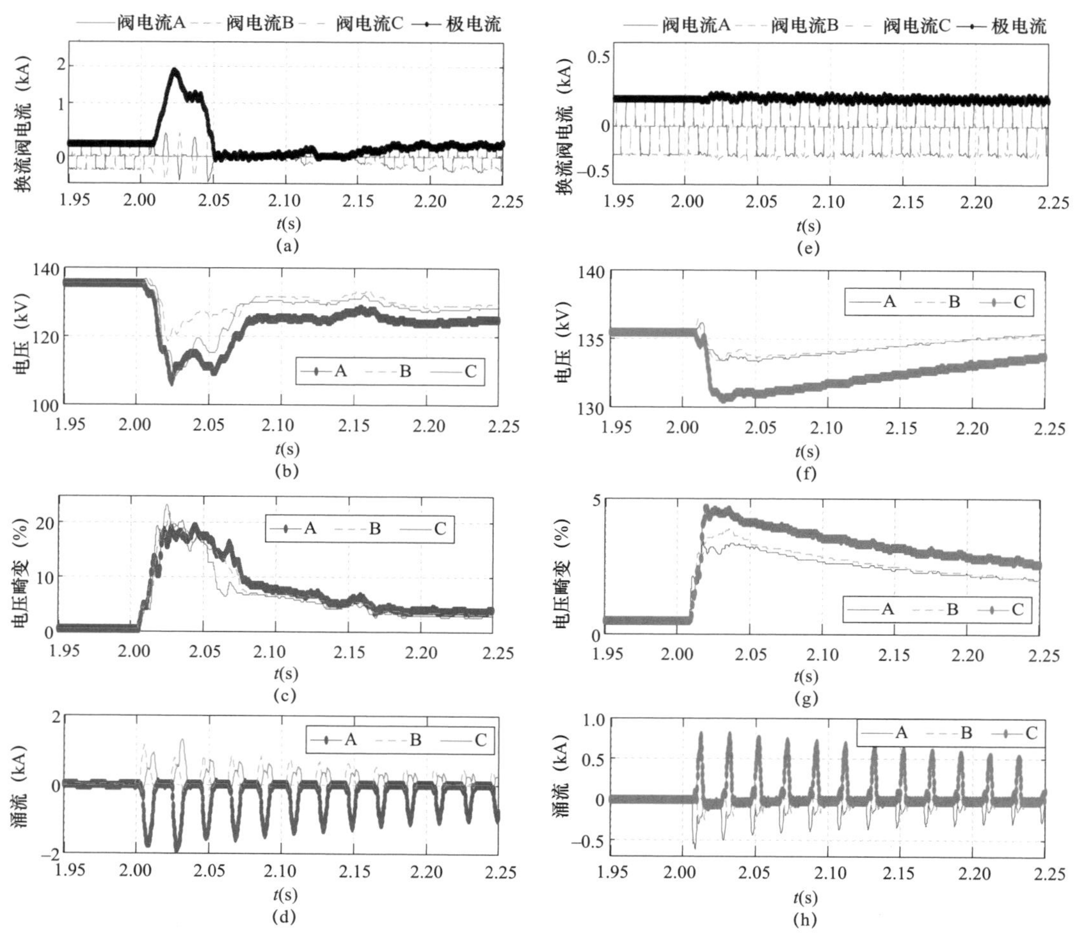

图 3.2-2　主变压器空载合闸对柴拉直流影响（仿真结果）

（a）直流阀电流和极电流（消磁）；（b）换流站交流母线电压（消磁）；（c）换流站母线电压畸变率（消磁）；（d）励磁涌流（消磁）；（e）直流阀电流和极电流（选相＋消磁）；（f）换流站交流母线电压（选相＋消磁）；（g）换流站母线电压畸变率（选相＋消磁）；（h）励磁涌流（选相＋消磁）

即使主变压器消磁，从许木 500kV 变电站主变压器充电，220kV 侧涌流峰值依然高达 2kA，全网电压暂降明显，最低电压约 0.78（标幺值），持续时间超过 40ms；拉萨换流站母线电压谐波畸变率超过 20%，柴拉直流发生换相失败。同时加装选相合闸并消磁后最低电压提升至0.98（标幺值），拉萨换流站母线电压谐波畸变率降至5%，柴拉直流未发生换相失败。

鉴于工程启动调试或特殊运行方式下，500kV主变压器空载合闸将在昌都电网引发过电压，在藏中电网引发电压暂降及柴拉直流换相失败。为规避上述风险，并综合考虑场地、造价、安全裕度，在所有500kV主变压器高压侧开关装设选相合闸装置，在澜沧江、波密、芒康、巴塘500kV变电站主变压器高压侧开关加装合闸电阻；在许木和林芝500kV变电站主变压器220kV侧开关加装选相合闸装置。

为进一步保障充电过程中系统安全稳定运行，除巴塘—乡城线路，在其余线路上装设全波过电压保护，作为后备保护，避免前述防控措施失效后励磁涌流谐波涌入西藏电网导致的连锁反应。

此外，为确保从藏中电网首次启动许木500kV变电站主变压器充电的安全性，现场采取了藏木电厂机组带许木500kV变电站主变压器零起升压方式，有效保障了藏中电网运行安全。

三、控制光伏发电出力防范大面积脱网

如表3.2–3所示，藏中孤网运行，从许木500kV变电站或林芝500kV变电站220kV侧对主变压器冲击合闸，即使配置选相合闸并消磁，操作200ms后，光伏电厂并网点电压谐波畸变率仍大于3%。从500kV侧对其他主变压器冲击合闸，结果类似。

表3.2–3　主变压器合闸200ms后光伏电厂并网点电压谐波畸变率（仿真结果）

控制措施	涌流峰值（A）	谐波畸变率（%）					
		泽当	江孜	拉孜	唐嘎果	佳木	班戈
消磁	2000	6.0	6.0	6.8	4.5	4.0	5.9
选相合闸+消磁	800	4.5	4.3	6.1	3.2	2.9	4.6

四川某地区电网已经发生过光伏电厂并网点电压谐波畸变率超过3%，光伏电厂配置的静止同步补偿器SVG延时200ms闭锁事件。藏中电网当前光伏装机容量达到800MW，调试过程主变压器冲击合闸操作极易导致SVG闭锁。若出现大面积SVG

闭锁事件，可能引发光伏电厂脱网，将对藏中电网的电压和频率稳定造成极大的影响。按照藏中电网光伏电厂脱网后不引发低频减载和安控动作的原则，主变压器冲击合闸期间需将藏中光伏出力控制到 20MW 以下，昌都光伏出力控制到 5MW 以下。

第三节　多 SVC 群控制参数优化整定

由于存在超长距离链式交流通道且系统短路容量小，系统存在 50Hz 以下的电磁振荡模式。如图 3.3－1 所示，接入 SVC 前，系统存在频率约 20Hz 的主振模式。SVC 接入后，该模式特征值向复平面右边移动，SVC 容量越大该模式阻尼越小。减小 SVC 控制参数后可提升该模式阻尼水平，但同时会削弱其无功调节性能。

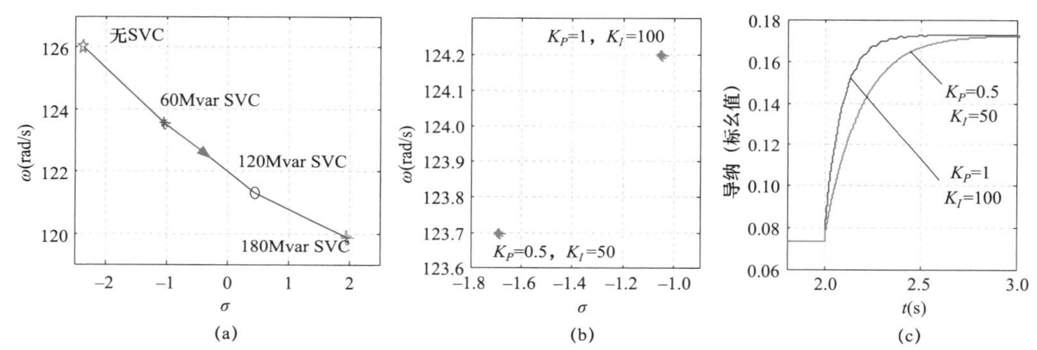

图 3.3－1　SVC 对电磁振荡模式及无功调节性能影响（研究结果）

（a）SVC 对电磁振荡模式影响；（b）SVC 控制参数对电磁振荡模式影响；（c）SVC 控制参数对无功调节性能影响

工程配置 SVC 的目的之一在于提升联网系统的电压控制能力，因此需要对 SVC 参数优化整定。整定原则如下：

（1）综合考虑联网通道 $N-2$ 故障等大扰动后系统不发生电磁振荡；

（2）SVC 的无功响应速度满足工程调压要求。根据上述原则，建议芒康、波密 500kV 变电站 SVC 控制增益 $K_P \leqslant 2$，$K_I \leqslant 200$，朗县 500kV 变电站 SVC 控制增益 $K_P \leqslant 1$，$K_I \leqslant 100$。SVC 参数优化前后许木—朗线线路 $N-2$ 故障和巴塘—芒康线路 $N-2$ 故障仿真结果如图 3.3－2 所示。根据仿真结果 SVC 参数优化后，系统振荡得到有效抑制。

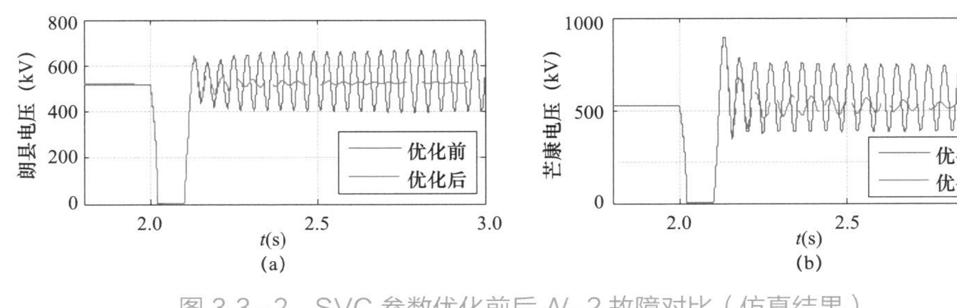

图 3.3-2　SVC 参数优化前后 $N-2$ 故障对比（仿真结果）

（a）许木—朗县线路 $N-2$ 故障；（b）巴塘—芒康线路 $N-2$ 故障

第四节　断面解/并列风险防控

不同于常规电网，西藏电网容量小，系统能够承受的功率盈余或缺额较小。在大电网中，频率和无功功率基本解耦，断面限额一般只给出有功功率限额。由于小电网中装机容量小，受负荷的电压频率特性影响，解列后小电网频率波动除了与解列前断面有功功率相关，还与断面无功功率相关。

本节针对藏中电力联网工程中的解列试验风险进行仿真分析，主要校核西藏电网在不同运行方式下，解列后形成孤网的频率稳定性、功角稳定性及电压稳定性，并给出满足电网安全运行的解列断面有功和无功限值。

在有功外送、无功受入方式，通道中断后，富余有功将造成孤网系统频率升高，无功缺额将使网内电压降低，进而导致负荷功率减小，因此助增频率升高。在有功受入、无功送出方式，通道中断后，有功缺额将造成孤网系统频率降低，富裕无功将使网内电压升高，进而导致负荷功率增加，因此进一步加剧频率跌落。因此，对于弱电网联网工程解列断面限值除给出有功功率还应给出无功功率限制。小电网频率和电压稳定分析应详细考虑电网高频、低频、低电压、过电压保护等策略，机组进相能力对电压稳定影响也应有所考虑。

藏中电网高、低频限值如表 3.4-1 和表 3.4-2 所示。根据目前西藏并网光伏的耐受能力，藏中电网高压限值设定为 1.3（标幺值）过电压无延时跳闸，1.2（标幺值）过电压耐受 4s；低压脱扣限值是 0.75（标幺值）。

表 3.4-1　藏中电网高频整定情况

轮次	频率（Hz）	时延（含继电器动作时间，s）	切机容量（MW）	机组
第一轮	53	0.3	30	雪卡 3 台机组
第二轮	53.5	0.3	34	老虎嘴 1 台机组
第三轮	54	0.3	34	老虎嘴 1 台机组
第四轮	54.5	0.3	60	多布 2 台机组
第五轮	55	0.3	40	旁多 1 台机组
第六轮	55.5	0.3	80	旁多 2 台机组
第七轮	56	0.3	85	藏木电厂 1 台机组

表 3.4-2　藏中电网低频整定情况

轮次	频率（Hz）	实际所占比例（%）	时延（含继电器动作时间，s）	轮次	频率（Hz）	实际所占比例（%）	时延（含继电器动作时间，s）
第一轮	48.8	4.57	0.3	第六轮	47.6	7.75	0.3
第二轮	48.6	5.77	0.3	第七轮	47.2	7.72	0.3
第三轮	48.4	6.71	0.3	第八轮	46.8	7.61	0.3
第四轮	48.2	7.09	0.3	第九轮	46.4	7.50	0.3
第五轮	48.0	7.32	0.3				

昌都电网高频目前暂时未投，仅投机组过速保护，一般 60Hz，其中金河电厂过速保护频率限值为 55Hz；低频减载定值设置如表 3.4-3 所示。仿照藏中电网高压限值，昌都电网高压限值设定为 1.3（标幺值）过电压无延时跳闸，1.2（标幺值）过电压耐受 4s；低压减载限值是 0.9（标幺值）。

表 3.4-3　昌都电网低频减载

轮次	频率（Hz）	时限（s）	占昌都电网总负荷比例（%）	
			计划	实际
第一轮	48.5	1	8	6.21
第二轮	48	1.5	17	24.8
第三轮	47.5	2	8.8	6.13
第四轮	47	2	14	10.19
第五轮	46.5	0.5	5.6	2.42
特殊轮	49	20	4	1.65

昌都电网未配置高频保护，金河机组 55Hz 过速保护跳闸，其余机组为 60Hz 跳闸。

西藏主力机组进相能力按照机组实际情况考虑。各主力机组的进相能力如表 3.4－4 所示。

表 3.4－4　西藏主力机组进相能力

机组	有功（MW）	无功（MW）
藏木	0～80	－21～－9
旁多	0～40	－15～－10
直孔	0～25	－11.7～－4.8
老虎嘴	0～34	－10～－7
多布	0～30	
羊湖	0～22.5	－7.2～－6
果多	0～40	－13.2～－10.8
金河	0～18.75	－7.5～0

以昌都电网解列安全分析及断面潮流控制措施研究为例，在如下几种小负荷外送方式下分析断面解列后的风险。

小负荷外送方式一：昌都电网金河、果多各开 2 机，觉巴电厂不开机，共出力约 11 万 kW，昌都负荷约 6 万 kW，昌都电网澜沧江—芒康断面，澜沧江侧送出（500kV 芒康—澜沧江，澜沧江侧）有功约 5 万 kW，无功 4Mvar。

小负荷外送方式二：在方式一基础上进一步降低昌都送出功率，昌都电网金河开 2 机、果多开 1 机，觉巴电厂不开机，共出力约 7 万 kW，昌都负荷约 6 万 kW，澜沧江送出（500kV 芒康—澜沧江，澜沧江侧）有功约 1 万 kW，无功约为 0。

小负荷外送方式三：在方式二基础上保持澜沧江送出有功约 1 万 kW，澜沧江送出无功约 1 万 kW。

小负荷外送方式四：在方式二基础上保持澜沧江送出有功约 1 万 kW，澜沧江吸收无功约 1 万 kW。

下面为方式一和方式三的仿真结果：

（1）方式一，澜沧江—芒康断面侧解列后，昌都频率快速升高，3s 内升高到 55Hz 以上，果多机组吸收无功严重超过进相能力，澜沧江 500kV 变电站 500kV 侧过电压达到 580kV，澜沧江 500kV 变电站 220kV 侧过电压达到 252kV 以上，仿真曲线如图 3.4－1 所示。

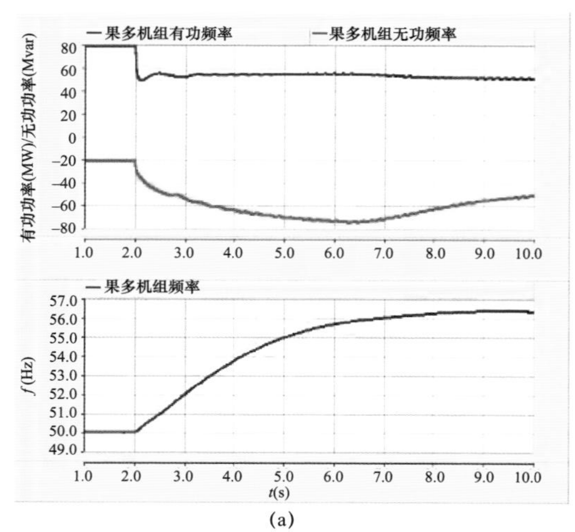

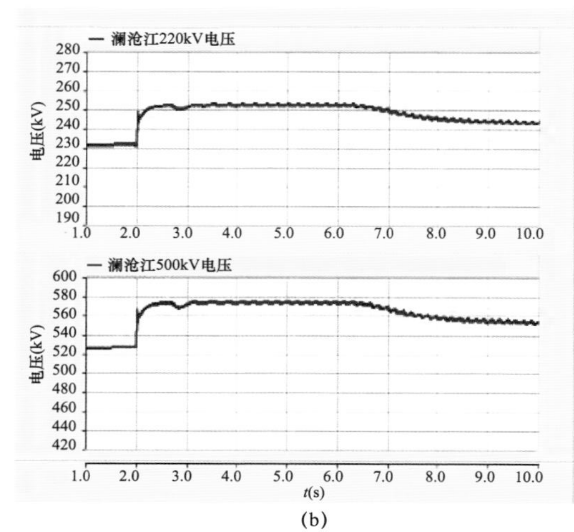

(a)　　(b)

图 3.4-1　昌都电网解列后关键电气量（外送有功 50MW，无功 4Mvar）

（a）果多机组有功功率、无功功率与频率；（b）澜沧江 500kV 变电站 500kV 及 220kV 电压

（2）方式三，昌都频率缓慢升高后降低，最高频率 50.5Hz，金河、果多机组吸收无功达到进相能力上限，澜沧江 500kV 变电站 500kV 侧最高电压达到 560kV，3s 内稳态电压约 548kV；澜沧江 500kV 变电站 220kV 侧最高电压达到 248kV，3s 内稳态电压约 241kV，如图 3.4-2 所示。

果多电厂所开 1 机吸收的无功较解列前增加约 10Mvar，金河电厂所开 2 机较解列前吸收的无功增加约 7Mvar。果多单机进相能力 −13.2～−10.8Mvar，因此操作前，需控制果多机组工作在发无功状态。金河单机进相能力 −7.5～0Mvar，因此操作前，需控制金河机组工作在发无功状态。

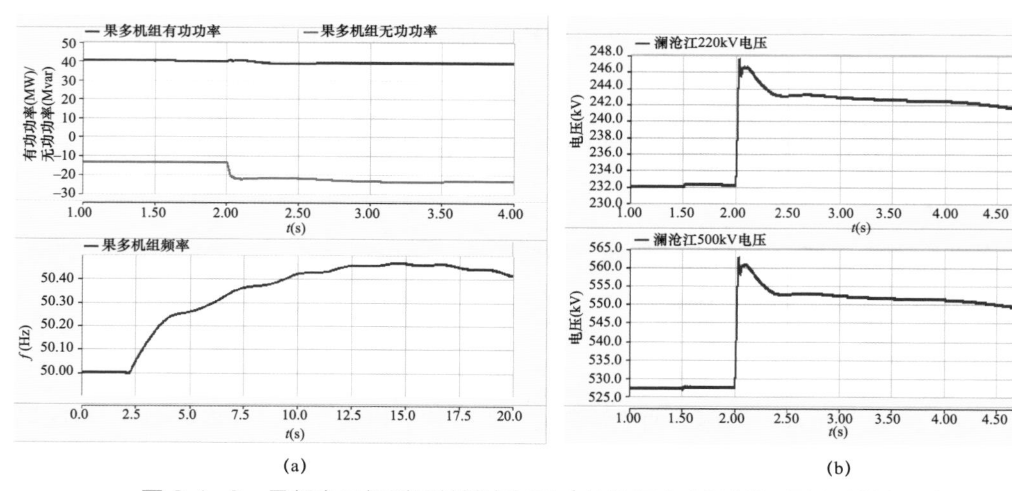

(a)　　(b)

图 3.4-2　昌都电网解列后关键电气量（外送有功 10MW，无功 10Mvar）

（a）果多机组有功功率、无功功率与频率；（b）澜沧江 500kV 变电站 500kV 及 220kV 电压

根据仿真结果，建议解列操作前澜沧江送出有功限制到 1 万 kW 以下、吸收以及送出的无功均限制到 1 万 kvar 以下，金河、果多电厂工作在发无功状态，澜沧江 500kV 变电站 500kV 侧电压控制到 525kV 以下。

为考察昌都电网、西藏电网和藏中电网与系统解列后的稳定性，在澜沧江—芒康、巴塘—芒康、波密—左贡、水洛—乡城断面开展解列试验。对昌都电网、藏中电网小负荷外送方式、大负荷受电方式下，断面有功功率和无功功率对电网频率稳定、电压稳定影响进行了分析。为保证断面解列后，系统频率不越限制、无过电压风险、不触发低压脱扣装置动作、不触发安控动作、机组进相深度不超过最大进相能力限制，提出各断面解列限额如表 3.4–5 所示。

表 3.4–5　　解列断面功率限额（仿真控制策略）

解列断面	有功限额（MW）	无功限额（Mvar）
澜沧江—芒康	±10	±10
巴塘—芒康	±25	±25
水洛—乡城	0	0
波密—左贡	±15	±20

规程规范要求的并网一般性条件为：压差小于 $10\%U_N$，角差小于 20°，频差小于 0.2Hz。为减小并列过程对西藏电网冲击，建议并网条件为：压差小于 $10\%U_N$，角差小于 10°，频差小于 0.2Hz。

第五节　实验室专项检测

为进一步充分保障藏中电力联网工程在调试和运行过程中系统安全，除巴塘—乡城线路外，在其余线路上装设了全波过电压保护作为后备保护，保护一旦误动将导致昌都或藏中电网解列，甚至同时解列，造成极大的影响，因此非常有必要对全波过电压保护装置的性能进行检测。

为了检测光伏逆变器对于电网谐波畸变率的耐受能力、电网适应性，以及光伏逆变器在藏中联网期间变压器进行空载合闸试验时的运行风险，对西藏电网两大主流厂家的光伏控制器进行了 RTDS 硬件在环仿真试验。检测了光伏控制器的控制策略性能和控制效果，主要对光伏逆变器高/低电压穿越能力、电网频率适应能力及电网谐波耐受能力进行测试。

由于藏中电力联网工程通道配置了 6 套大容量 SVC，SVC 的调节性能对联网系统的电压调节和稳定特性影响巨大。工程调试和运行中空载合闸大型变压器，励磁涌流谐波也可能对 SVC 运行造成影响。因此，对 SVC 控制保护装置功能和性能进行了实验室检测。

一、全波过电压保护装置性能检测

（一）全波过电压保护装置技术性能要求

针对工程普遍安装的全波过电压保护装置提出了具体技术性能要求。

1. 总体要求

（1）全波过电压监测控制装置是在常规过电压保护装置基础上增加全波过电压监测控制功能，能准确测量基波叠加 7 次及以下谐波分量的电压，能按照整定规则，触发断路器跳闸，具有隔断谐波过电压传播路径的功能。

（2）优先通过装置自身实现相关检测控制功能，尽可能减少外部输入量，以降低对相关回路和设备的依赖。优化回路设计，在确保可靠实现监测控制功能的前提下，尽可能减少装置间的连线。

（3）根据仿真计算或专题研究结论，确定全波过电压监测控制装置的配置，在实际应用中，需考虑装置动作对系统稳定的影响。

（4）装置应按功能要求输出相应信息，装置打印信息、装置显示信息描述应保持一致，与后台、远动信息的应用语义应保持一致性。

2. 电气有关基本技术要求

（1）额定电气参数。

1）直流电源的要求如下：

a. 额定电压：220、110V。

b. 允许偏差：－20%～＋15%。

c. 纹波系数：不大于 5%。

2）交流回路的要求如下：

a. 额定交流电压：100/3V、100V。

b. 额定交流电流：1、5A。

c. 额定频率：50Hz。

（2）准确度和变差。

1）装置中测量元件测量工频电气量的准确度和变差要求应满足 DL/T 478—2013 中 4.3 的规定。

2）装置中测量元件测量 7 次及以下谐波电压，或基波叠加 7 次及以下谐波电压的误差应不大于 5%，变差应不大于 5%。

（3）绝缘要求。装置的电气绝缘和固体绝缘应能承受 DL/T 478—2013 中 7.7 规定的冲击电压、暂态过电压的耐受能力和长期耐久性。对于新的装置，其绝缘电阻在施加直流电压 500V 时不应小于 100MΩ。

3. 谐波过电压监测控制技术原则

（1）过电压保护。

1）装置基波过电压与谐波过电压采用或逻辑，任一过压元件动作时，过电压保护动作。

2）谐波过电压基于峰值比较原理，确保远距离、弱联系输电通道发生谐波过电压时，谐波过电压监测控制装置动作，隔离存在绝缘破坏风险的电气设备。

3）过电压保护逻辑如图 3.5－1 所示。

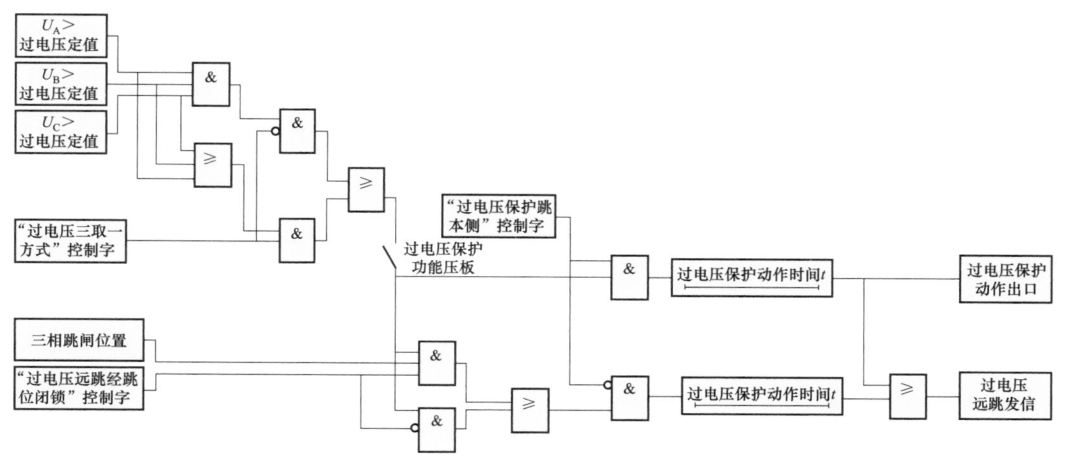

图 3.5－1　过电压保护逻辑图

a.“过电压保护”功能压板退出时，过电压保护不出口跳闸，不远跳对侧。

b.“过电压保护跳本侧”控制字为 1：当过电压元件满足时，“过电压保护动作时间”开始计时，延时满足后，过电压保护出口跳本侧，同时不经跳位闭锁直接向对侧发过电压远跳信号。

c.“过电压保护跳本侧”控制字为 0：当“过电压元件”和“三相跳闸位置”均满足要求时，“过电压保护动作时间”开始计时，延时满足后，过电压保护不跳本侧仅向对侧发过电压远跳信号。但是，是否经本侧跳位闭锁发信由“过电压远跳经跳位闭锁”控制字整定。

d. 工频过电压保护与谐波过电压检测控制共用过电压保护相关定值。

（2）远方跳闸。远方跳闸保护应采用“一取一”经就地判别方式，谐波过电压与工频过电压共用就地判据，就地判据应反映一次系统故障、异常运行状态，应简单可靠、便于整定，宜采用如下判据：

1）零、负序电流；

2）零、负序电压；

3）电流变化量；

4）低电流；

5）分相低功率因数（当电流小于精工电流或电压小于门槛值时，开放该相低功率因数元件）；

6）分相低有功。

注：TV 断线后，远方跳闸保护退出与电压有关的判据。

远跳就地判据应满足以下要求：

1）电流突变量展宽延时应大于远跳经故障判据时间的整定值，远跳开入收回后能快速返回。

2）远跳不经故障判别时间控制字投入时，开入异常延时闭锁远跳时间应大于远跳不经故障判据时间的整定值。

3）远跳不经故障判别时间控制字退出时，开入异常延时闭锁远跳时间应大于远跳经故障判据时间的整定值。

（3）装置交流模拟量。

1）对 TA、TV 绕组要求如下：

a. 供谐波过电压监测控制装置使用的 TA 绕组应为 TPY 级或 P 级。

b. 供谐波过电压监测控制装置使用的 TV 绕组测量精度不应低于 0.5 级。

2）模拟量输入：模拟量输入应满足 Q/GDW 1161—2014 中 5.3.4.2 款的要求。

（二）全波过电压保护装置检测技术要求

1. 一般要求

装置有关试验分为型式试验、出厂检验和现场检验。型式试验主要按照装置规范和标准进行试验，检验新的硬件或软件设计。

安全型式试验由独立的检验机构进行，合格产品中任意抽取 1～2 台进行型式试验。型式试验各项目全部符合技术要求为合格。发现有不符合技术要求项目应分析原因，处理缺陷，对产品进行整改后，再按全部型式试验项目检验。型式试验项目见表 3.5－1。

表 3.5－1　　型式试验项目

序号	检测项目	序号	检测项目
1	结构外观、配置及唯一性编码检查	6	功率消耗检验
2	装置输入输出功能检验	7	过载能力检验
3	装置监测控制功能检验	8	环境检验
4	绝缘性能检验	9	机械安全检验
5	电源影响检验	10	电磁兼容检验

出厂检验由制造厂的质量检验部门进行，每台设备均应在正常试验条件下，按表 3.5－2 中项目进行出厂检验。

表 3.5－2　　出厂检验项目

序号	检测项目	序号	检测项目
1	结构外观、配置及唯一性编码检查	4	绝缘电阻检验
2	装置输入输出功能检验	5	电源波动影响检验
3	装置监测控制功能检验	6	功率消耗检验

现场检验由安装单位、调试单位或检修单位进行，现场检验用于新安装装置、运行中装置或装置现场维修后的检查。按表 3.5－2 中项目进行现场检验。

2. 装置输入输出功能检验

（1）交流模拟量采集功能检验。

1）技术要求：装置应具备交流模拟量采集的功能，可采集传统电压互感器、电流互感器输出的模拟信号，特别是对 7 次及以下电压谐波分量要有较高的采样精度，要求分别是：

a. 电压电流零漂值，要求 $I \leqslant 0.01I_N$，$U \leqslant 0.01U_N$。

b. 工频额定电流、电压下的幅值误差≤±5%。

c. 工频额定电流、电压下的相位误差≤±5°。

d. 交流额定电压下叠加 7 次及以下谐波时的采样值误差≤±5%。

2）检验方法：

a. 通过交流电压和电流信号源（简称交流信号源）输出不同工频参数的幅值（10%～200%I_N、10%～150%U_N）和相位（0°～360°）的电流、电压量给谐波过电压监测控制装置，进入模拟量显示菜单，查看采样值的正确性。

b. 按照工频量采样值检测方法，分别在电压回路逐次注入 2～7 次、相位 0°～360°的高次谐波分量，谐波含量 10%～100%，通过启动装置录波录取采样值波形，查看采样值的正确性。

c. 采用测试仪波形叠加功能，在额定基波电压的基础上，叠加 2～7 次、相位 0°～360°的高次谐波分量，谐波含量 10%～100%，通过启动装置录波录取采样值波形，查看采样值的正确性。

（2）开入量采集功能检验。

1）技术要求：

a. 装置开关量输入定义采用正逻辑，接点闭合为“1”，接点断开为“0”，开入量名称与标准要求描述一致。

b. 强电开入回路的启动电压值不应大于 0.7 倍额定电压，不应小于 0.55 倍额定电压。

c. 装置应至少具备保护功能投退开入、通道收信开入、通道故障开入和跳闸位置采集功能。

2）检验方法：

a. 搭建测试环境，结合装置的说明书，在相应的开入端子提供直流电压。

b. 在装置开入查看菜单查看开入变位情况并记录结果。

3. 谐波过电压保护功能检验

（1）技术要求：整定电压误差≤±5%。

（2）检验方法：

1）施加额定工频电压并分别叠加2～7次谐波，以基波峰值叠加谐波峰值进行检验，其他按照事先预定的谐波与基波的相位关系进行叠加，电压峰值为$m\sqrt{2}U_{zd}\left(m=0.95,1.05\right)$，检验装置动作行为。

2）利用继电保护测试仪的波形回放功能，分别对5个典型COMTRADE格式的谐波过电压故障录波波形或仿真波形进行波形回放，检验装置动作行为。

其他检测可参照相关标准和规程规范。

（三）全波过电压保护装置检测结果

针对藏中电力联网工程开展了全波过电压保护装置实验室检测，对6个厂家的全波过电压保护装置进行检测，主要测试内容如下：

（1）结构外观、配置、唯一性编码检查。

（2）装置输入输出功能检验。

（3）装置监测控制功能检验。

（4）绝缘性能检验。

（5）电源影响检验。

（6）功率消耗检验。

（7）过载能力检验。

（8）电磁兼容检验。

检测中发现的主要问题如下：

（1）谐波过电压监测控制装置谐波过电压动作报告差异大，部分装置未按照技术规范规定的“装置动作报告应明显区分工频过电压与谐波过电压的动作信息”要求。

（2）各谐波过电压监测控制装置的动作值间有差别，原因是各厂家判别过电压点数不同，对于需要采样值过电压样本数越多的装置，保护动作值明显增大。

（3）个别装置未按照技术规范采用峰值比较原理，造成谐波过电压动作差异，后期整改后正常。

（4）个别装置故障录波数据采样率不足，仅 1200Hz/s，对用户开展故障分析不利。

（5）本次检测考虑了大气压力对绝缘性能的影响，并按 5000m 海拔修正了试验电压（约 3150V），检测中发现个别装置的个别回路出现闪络，但 2900V 均能通过，整改后均通过了检测。

二、基于 RTDS 的光伏控制器硬件在环实时仿真试验

（一）光伏逆变器主电路概况

被测光伏逆变器采用如图 3.5–2 所示的三电平拓扑结构，图中左侧 DC1+、DC1–分别接光伏电池板的正极和负极，以此类推，L1 和 C1 分别为交流侧的滤波电感和滤波电容，A3～A7、B3～B7、C3～C7 分别为 A、B、C 三相的 IGB T 及反并联二极管模块，通过右侧的 360V 接入电网，其直流侧和交流侧的主电路参数及主要技术参数如表 3.5–3 所示。

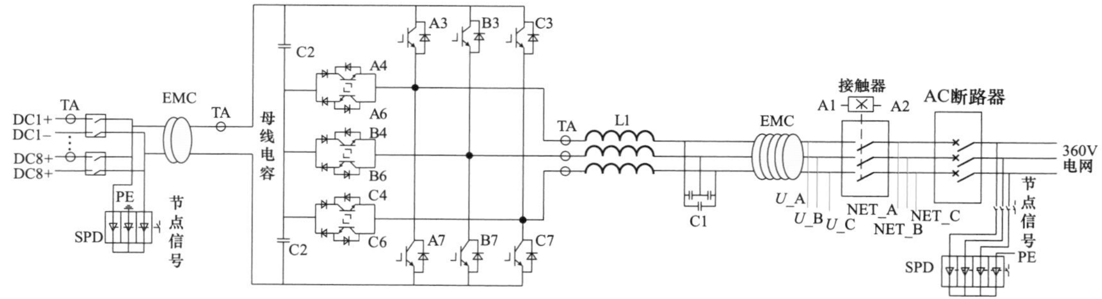

图 3.5–2　被测光伏逆变器主电路拓扑图

表 3.5–3　被测光伏逆变器主电路技术参数

参数		数值
直流侧参数	直流侧电容 C_2（μF）	8450
	直流母线启动电压（V）	540
	额定输入电压（V）	560
	满载 MPPT 电压范围（V）	520～850
	MPPT 电压范围（V）	520～850
	最大输入电流（A）	1356

续表

参数		数值
交流侧参数	交流侧电感 L_1（mH）	0.05
	交流侧滤波电容 C_1（μF）	200
	额定输出功率（kW）	630
	最大输出功率（kW）	693
	额定网侧电压（V）	360
	允许网侧电压范围（V）	288～414
	额定电网频率（Hz）	50/60
	允许电网频率范围（Hz）	45～55
	交流额定输出电流（A）	1010
	总电流谐波畸变率（%）	≤3
	功率因数（超前—滞后）	0.9（超前）～0.9（滞后）
	功率器件开关频率（kHz）	4.8

（二）光伏逆变器控制器硬件在环仿真系统建模

1. 基于 RTDS 的光伏逆变器控制器硬件在环测试系统基本架构

光伏控制器硬件在环仿真系统主要由 RSCAD 主回路模型和实物硬件控制器两部分组成，光伏发电系统的主电路在 RTDS 中实现，光伏控制器与 RTDS 互连，形成数字物理混合仿真系统，实现框图如图 3.5–3 所示。

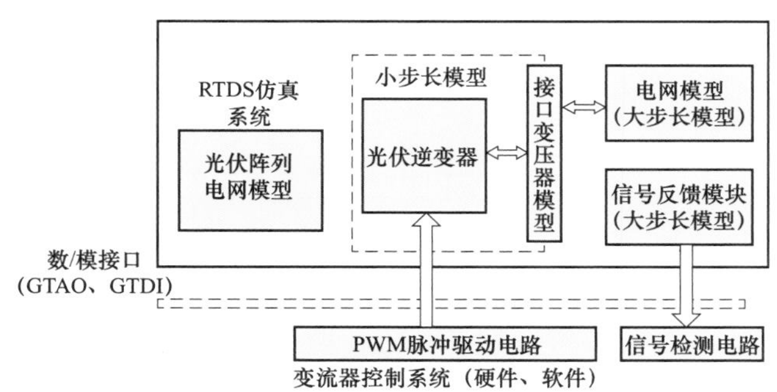

图 3.5–3　RTDS 与光伏控制器相关接口交互关系示意图

如图 3.5－3 所示，由 RTDS 模拟光伏逆变器所连接的外部电网交流系统和光伏逆变器的一次系统以及光伏阵列，其中外部电网系统为三相电网，可模拟各种电网扰动（三相电压不平衡、各种电网故障、电网畸变等），光伏逆变器一次系统包括三电平逆变桥、直流侧电容、断路器、交流滤波支路等，光伏逆变器控制和保护核心部分则采用实际光伏逆变器的控制器。

为了实现光伏控制器的实时闭环测试，采用大步长和小步长模型相结合的方式对实时仿真系统的处理器进行优化分配，其中小步长模型的仿真步长约为 2μs，大步长模型的仿真步长约为 50μs。小步长模型主要包括光伏逆变器主电路模型，大步长模型主要包括光伏阵列模型（考虑光照、温升等因素变化）、电网模型及做闭环检测时需要的信号反馈模块，小步长模型与主网系统通过接口变压器实现电气连接。

RTDS 通过 GTAO（模拟量输出接口）向光伏控制器提供必要的模拟电压信号，光伏控制器接收这些信号后进行计算处理，得到脉宽调制 PWM 信号，将脉冲信号通过 GTDI（数字量输入接口）传递给 RTDS，用于驱动 RTDS 虚拟的 IGB T 器件。当数据运算结果表明光伏逆变器发生故障时，光伏逆变器输出电平信号控制 IGB T 脉冲封锁并使断路器分闸，使光伏逆变器迅速离网，保护设备的安全。

2. RTDS 系统与光伏控制器之间的信息传递

表 3.5－4 给出了 RTDS 模拟量输出卡和数字量输入卡的工作范围。如果光伏控制器需要的电压信号、电流信号、脉冲信号不满足表 3.5－4 的电平要求，需要在测试前完成光伏控制器与 RTDS 软件模型之间的信号匹配，因此，需要进行如图 3.5－4 所示模拟量输出范围和开关量电平匹配，即模拟采样量按照比例缩减、偏置处理后确保其输出范围为－10～10V，数字量 PWM 脉冲信号通过电平转换电路确保其电平输出范围为 0～5V。

表 3.5－4　RTDS 板卡性能参数

名称	模拟量输出 GTAO 卡	数字量输入 GTDI 卡
采样周期	1μs	300ns
工作电平（V）	±10（输出量程）	0～5（逻辑电平）
通道路数/位数	12 路/16 位	64 路数字信号
隔离	光电隔离	光电隔离

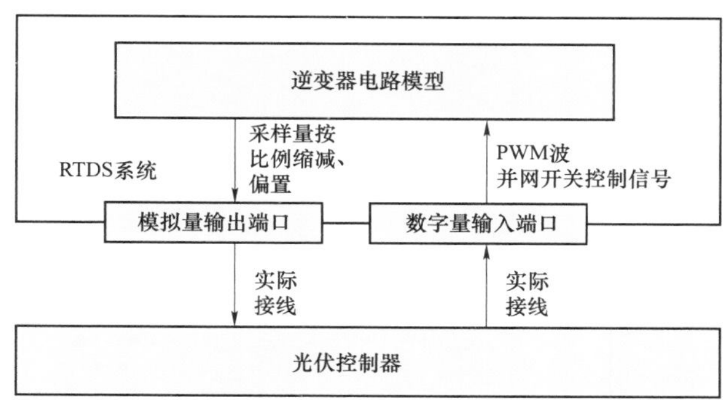

图 3.5−4　光伏控制器信号连接示意图

3. 基于 RTDS 的主回路建模

基于 RTDS 软件搭建光伏控制系统的主回路仿真模型，如图 3.5−5 所示。其中光伏阵列和基于小步长的光伏逆变器主电路仿真模型分别如图 3.5−6 和图 3.5−7 所示。光伏阵列采用自定义模型的方式，根据光伏电池板的 $U-I$ 特性模拟光伏随光照、温度变化的运行工况，并可设置光伏电池板的串联数量和并联数量，通过受控源等效的方式等效到小步长系统中。

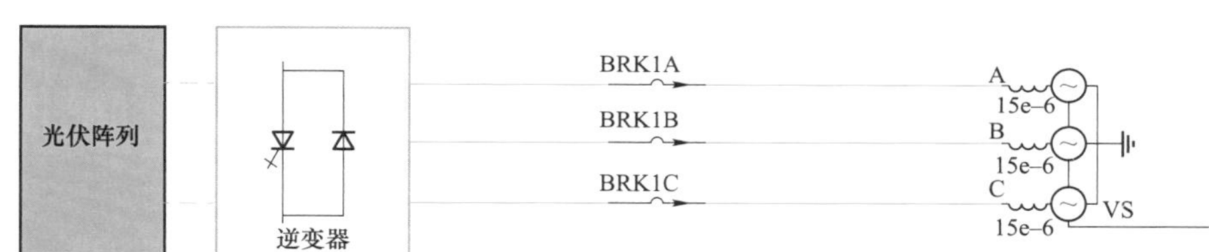

图 3.5−5　光伏控制系统 RTDS 仿真模型

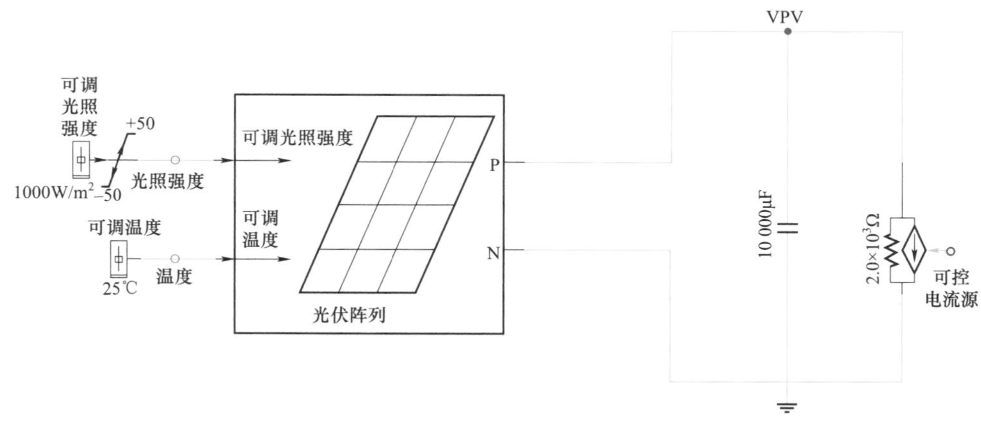

图 3.5−6　光伏阵列仿真模型

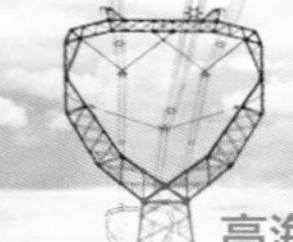

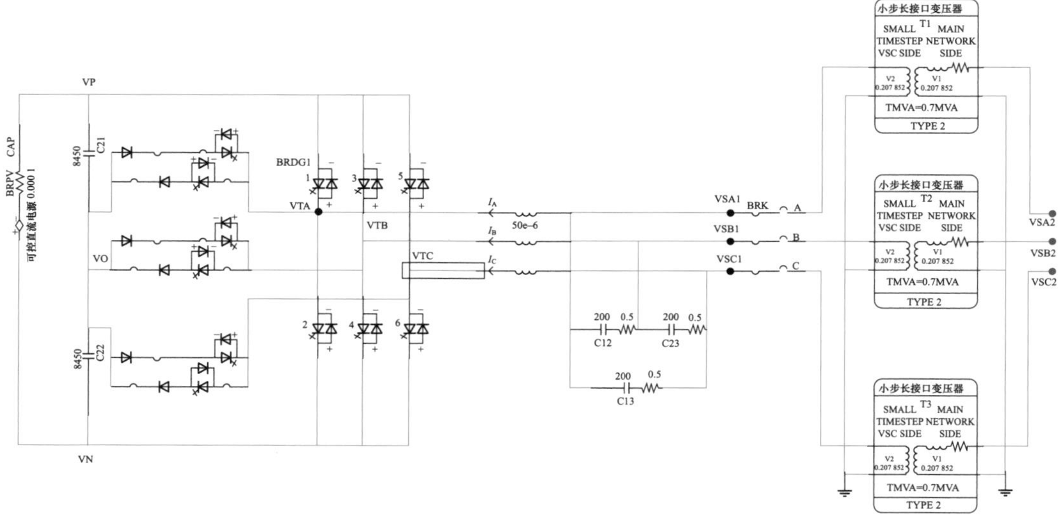

图 3.5－7　小步长仿真模型

（三）光伏控制器电网适应性能力测试

1. 光伏逆变器高/低电压穿越能力测试

设置光伏逆变器运行在满功率 600kW 工况，模拟电网不同幅值、持续时间的电压跌落工况，记录下逆变器的动作时间以及动作时的电压。如图 3.5－8 所示的光伏发电站低电压穿越要求：

（1）当光伏电站并网点电压跌至 0 时，光伏发电站能不脱网运行 0.15s；

（2）当光伏电站并网点电压跌至曲线 1 以下时，光伏发电站可从电网切出。

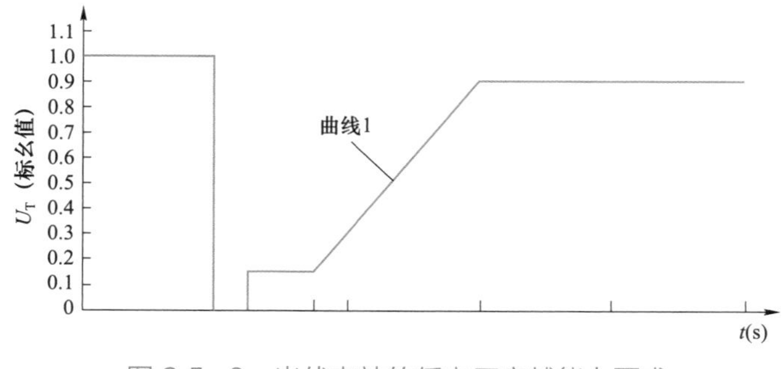

图 3.5－8　光伏电站的低电压穿越能力要求

另外，表 3.5－5 对并网点工频电压值超过 0.9（标幺值）时的运行时间做了要求。根据上述要求，基于 RTDS 模拟并网点工频电压值 U_T 为 0、0.2、1.2、1.3（标幺值）四种工况，表 3.5–6 记录了光伏逆变器在相应工况下的运行时间。图 3.5–9 给出了并网点电压跌落至 0 时交流侧和直流侧电压电流变化曲线。结果表明，被测光伏逆变器的高、低电压穿越运行时间均满足要求。

表 3.5–5　　光伏电站高、低电压穿越运行时间要求

并网点工频电压值（标幺值）	运行时间
$0.90<U_T\leqslant1.10$	连续运行
$1.10<U_T\leqslant1.20$	具有每次运行 10s 能力
$1.20<U_T\leqslant1.30$	具有每次运行 500ms 能力
$1.30<U_T$	允许退出运行

表 3.5–6　　实测光伏逆变器高/低电压穿越运行时间

并网点工频电压值 U_T（标幺值）	运行时间（s）
0	0.6
0.2	4
1.2	连续运行
1.3	10

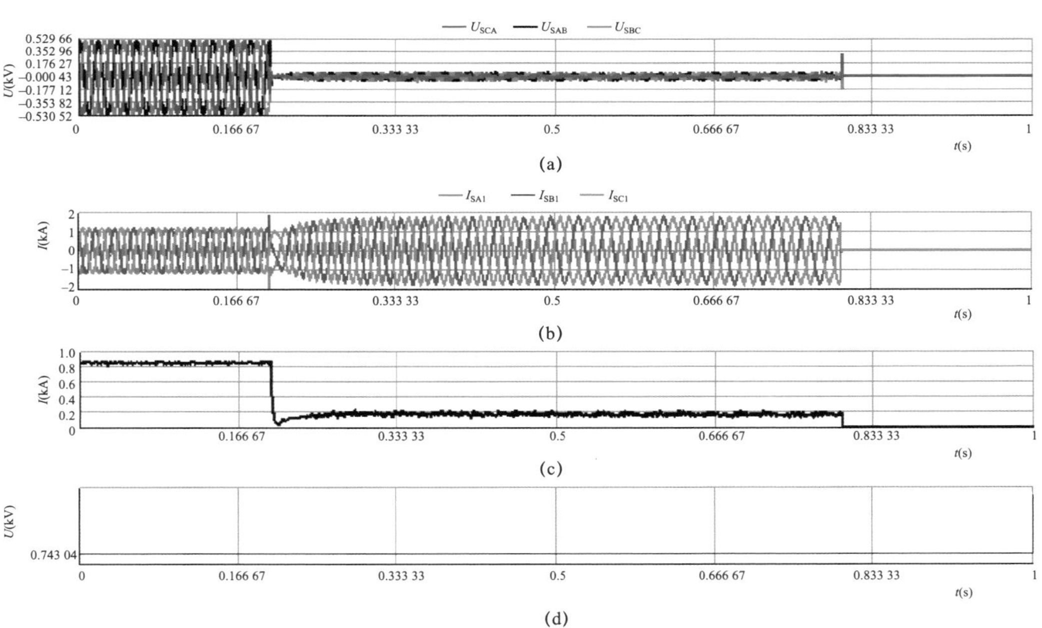

图 3.5–9　并网点三相电压跌落至 0 过程中交流侧和直流侧电压电流变化曲线
（a）交流电压变化曲线；（b）交流电流变化曲线；（c）直流电流变化曲线；（d）直流电压变化曲线

2. 光伏逆变器电网频率适应能力测试

设置光伏逆变器运行在满功率 600kW 工况，模拟不同的电网频率，记录下逆变器的动作时间以及动作时的频率。

根据表 3.5－7 中的要求，分别设置并网点输出频率为 46.5、48、52、52.5Hz，表 3.5－8 记录了光伏逆变器在相应工况下的运行时间，图 3.5－10 给出了并网点输出频率从 50Hz 突变为 46.5Hz 时交直流侧电压、电流及频率变化曲线。结果表明，被测光伏逆变器频率适应性远超过表 3.5－7 中对不同电网频率下的运行要求。

表 3.5－7　光伏电站在不同电网频率范围内的运行要求

频率范围（Hz）	运行要求
f＜48	根据光伏发电站逆变器允许运行的最低频率而定
48≤f≤49.50	频率每次低于 49.5Hz 时，光伏发电站应能至少运行 10min
49.5＜f≤50.20	正常连续运行
50.20＜f≤51	每次频率高于 50.2Hz 时，光伏发电站应能至少运行 3min
51＜f≤51.5	每次频率高于 51Hz 时，光伏发电站应能至少运行 30s，并执行电力系统调度机构下达的降低出力或高频切机策略，不允许停机状态的光伏发电站并网
51.5＜f	根据光伏发电站逆变器运行的最高频率而定

表 3.5－8　实测光伏逆变器在不同并网点频率的运行时间

并网点频率 f（Hz）	运行时间（s）
46.5	12
48	连续运行
52	连续运行
52.5	12

3. 电网谐波耐受能力试验

为了检测光伏逆变器对于电网谐波畸变率的耐受能力，基于 RTDS 模拟变压器不同剩磁下的主变压器空载合闸试验，记录不同励磁涌流下电网侧电压的畸变情况、过电压情况和光伏逆变器的动作行为。

下面给出了两种剩磁条件下空载合闸主变压器时光伏逆变器的动作行为。图 3.5－11 为工况 1 下网侧三相电压、电流及光伏逆变器直流侧电压和电流的波形图，图 3.5－12 对空载合闸主变压器后某个周波 AB 线电压的 FFT 频谱进行了分析，表 3.5－9 记录了空载合闸主变压器过程中网侧电压的正、负极值。结果表明，该工况下空载合闸主变压器导致 2、3、4、

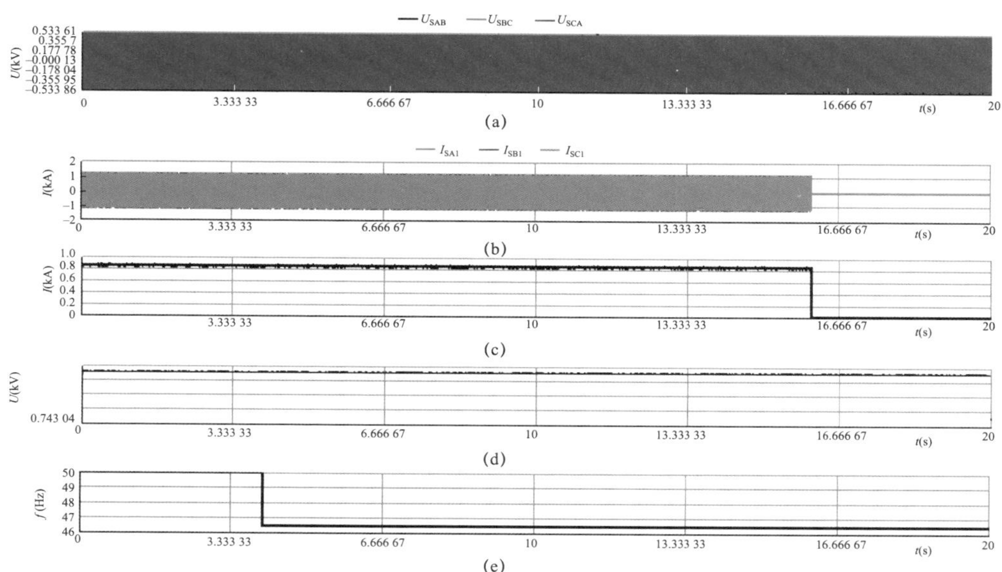

图 3.5-10 并网点频率从 50Hz 突变成 46.5Hz 时交直流侧电压、电流及频率变化曲线图

（a）交流电压变化曲线；（b）交流电流变化曲线；（c）直流电流变化曲线；（d）直流电压变化曲线；（e）并网点频率变化曲线

5 次谐波电压含有率分别达到 14.28%、18.66%、14.05%、8.03%，导致 AB 线电压的负最大值达到−742V，该方式下光伏逆变器仍保持不脱网运行。

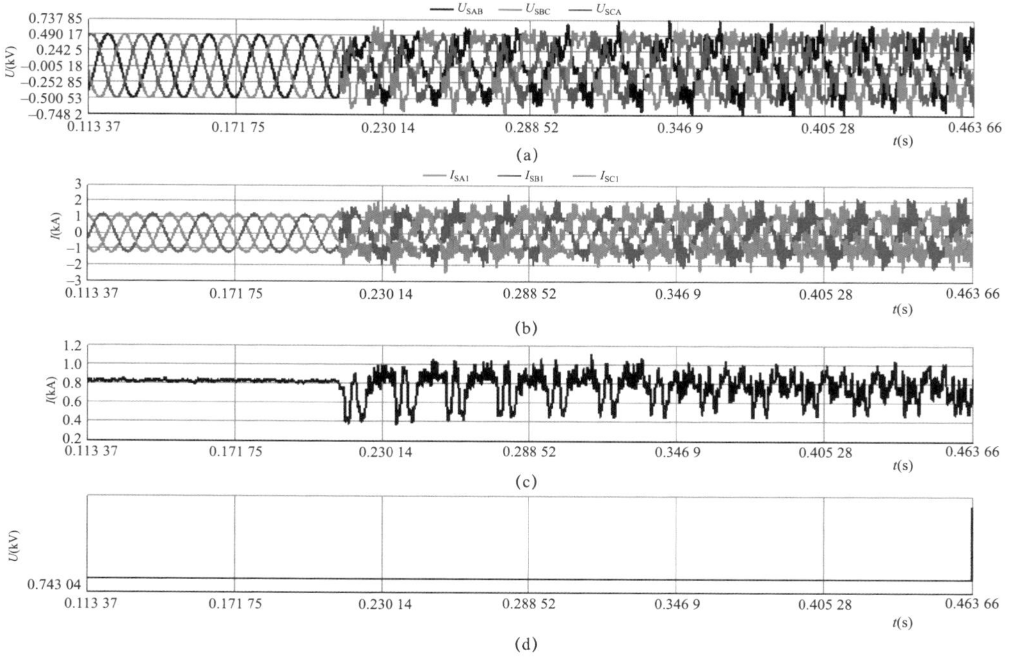

图 3.5-11 空载合闸主变压器时网侧三相电压和电流波形（工况 1：光伏逆变器保持不脱网）

（a）交流电压变化曲线；（b）交流电流变化曲线；（c）直流电流变化曲线；（d）直流电压变化曲线

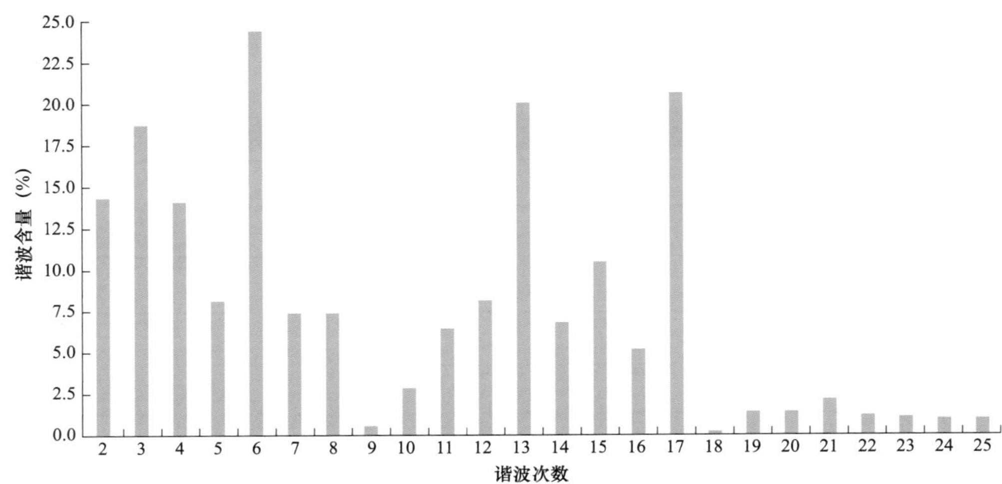

图 3.5–12 空载合闸主变压器时网侧 AB 线电压 FFT 频谱图（工况 1：光伏逆变器保持不脱网）

表 3.5–9 工况 1 下空载合闸主变压器时电网侧电压在较大畸变时线电压正负极值情况

相序	正最大值（kV）	负最大值（kV）
AB 线电压	0.738	–0.742
BC 线电压	0.649	–0.748
CA 线电压	0.641	0.680

调整变压器剩磁，图 3.5–13 为工况 2 下网侧三相电压和电流以及光伏逆变器直流侧电压和电流的波形图，图 3.5–14 对 AB 线电压的 FFT 频谱进行了分析，表 3.5–10 则记录了空载合闸主变压器过程中网侧电压的正、负极值。结果表明，该工况下空载合闸主变压器导致 2、3、4、5 次谐波电压含有率分别达到 15.53%、21.91%、8.94%、11.41%，AB 线电压的负最大值达到–923V，该方式下光伏逆变器因过电压保护而闭锁。

上述两种工况的测试结果表明，两种工况下空载合闸主变压器引起的谐波电压畸变率均超过 GB/T 14549—1993《电能质量　公用电网谐波》限值要求，只因励磁涌流引起的谐波幅值叠加程度不同，导致光伏逆变器并网点的过电压情况存在较大差异，光伏逆变器因过电压保护而闭锁。

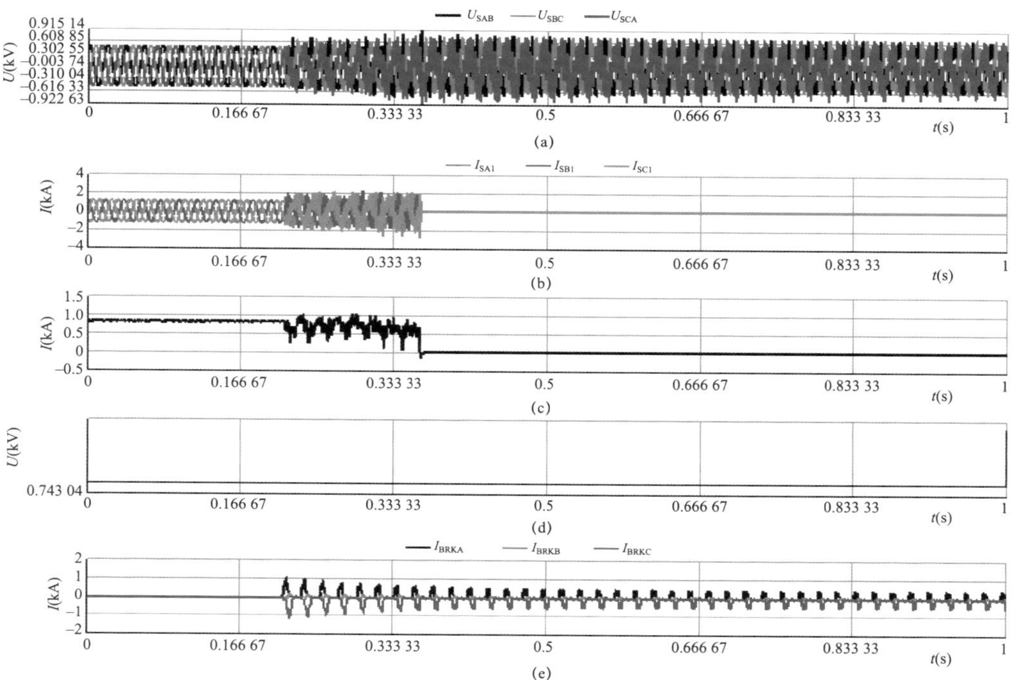

图 3.5−13 空载合闸主变压器时网侧三相电压和电流波形
（工况 2：光伏逆变器闭锁）

（a）交流电压变化曲线；（b）交流电流变化曲线；（c）直流电流变化曲线；
（d）直流电压变化曲线；（e）励磁涌流

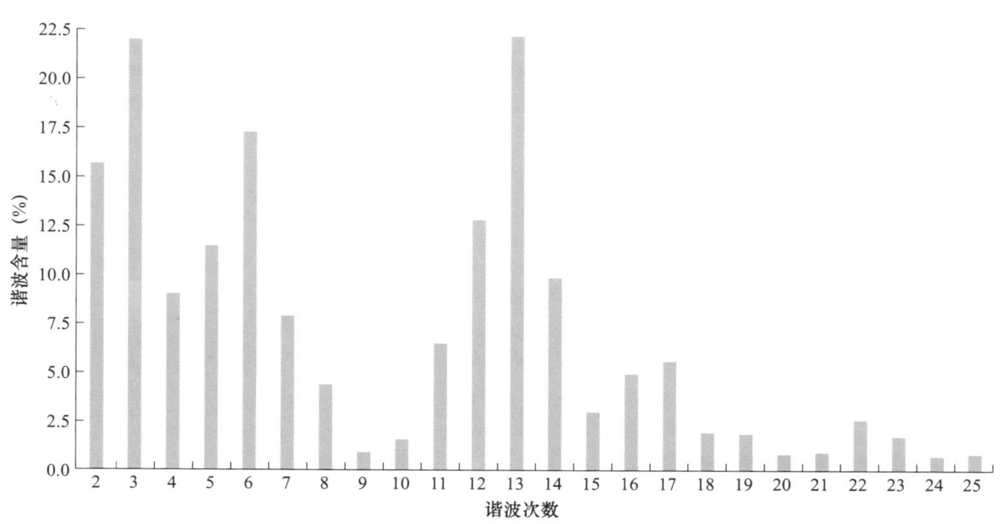

图 3.5−14 空载合闸主变压器时网侧 AB 线电压 FFT 频谱图
（工况 2：光伏逆变器闭锁）

表 3.5-10　工况 2 下空载合闸主变压器时电网侧电压在较大畸变时线电压正负极值情况

相序	正最大值（kV）	负最大值（kV）
AB 线电压	0.915	-0.733
BC 线电压	0.772	-0.637
CA 线电压	0.788	-0.923

（四）测试结论

通过光伏逆变器的上述各项功能测试，主要得到以下结论：

（1）光伏逆变器高/低电压穿越试验结果表明，在光伏逆变器满功率输出情况下，不同电网电压工况下的运行时间均满足 GB/T 30427—2013《并网光伏发电专用逆变器技术要求和试验方法》中高/低电压穿越能力的要求。

（2）电网频率适应能力试验结果表明，在光伏逆变器满功率输出情况下，被测光伏逆变器控制器在不同电网频率下的运行时间符合 GB/T 30427—2013 中电网频率适应能力的要求。

（3）电网谐波耐受能力试验测试结果表明，在光伏逆变器满功率输出情况下，空载合闸主变压器引起的谐波电压畸变率均短时超过 GB/T 14549—1993 限值要求，而不同励磁涌流引发的光伏逆变器接入点电压的各次谐波幅值叠加程度不同，导致光伏逆变器并网点的过电压情况也存在较大差异。一旦光伏逆变器接入点电压超过其设定的过电压保护定值且持续 100ms 时，则光伏逆变器因过电压保护而闭锁，反之保持不脱网运行。

三、SVC 基本功能及多 SVC 协调控制策略优化试验

基于拉萨—昌都—四川经超长线路实现弱联系的特点，针对联网工程调试运行期间无功电压控制困难，励磁涌流引发过电压风险突出，电网解/并列操作对有功无功控制要求高等问题，开展藏中电力联网工程 SVC 控制系统协调控制试验，检验弱电网条件下 SVC 的动作性能并优化控制参数。

主要对 SVC 控制参数适应性、直流监视功能、动态阶跃响应、低电压策略、SVC 暂态响应、TCR 谐波耐受、SVC 保护等功能和性能进行了测试。下面主要介绍 SVC 参

数适应性和响应性能测试。

（一）SVC 电路和控制系统

藏中电力联网工程分别在朗县、波密、芒康 500kV 变电站安装 6 套 SVC，芒康、波密 500kV 变电站 SVC 与朗县 500kV 变电站 SVC 不是同一厂家产品。SVC 容量为 ±60Mvar，其中 TCR120Mvar、FC60Mvar、SVC 主电路及参数如图 3.5－15 所示。

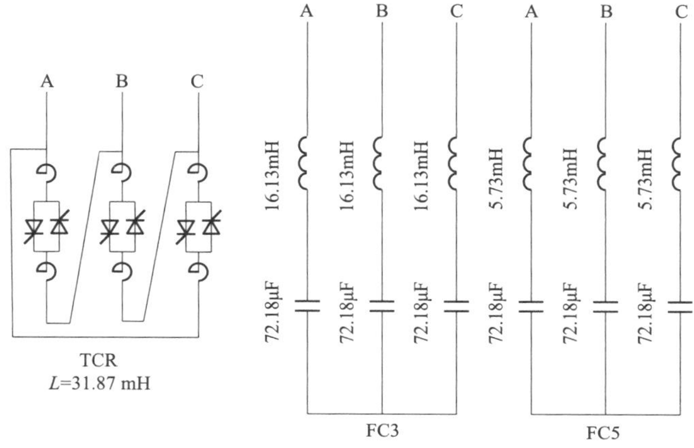

图 3.5－15　TCR＋MSC 型 SVC 主电路及参数

藏中 SVC 电压控制功能的逻辑框如图 3.5－16 和图 3.5－17 所示，SVC 控制带快速、慢速导纳和阻尼特性的控制功能。

图 3.5－17 中：

（1）*PI* 调节器：*PI* 调节器的输入为上下限中间值、慢速导纳、电压斜率三个部分的综合量。

（2）慢速导纳部分：内部包含一个积分环节，积分环节的时间常数非常大，积分的输入为 TCR 实际无功和储备无功设定值的差值。

（3）电压斜率部分：斜率范围是 0%～10%，采用 SVC 电流（标幺值）乘以斜率后输入到 *PI* 的求差环节。

（4）POD 部分（功率振荡阻尼功能）：

1）增益控制环节：通过设置增益，增加或减少 SVC 阻尼控制器的作用力度。

2）隔直环节：因为阻尼控制主要作用系统的振荡分量，所以应该剔除信号中的直流分量。采用两个隔直环节也是为了加强隔直的效果。

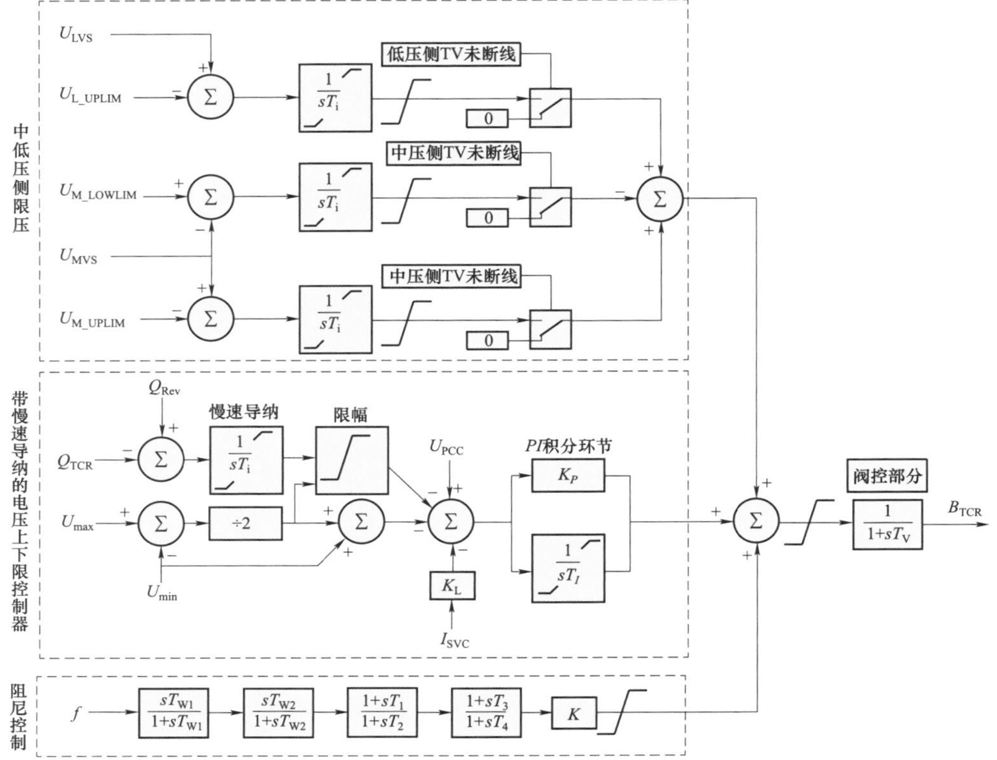

图 3.5–16　芒康、波密 500kV 变电站 SVC 控制策略框图

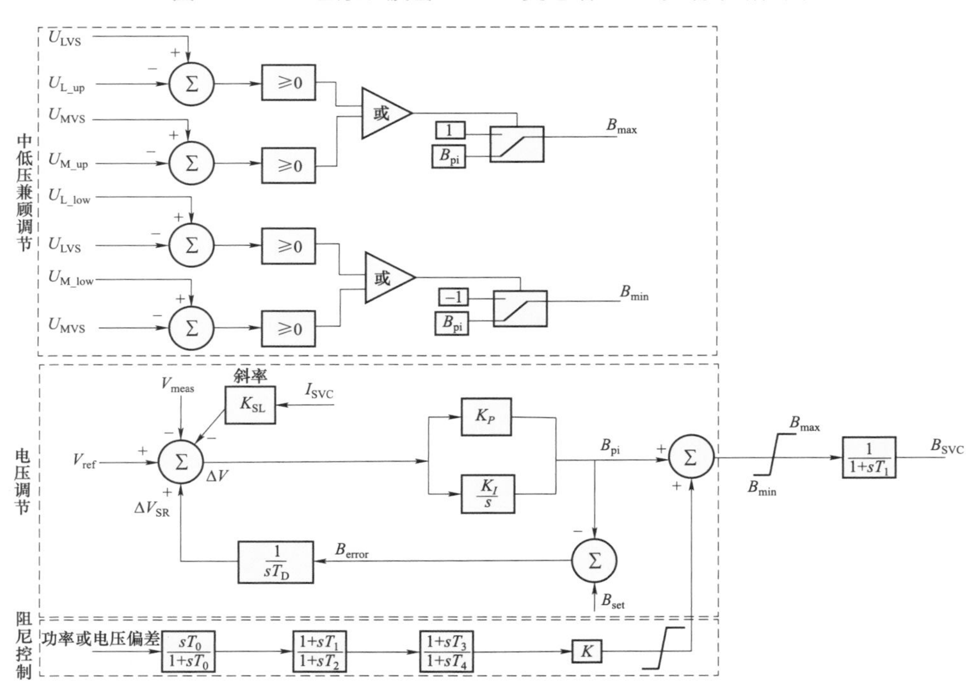

图 3.5–17　朗县 500kV 变电站 SVC 控制策略框图

3）移相环节：采用功率（电流）作为输入信号，需要将输入信号移相 90°（滞后），一般需要两个一阶移相环节才能实现。

4）限幅：由于 SVC 的 TCR 容量有限，因此限幅也是需要的。

（二）SVC 硬件在环试验方案

SVC 测试接线图如图 3.5－18 所示。

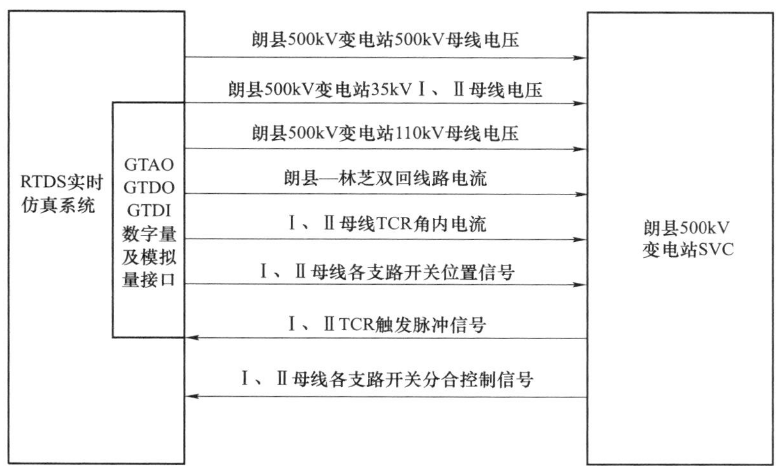

图 3.5－18　SVC 控制器与 RTDS 实时仿真平台互联系统接线图

分别在系统丰大、枯小方式下对 SVC 控制器进行性能检测试验，短路电流水平非常低，500kV 关键节点短路电流最大 7kA，最小 2.9kA，参见表 3.5－11。

表 3.5－11　　藏中电力联网方式下 500kV 关键节点短路电流

运行方式	芒康（kA）	波密（kA）	朗县（kA）
枯小	5.0	3.3	2.9
丰大	7.0	4.8	4.3

（三）SVC 控制参数适应性测试

1. 朗县 500kV 变电站 SVC 投入

枯小方式，朗县 500kV 变电站三相短路电流为 2.9kA，为 500kV 藏中电力联网工程最薄弱地区。下面对朗县变电站投入 SVC 时，SVC 控制参数对电网影响进行测试。SVC *PI* 参数见表 3.5－12，RTDS 试验典型波形如图 3.5－19～图 3.5－22 所示。根据 RTDS 仿真结果，朗县 500kV 变电站 SVC 参数在 K_P=3、K_I=100 和 K_P=1、K_I=200 下电网能稳定运行。

表 3.5-12　　朗县 500kV 变电站 SVC 不同 *PI* 参数对电网影响

序号	波密、芒康		朗县		说明
	K_P	K_I	K_P	K_I	
1	未投	未投	3	100	稳定
2	未投	未投	4	100	电压振荡 1.5kV
3	未投	未投	5	100	电压振荡 4.0kV
4	未投	未投	6	100	电压振荡 15.0kV
5	未投	未投	1	200	稳定
6	未投	未投	2	200	电压波动 1.5kV
7	未投	未投	3	200	电压波动 2.0kV
8	未投	未投	4	200	电压振荡 4.0kV

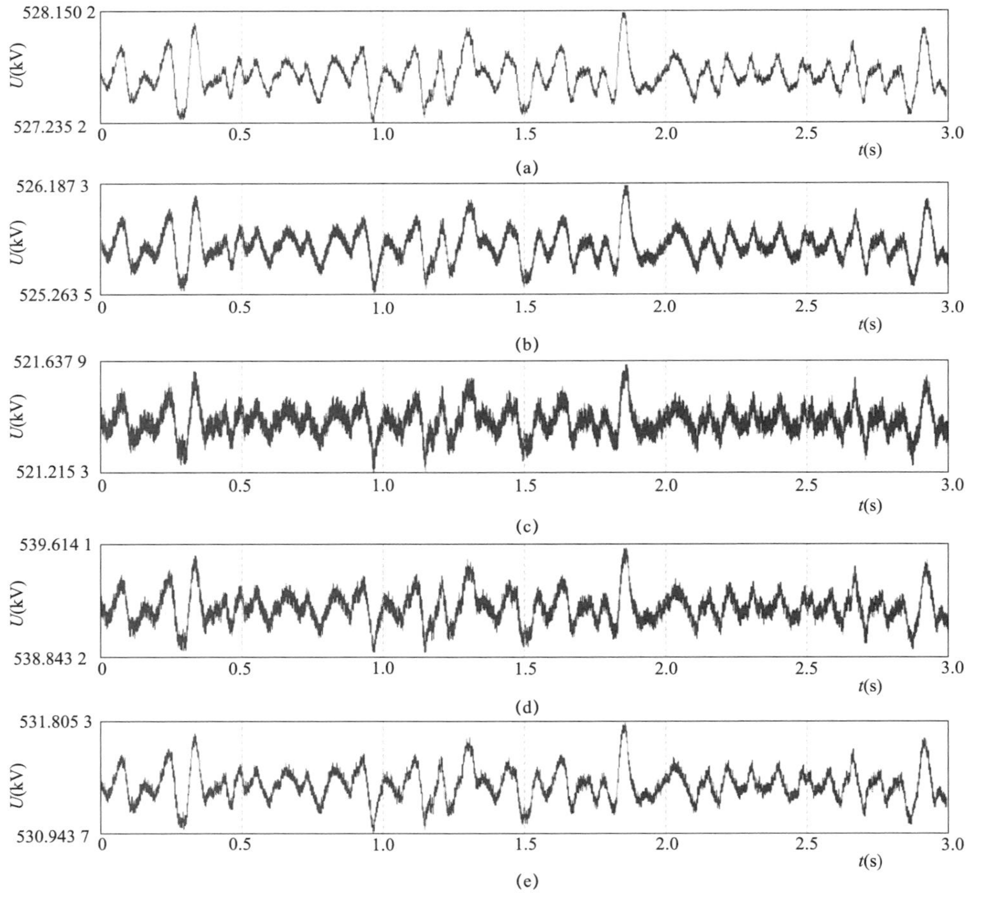

图 3.5-19　朗县 500kV 变电站 K_P=3、K_I=100 时电网稳定

（a）朗县 500kV 变电站电压；（b）许木 500kV 变电站电压；（c）芒康 500kV 变电站电压；（d）波密 500kV 变电站电压；（e）林芝 500kV 变电站电压

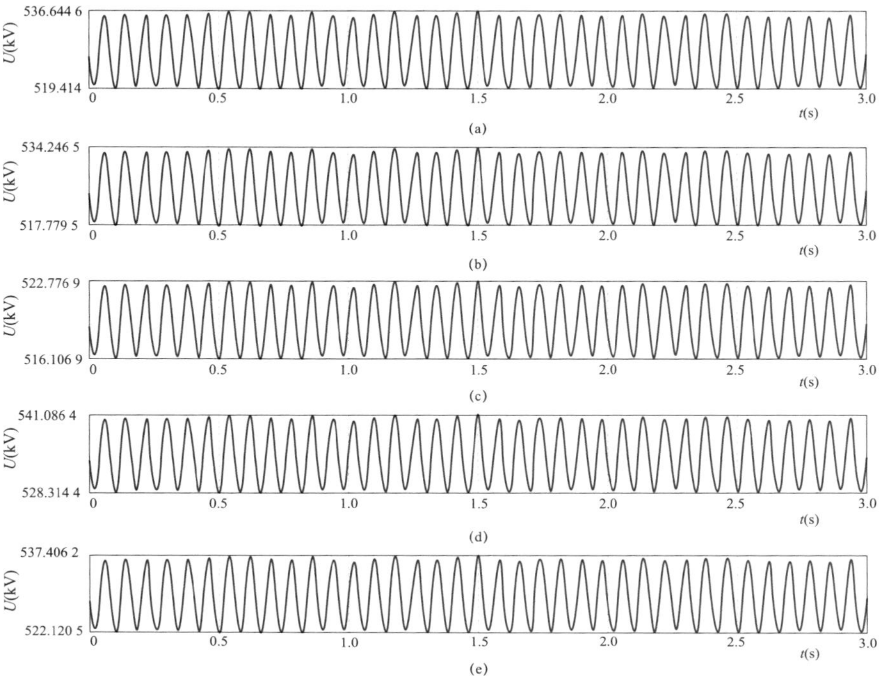

图 3.5-20　朗县 500kV 变电站 K_P=6、K_I=100 时电压波动 15.0kV

（a）朗县 500kV 变电站电压；（b）许木 500kV 变电站电压；（c）芒康 500kV 变电站电压；（d）波密 500kV 变电站电压；（e）林芝 500kV 变电站电压

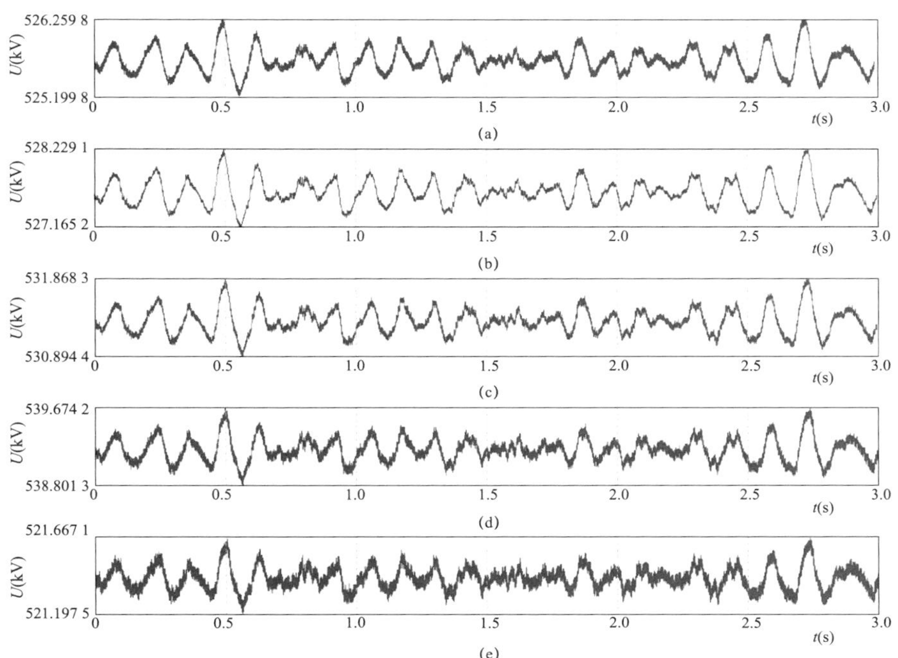

图 3.5-21　朗县 500kV 变电站 K_P=1、K_I=200 时电压波动 1.0kV

（a）朗县 500kV 变电站电压；（b）许木 500kV 变电站电压；（c）芒康 500kV 变电站电压；（d）波密 500kV 变电站电压；（e）林芝 500kV 变电站电压

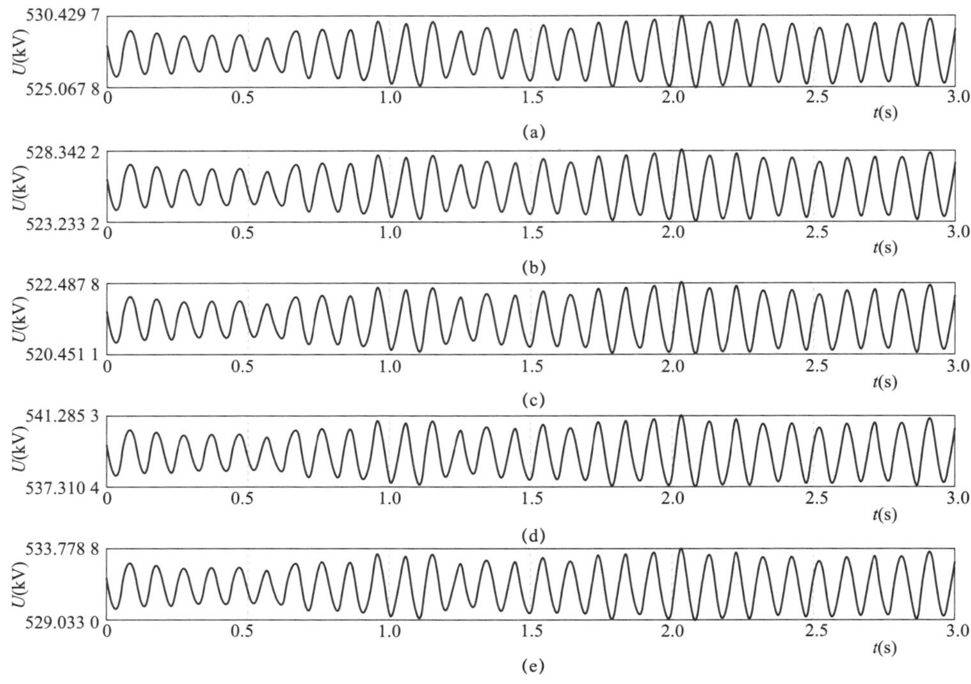

图 3.5-22　朗县 500kV 变电站 K_P=4、K_I=200 时电压波动 5.0kV

（a）朗县 500kV 变电站电压；（b）许木 500kV 变电站电压；（c）芒康 500kV 变电站电压；
（d）波密 500kV 变电站电压；（e）林芝 500kV 变电站电压

2. 朗县、波密、芒康 500kV 变电站 SVC 投入

针对朗县、波密、芒康 500kV 变电站投入 SVC 时，SVC 控制参数对电网影响进行试验。*PI* 参数如表 3.5-13 所示。三站 SVC 投入运行，朗县 500kV 变电站由于短路容量最小，*PI* 参数的改变对电网影响最大，在 K_P=2/K_I=100 和 K_P=1/K_I=200 时系统稳定运行。

表 3.5-13　波密、芒康、朗县 500kV 变电站 *PI* 参数对电网影响

序号	波密、芒康		朗县		说明
	K_P	K_I	K_P	K_I	
1	2	100	2	100	林芝电压波动 0.5kV，系统稳定
2	4	100	4	100	朗县电压波动 1kV，系统基本稳定
3	6	100	6	100	朗县电压振荡 2.3kV
4	1	200	1	200	波密电压波动 1.2kV，系统稳定
5	2	200	2	200	波密电压波动 1.5kV
6	4	200	4	200	许木电压波动 1.7kV
7	4	200	5	200	许木电压波动 5kV

3. 阶跃响应性能测试

分别在枯小、丰大运行方式下，分别对朗县、波密、芒康 500kV 变电站 SVC 进行阶跃响应试验，对各站 SVC 设置不同 *PI* 参数，获得 TCR 动态响应时间如表 3.5－14 所示。

表 3.5－14　朗县、波密、芒康 500kV 变电站不同 *PI* 参数与动态响应

项目	芒康 500kV 变电站	波密 500kV 变电站	朗县 500kV 变电站	运行方式
PI 参数	$K_P=2$，$K_I=200$	$K_P=2$，$K_I=170$	$K_P=2$，$K_I=50$	—
动态响应时间（ms）	170	109	420	枯小方式
PI 参数	未投入	未投入	$K_P=1$，$K_I=200$	—
动态响应时间（ms）	未投入	未投入	240	枯小方式
PI 参数	$K_P=2$，$K_I=200$	$K_P=2$，$K_I=170$	$K_P=2$，$K_I=50$	—
动态响应时间（ms）	100	170	388	丰大方式
PI 参数	$K_P=2$，$K_I=300$	$K_P=2$，$K_I=300$	$K_P=1$，$K_I=200$	—
动态响应时间（ms）	74	80	96	丰大方式

SVC 动态响应典型曲线如图 3.5－23 所示。

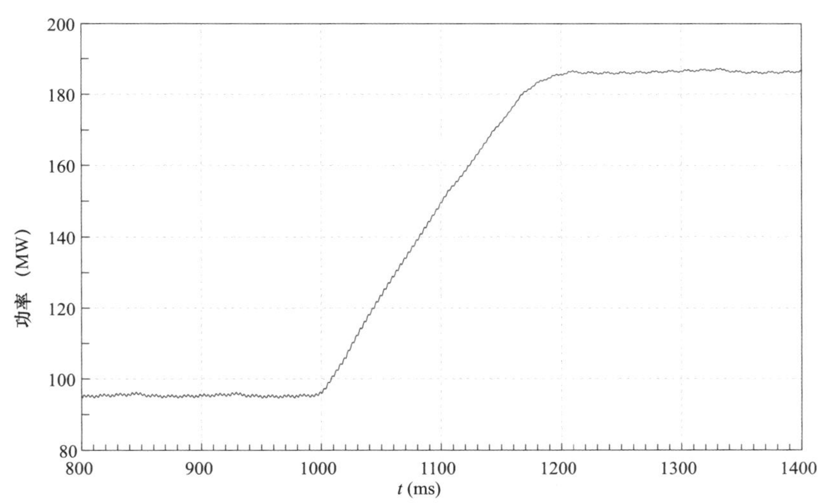

图 3.5－23　枯小方式 $K_P=2$、$K_I=200$ 时芒康动态响应时间 170ms

4. SVC 暂态响应性能评估

对丰枯期典型方式下，藏中电力联网工程在 *N*－1 和 *N*－2 故障情况下 SVC 的暂态响应性能进行测试。由于枯期小方式下，系统短路容量最小，SVC 控制参数不能整定过

大，表 3.5－15 和表 3.5－16 仅列出枯小方式下测试结果，图 3.5－24 和图 3.5－25 分别给出了 $N-1$ 和 $N-2$ 故障下的典型响应曲线。

表 3.5－15　　枯小方式下藏中电力联网工程发生 $N-1$ 故障时 SVC 动作行为汇总

序号	故障点及故障相	波密 500kV 变电站	芒康 500kV 变电站	朗县 500kV 变电站	备注
1	芒康一巴塘，巴塘侧 K3，$N-1$	进入低电压控制策略，TCR 输出 0Mvar，母线达到零无功，延时 200ms，进入快速 *PI* 动态调节	2 进入低电压控制策略，TCR 输出 240Mvar，母线达到零无功，延时 200ms，进入快速 *PI* 动态调节	无并容并抗投入，进入低电压控制策略，TCR 出力为 120Mvar，延时 200ms，进入快速 *PI* 动态调节	芒康 $K_P=2$，$K_I=170$；朗县 $K_P=2$，$K_I=50$；波密 $K_P=2$，$K_I=170$，给定的目标电压均为 525，南瑞 2kV 死区电压。朗县 TCR 在 $N-1$ 故障时存在锁相失败，当电压恢复时，TCR 出力存在过大的情况
2	芒康一左贡，芒康侧 K3，$N-1$	进入低电压控制策略，TCR 输出 0Mvar，母线达到零无功，延时 200ms，进入快速 *PI* 动态调节	进入低电压控制策略，TCR 输出 240Mvar，母线达到零无功，延时 200ms，进入快速 *PI* 动态调节	进入低电压控制策略，TCR 出力为 120Mvar，延时 200ms，进入快速 *PI* 动态调节	芒康 $K_P=2$，$K_I=170$；朗县 $K_P=2$，$K_I=50$；波密 $K_P=2$，$K_I=170$，给定的目标电压均为 525，南瑞 2kV 死区电压。朗县 TCR 在 $N-1$ 故障时存在锁相失败，当电压恢复时，TCR 出力存在过冲情况
3	左贡一波密，左贡侧 K3，$N-1$	进入低电压控制策略，TCR 输出 0Mvar，母线达到零无功，延时 200ms，进入快速 *PI* 动态调节	进入低电压控制策略，TCR 输出 240Mvar，母线达到零无功，延时 200ms，进入快速 *PI* 动态调节	进入低电压控制策略，TCR 出力为 120Mvar，延时 200ms，进入快速 *PI* 动态调节	芒康 $K_P=2$，$K_I=170$；朗县 $K_P=2$，$K_I=50$；波密 $K_P=2$，$K_I=170$，给定的目标电压均为 525，南瑞 2kV 死区电压
4	波密一林芝，波密侧 K3，$N-1$	进入低电压控制策略，TCR 输出 0Mvar，母线达到零无功，延时 200ms，进入快速 *PI* 动态调节	进入低电压控制策略，TCR 输出 240Mvar，母线达到零无功，延时 200ms，进入快速 *PI* 动态调节	进入低电压控制策略，TCR 出力为 120Mvar，延时 200ms，进入快速 *PI* 动态调节	芒康 $K_P=2$，$K_I=170$；朗县 $K_P=2$，$K_I=50$；波密 $K_P=2$，$K_I=170$，给定的目标电压均为 525，南瑞 2kV 死区电压
5	林芝一朗县，林芝侧 K3，$N-1$	进入低电压控制策略，TCR 输出 0Mvar，母线达到零无功，延时 200ms，进入快速 *PI* 动态调节	进入低电压控制策略，TCR 输出 240Mvar，母线达到零无功，延时 200ms，进入快速 *PI* 动态调节	进入低电压控制策略，TCR 出力为 120Mvar，延时 200ms，进入快速 *PI* 动态调节	芒康 $K_P=2$，$K_I=170$；朗县 $K_P=2$，$K_I=50$；波密 $K_P=2$，$K_I=170$，给定的目标电压均为 525，南瑞 2kV 死区电压
6	朗县一许木，朗县侧 K3，$N-1$	进入低电压控制策略，TCR 输出 0Mvar，母线达到零无功，延时 200ms，进入快速 *PI* 动态调节	进入低电压控制策略，TCR 输出 240Mvar，母线达到零无功，延时 200ms，进入快速 *PI* 动态调节	进入低电压控制策略，TCR 出力为 120Mvar，延时 200ms，进入快速 *PI* 动态调节	芒康 $K_P=2$，$K_I=170$；朗县 $K_P=2$，$K_I=50$；波密 $K_P=2$，$K_I=170$，给定的目标电压均为 525，南瑞 2kV 死区电压
7	芒康一澜沧江，澜沧江侧 K3，$N-1$	进入低电压控制策略，TCR 输出 0Mvar，母线达到零无功，延时 200ms，进入快速 *PI* 动态调节	进入低电压控制策略，TCR 输出 240Mvar，母线达到零无功，延时 200ms，进入快速 *PI* 动态调节	进入低电压控制策略，TCR 出力为 120Mvar，延时 200ms，进入快速 *PI* 动态调节	芒康 $K_P=2$，$K_I=170$；朗县 $K_P=2$，$K_I=50$；波密 $K_P=2$，$K_I=170$，给定的目标电压均为 525，南瑞 2kV 死区电压

表 3.5－16　　枯小方式下藏中电力联网工程发生 $N-2$ 故障时 SVC 动作行为汇总

序号	故障点及故障相	波密 500kV 变电站	芒康 500kV 变电站	朗县 500kV 变电站	备注
1	芒康—巴塘，巴塘侧 K3，$N-2$	进入低电压控制策略，TCR 输出 0Mvar，母线达到零无功，延时 200ms，进入快速 *PI* 动态调节	进入低电压控制策略，TCR 输出 240Mvar，母线达到零无功，延时 200ms，进入快速 *PI* 动态调节	进入低电压控制策略，TCR 出力为 120Mvar，延时 200ms，进入快速 *PI* 动态调节	芒康 $K_P=2$，$K_I=170$；朗县 $K_P=2$，$K_I=50$；波密 $K_P=2$，$K_I=170$，给定的目标电压均为 525，南瑞 2kV 死区电压。朗县 TCR 在 $N-2$ 故障时存在锁相失败，当电压恢复时，TCR 出力存在过大的情况
2	芒康—左贡，芒康侧 K3，$N-2$	进入低电压控制策略，TCR 输出 0Mvar，母线达到零无功，延时 200ms，进入快速 *PI* 动态调节	进入低电压控制策略，TCR 输出 240Mvar，母线达到零无功，延时 200ms，进入快速 *PI* 动态调节	进入低电压控制策略，TCR 出力为 120Mvar，延时 200ms，进入快速 *PI* 动态调节	芒康 $K_P=2$，$K_I=170$；朗县 $K_P=2$，$K_I=50$；波密 $K_P=2$，$K_I=170$，给定的目标电压均为 525，南瑞 2kV 死区电压
3	左贡—波密，左贡侧 K3，$N-2$	进入低电压控制策略，TCR 输出 0Mvar，母线达到零无功，延时 200ms，进入快速 *PI* 动态调节	进入低电压控制策略，TCR 输出 240Mvar，母线达到零无功，延时 200ms，进入快速 *PI* 动态调节	进入低电压控制策略，TCR 出力为 120Mvar，延时 200ms，进入快速 *PI* 动态调节	芒康 $K_P=2$，$K_I=170$；朗县 $K_P=2$，$K_I=50$；波密 $K_P=2$，$K_I=170$，给定的目标电压均为 525，南瑞 2kV 死区电压
4	波密—林芝，波密侧 K3，$N-2$	进入低电压控制策略，TCR 输出 0Mvar，母线达到零无功，延时 200ms，进入快速 *PI* 动态调节	进入低电压控制策略，TCR 输出 240Mvar，母线达到零无功，延时 200ms，进入快速 *PI* 动态调节	进入低电压控制策略，TCR 出力为 120Mvar，延时 200ms，进入快速 *PI* 动态调节	芒康 $K_P=2$，$K_I=170$；朗县 $K_P=2$，$K_I=50$；波密 $K_P=2$，$K_I=170$，给定的目标电压均为 525，南瑞 2kV 死区电压
5	林芝—朗县，林芝侧 K3，$N-2$	进入低电压控制策略，TCR 输出 0Mvar，母线达到零无功，延时 200ms，进入快速 *PI* 动态调节	进入低电压控制策略，TCR 输出 240Mvar，母线达到零无功，延时 200ms，进入快速 *PI* 动态调节	进入低电压控制策略，TCR 出力为 120Mvar，延时 200ms，进入快速 *PI* 动态调节	芒康 $K_P=2$，$K_I=170$；朗县 $K_P=2$，$K_I=50$；波密 $K_P=2$，$K_I=170$，给定的目标电压均为 525，南瑞 2kV 死区电压
6	朗县—许木，朗县侧 K3，$N-2$	进入低电压控制策略，TCR 输出 0Mvar，母线达到零无功，延时 200ms，进入快速 *PI* 动态调节	进入低电压控制策略，TCR 输出 240Mvar，母线达到零无功，延时 200ms，进入快速 *PI* 动态调节	进入低电压控制策略，TCR 出力为 120Mvar，延时 200ms，进入快速 *PI* 动态调节	芒康 $K_P=2$，$K_I=170$；朗县 $K_P=2$，$K_I=50$；波密 $K_P=2$，$K_I=170$，给定的目标电压均为 525，南瑞 2kV 死区电压
7	芒康—澜沧江，澜沧江侧 K3，$N-2$	进入低电压控制策略，TCR 输出 0Mvar，母线达到零无功，延时 200ms，进入快速 *PI* 动态调节	进入低电压控制策略，TCR 输出 240Mvar，母线达到零无功，延时 200ms，进入快速 *PI* 动态调节	进入低电压控制策略，TCR 出力为 120Mvar，延时 200ms，进入快速 *PI* 动态调节	芒康 $K_P=2$，$K_I=170$；朗县 $K_P=2$，$K_I=50$；波密 $K_P=2$，$K_I=170$，给定的目标电压均为 525，南瑞 2kV 死区电压

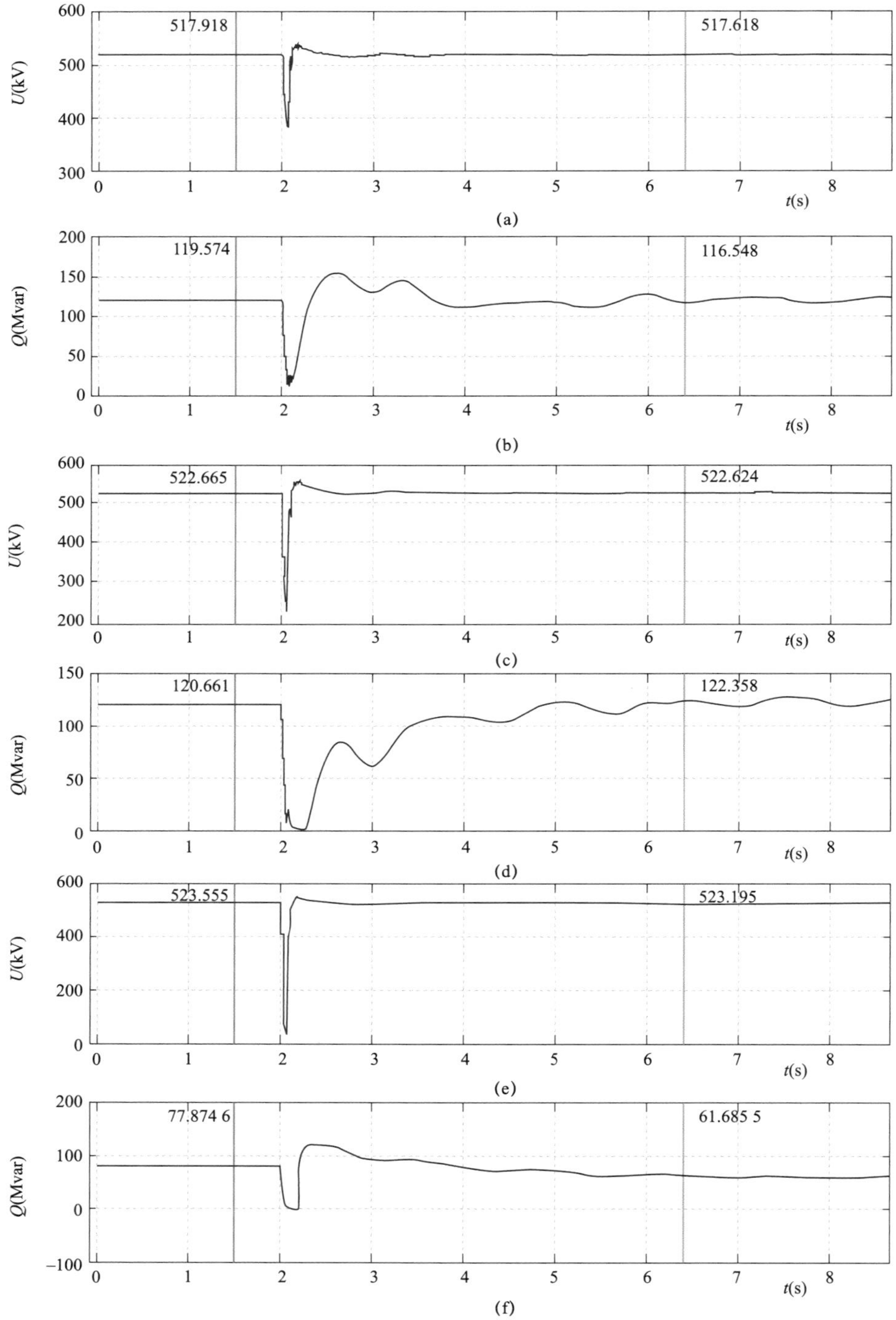

图 3.5–24　朗县—许木线路发生 $N-1$ 故障各 TCR 动态响应特性

（a）芒康 500kV 变电站电压；（b）芒康 500kV 变电站 TCR 无功功率；（c）波密 500kV 变电站电压；（d）波密 500kV 变电站 TCR 无功功率；（e）朗县 500kV 变电站电压；（f）朗县 500kV 变电站 TCR 无功功率

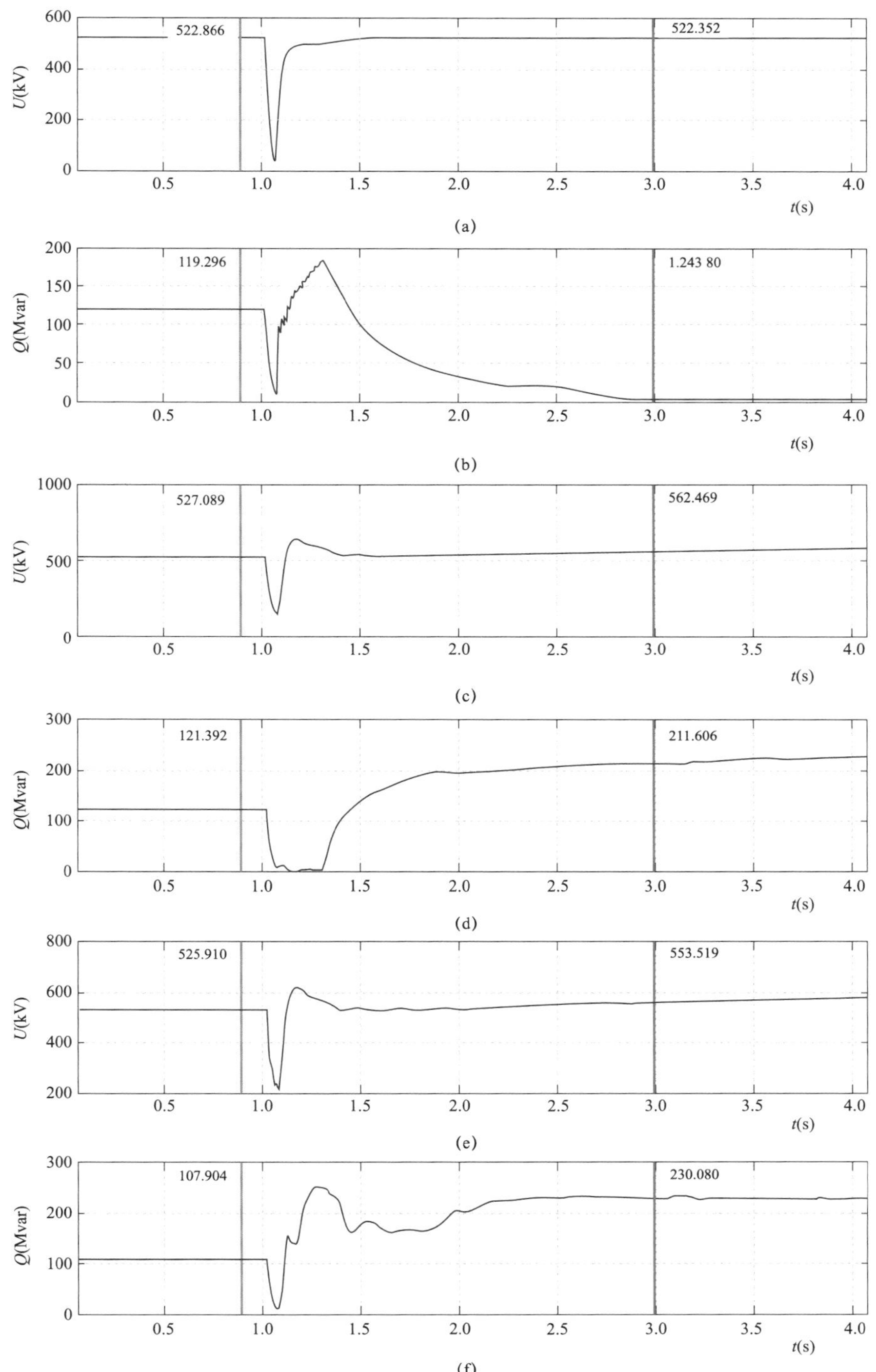

图 3.5-25　芒康—巴塘线路发生 N-2 故障各 TCR 动态响应特性

（a）芒康 500kV 变电站电压；（b）芒康 500kV 变电站 TCR 无功功率；（c）波密 500kV 变电站电压；（d）波密 500kV 变电站 TCR 无功功率；（e）朗县 500kV 变电站电压；（f）朗县 500kV 变电站 TCR 无功功率

5. 试验结论及 SVC 参数整定

对丰、枯期典型方式下藏中电网 SVC 协调器开展 *PI* 参数、动态响应、阻尼特性等试验，结果如下：

芒康、波密、朗县 500kV 变电站 SVC 的 *PI* 参数设置不合理会引起系统电压波动。朗县 500kV 变电站短路容量最小，是造成电网电压振荡的关键因素。本次仿真试验，由三个变电站 SVC 的短路容量的大小决定了三个变电站的 *PI* 参数的不同值。在电网发生各种故障切除后，三个变电站的 SVC 由快速 *PI* 根据母线电压的波动进行动态调节，TCR 输出能跟随母线电压的波动进行协调控制调节。根据相关试验结果，对三个变电站 SVC 控制参数整定，厂家一装置定值见表 3.5－17。

表 3.5－17　芒康、波密 500kV 变电站 SVC 控制器装置定值

序号	定值名称	定值参数	单位及备注
1	低电压策略功能投入	1	1 代表投入，0 代表退出
2	低电压策略门槛电压	0.7	标幺值
3	电压控制比例增益	2	K_P为 2
4	电压控制积分增益	1（芒康）0.85（波密）	K_I为 200 K_I为 170
5	无功控制比例增益	0	—
6	无功控制积分增益	0.05	—
7	低压侧限压功能投入	1	1 代表投入，0 代表退出
8	低压侧电压上限值	40	kV
9	TCR 过流限值	1.1	标幺值
10	中压侧限压使能	0	1 代表投入，0 代表退出
11	中压侧电压上限值	250	kV
12	中压侧电压下限值	90	kV
13	出口传动使能	0	1 代表投入，0 代表退出
14	增益监视使能	0	1 代表投入，0 代表退出
15	增益优化使能	0	1 代表投入，0 代表退出
16	增益监视脉冲电压幅值	2	kV
17	容抗投退间隔	15	s
18	容抗日允许操作次数	30	次

续表

序号	定值名称	定值参数	单位及备注
19	容抗投退 TCR 阈值	0.3	TCR 无功出力不足 30%时
20	最小触发角	105	Deg
21	POD 功能投入	0	1 代表投入，0 代表退出
22	SVC 母线过压保护定值	1.2	标幺值
23	SVC 母线过压保护延时	1.5	s
24	SVC 母线过压保护使能	1	1 代表投入，0 代表退出
25	SVC 母线低压保护定值	0.2	标幺值
26	SVC 母线低压保护延时	5	s
27	SVC 母线低压保护使能	1	1 代表投入，0 代表退出
28	并联电抗器放电时间	10	s
29	并联电容器放电时间	10	s
30	TCR 开关误合闸保护投入	0	1 代表投入，0 代表退出

第四章 长链式联网工程系统调试风险预判与防控

长链式联网工程的上述特点决定了调试过程中风险较常规系统更为突出，调试前应对电力联网工程系统调试和启动运行过程的安全风险进行预判与分析，并制订相应的风险防控策略。本章提出了长链式弱联系交流联网工程系统调试中安全风险预判和防控工作的基本要求，包括各类调试安全风险分析的基本项目和关注点、调试试验项目及其目的、要求、内容、判据，为此类工程调试实践提供参考。

第一节　调试安全风险分析基本要求

长链式联网工程系统调试宜对下列风险进行试验和判定，为系统运行提供参考：

（1）频率失稳风险。

（2）功角失稳风险。

（3）无功电压控制风险。

（4）变压器励磁涌流引发谐波过电压风险。

（5）变压器励磁涌流引发电压暂降、直流换相失败风险。

（6）新能源发电系统运行安全风险。

（7）多电力电子控制器耦合振荡风险。

试验前应对上述风险进行计算分析，基本要求如下。

一、稳态电流计算分析

应该计算投切空载线路和主变压器的充电电流大小。充电电流应该大于交流电流采样线性工作范围最小值，以满足保护极性校核需要。如果计算该条件不能满足，应采取改变充电顺序等措施，确保充电电流满足要求。

二、稳态电压控制分析

投切低压电抗（容）器、投切空载线路、线路及主变压器解/合环等试验应该进行稳态电压变化量分析。针对稳态电压变化带来的风险，结合当地调度运行规程，提出试验前电压控制限额以及需要采取的安全措施。对于长线路还应计算线路合闸过电压与主变压器合闸过电压。

三、变压器励磁涌流风险评估

（1）主变压器投切试验和变压器励磁涌流影响专项试验应该进行变压器励磁涌流风险评估。

（2）应采用目标系统的全电磁暂态模型分析变压器励磁涌流引发的风险。

（3）应该评估试验过程中可能产生的最大变压器励磁涌流大小，以及可能出现的最大谐波过电压，制订风险预控措施，防止调试期间发生系统性的安全问题。

（4）若换流站受变压器励磁涌流影响有较大电压畸变，应根据换流站的交流、直流侧保护定值，仿真分析谐波是否会造成保护动作。同时，谐波也会引发换流阀功率波动，需要分析系统在谐波引发的功率波动下是否能保持稳定，并提出相应的风险预控措施。

（5）对于系统内的光伏逆变器、SVG、SVC 等易受谐波影响的设备，应根据其谐波承受能力，分析变压器励磁涌流是否会造成保护动作，并提出相应的风险预控措施。

（6）应该综合考虑网络的谐波传播特性，通过电磁暂态仿真，选择变压器励磁涌流对换流站、光伏、SVC 等重要节点的总谐波畸变率影响较大的站点作为测试点进行监测。

四、解/并列、解/合环风险评估

（1）弱电网在解/并列、解/合环试验当中，由于电网的转动惯量较小，且电网短路容量小，解/并列、解/合环更容易产生频率和电压问题，因此解/并列、解/合环试验应进行暂态校核，必要时给出更为严格的控制要求，保障电网调试期间的安全稳定运行。

（2）解列（解环）试验当中，应考虑解列（解环）断面有功、无功对系统稳定性的影响，选择可能面临的恶劣方式，进行暂态仿真，给出断面最大的有功、无功限额，必要时给出其他关键的控制条件，确认系统在试验后能保持稳定。

（3）并列（合环）试验当中，应考虑并列（合环）点开关两侧的角差、频差对系统稳定性的影响，选择可能面临的恶劣方式，进行系统暂态仿真，给出并列（合环）点最大的角差、频差，必要时给出其他关键的控制条件，确认系统能在试验后保持稳定。

五、直流功率扰动风险评估

（1）应该对直流功率扰动试验过程进行仿真分析，确保试验过程中电网的频率、电压、功角满足电网安全稳定要求，电网中的继电保护和安全稳定控制装置无动作。

（2）针对可能出现的风险，给出每次试验的直流功率调整量、调节速率，以及风险预控措施。

六、人工单相短路接地风险评估

（1）应该对人工单相短路接地试验过程进行仿真分析，包括安全稳定分析和电磁暂态分析，确保试验过程中电网的频率、电压、功角满足安全稳定要求，过电压、潜供电流及恢复电压满足安全要求，并给出风险预控措施。

（2）应考虑主保护拒动后备保护动作情况下系统的稳定性。

七、电力电子控制装置参与的系统振荡风险评估

（1）系统中有多台电力电子装置同时投运，如新能源逆变器、FACTS、VSC 逆变器等，应进行次/超同步振荡风险评估。

（2）应该进行控制器在环的数字物理联合仿真，确认整定控制器策略的情况下，所设定的控制参数能使系统保持稳定。

（3）应采用全电磁暂态模型分析电力电子控制谐振引发的风险。

八、系统调试方案编写

应根据仿真研究结果，结合系统条件和工程特点，编制系统调试方案，并配合编写

调度执行方案，包括但不限于以下内容：

（1）试验的组织分工。

（2）试验所需测试仪器。

（3）系统调试的项目及总体工期安排。

（4）每项试验进行前的运行方式。

（5）每项试验面临的主要风险及其预控措施。

（6）每项试验的操作步骤。

（7）每项试验拟安排的测试点和测试项目。

（8）每项试验结束后应进行的工作。

第二节　调试项目、内容及安全判据

一、系统调试项目

长链式联网工程系统调试项目见表 4.2–1。

表 4.2–1　长链式联网工程系统调试项目

序号	项目名称	项目类型
1	空载线路投切试验	应做项目
2	主变压器投切试验	应做项目
3	电抗（容）器投切试验	应做项目
4	系统解/并列试验	应做项目
5	系统解/合环试验	应做项目
6	变压器励磁涌流对系统影响专项试验	选做项目
7	直流功率扰动试验	选做项目
8	人工单相短路接地试验	选做项目

试验开始前应进行的现场确认工作如下：

（1）工程系统调试方案已经过启委会批准。

（2）确认试验开始前相关保护投入运行，定值按照调度方案要求整定。

（3）确认风险预控措施落实到位。

（4）确认二次回路测量点、相关保护装置测量结果的正确性。

二、系统调试内容及安全判据

（一）空载线路投切试验

（1）试验目的：

1）考核断路器投切空载线路能力；

2）校验线路保护极性、接线正确性；

3）测试投切线路操作过电压、工频过电压；

4）掌握投切线路对系统稳态运行电压的影响。

（2）试验要求：

1）投空载线路前，应确认运行电压值，满足调试风险预控措施的要求；

2）对于每条线路，空载线路投切试验应进行 3 次。

（3）测试内容：

1）测量线路的电压、充电电流，记录试验前后的系统稳态电压；

2）若为同塔双回/多回线路，应测量感应电压、感应电流；

3）记录避雷器动作信息。

（4）安全判据：

1）系统稳态电压不超过最高运行电压；

2）暂时过电压满足相应规程要求；

3）在暂时过电压满足规程要求的前提下，避雷器未动作。

（二）主变压器投切试验

（1）试验目的：

1）校验主变压器相关保护接线极性正确性及电气连接正确性；

2）记录变压器励磁涌流波形，结合电磁暂态仿真评估电网耐受变压器励磁涌流能力，必要时需根据试验结果研究抑制励磁涌流的技术措施；

3）若有变压器励磁涌流抑制措施，利用调试手段优化技术参数，校验抑制措施有效性。

（2）试验要求：

1）对于易受总谐波畸变率影响的电网节点，如光伏、SVC、换流站等节点，应设置监测点，监测主变压器投入时设备运行和保护动作情况，评估运行风险。

2）对于选相分合闸装置，在主变压器投切试验过程中，应对其参数进行调整优化，确保有效抑制涌流、降低剩磁。

3）当评估励磁涌流可能引起电网运行风险时，主变压器首次充电前，应对主变压器进行消磁处理。

4）投入、切除主变压器时，应同时记录母线侧和主变压器侧的电压波形，以便确定合闸角度和分闸角度。

5）对于每台主变压器，投切试验应该至少进行 5 次。

（3）测试内容：

1）测量主变压器各侧电压，并记录选相合/分闸装置的合/分闸角度，记录总谐波畸变率；

2）记录试验所采用的选相合/分闸装置的定值设置；

3）测量变压器励磁涌流，记录励磁涌流最大峰值；

4）根据仿真分析结果，在有谐波问题风险的站点，还应设置记录装置并测量电压波形，记录站点总谐波畸变率、暂时过电压大小；

5）记录避雷器动作信息。

（4）安全判据：

1）选相合/分闸角度和理论最佳合/分闸角度相差在误差允许范围内；

2）励磁涌流最大峰值大小在仿真得出的最大允许范围内；

3）各测量站点的暂时过电压大小满足要求；

4）在暂时过电压满足标准规定前提下，避雷器未动作。

（三）电抗（容）器投切试验

（1）试验目的：

1）校验电抗（容）器的保护接线极性正确性及电气连接正确性；

2）校验电抗（容）器投切前后系统稳态电压变化量。

（2）试验要求：

1）投切电抗（容）器前，应调节运行电压值，满足调试风险预控措施的要求，防止试验中发生系统电压过高或者过低情况；

2）每台电抗（容）器应实施 3 次投切试验。

（3）测试内容：

1）电抗（容）器的电压曲线，并记录系统的稳态电压变化情况；

2）电抗（容）器的电流曲线。

（4）安全判据：电抗（容）器投切前后系统电压变化满足调度运行控制要求。

（四）系统解/并列试验

（1）试验目的：

1）验证电网解/并列动态性能及稳定状态的电能质量；

2）验证电网解/并列控制措施有效性参数合理性和安全性。

（2）试验要求：

1）系统解列试验前，应控制待解列断面的有功、无功功率至允许值以下（允许值由仿真分析给出）。

2）系统并列前，应先进行假同期试验，确认同期二次回路接线及动作逻辑正确。并列应在满足前期风险评估中给出的压差、频差和角差等并列条件的情况下进行。

（3）测试内容：

1）试验前后并/解列点两侧的电压、电流波形，且记录时间长度需满足对电网功率稳定特性评价和电压波动行为评价的需要；

2）并列试验应记录并列时刻角差、压差；

3）根据仿真分析结果，需要时应在弱电网重要电源配置测量装置，记录电源的电压、电流波形和频率变化情况。

（4）安全判据：

1）解/并列控制条件满足仿真分析给出的要求；

2）解/并列后电网保持稳定，安全稳定控制装置无动作。

（五）系统解/合环试验

（1）试验目的：

1）验证电网解/合环动态性能；

2）验证电网解/合环控制措施有效性。

（2）试验要求：

1）系统解环试验前，应控制待解列断面的有功、无功功率至允许值以下（允许值由仿真分析给出）。

2）系统合环前，应当先进行假同期试验，确认同期二次回路接线及动作逻辑正确。合环应当满足前期风险评估中给出的压差、频差和角差等合环条件的情况下进行。

（3）测试内容：

1）试验前后解/合环点两侧的电压、电流波形，且记录时间长度需满足对电网功率稳定特性评价和电压波动行为评价的需要；

2）合环试验应记录合环时刻角差、压差；

3）根据仿真分析结果，需要时应在弱电网重要电源配置测量装置，记录电源的电压、电流波形和频率变化情况。

（4）安全判据：

1）解/合环控制条件满足仿真分析给出的要求；

2）解/合环后电网保持稳定，安全自动装置无动作。

（六）变压器励磁涌流对系统影响专项试验

（1）试验目的：

1）评估空载合闸变压器励磁涌流对电网内新能源及其 SVG 运行的影响；

2）评估空载合闸变压器励磁涌流对直流运行行为的影响；

3）评估空载合闸变压器励磁涌流对 SVC 等 FACTS 设备运行行为的影响。

（2）测试内容：

1）在弱联系交流电网系统中存在换流站的情况下，应进行如下测试工作：

a. 测量换流站交流母线电压、电流波形；

b. 测量换流站直流电压、直流电流；

c. 记录换流站保护的动作情况。

2）在弱联系交流电网系统中存在光伏电站时，当前期分析表明励磁涌流对光伏电站运行产生影响时，应进行如下测试工作：

a. 测量光伏电站并网点的电压、电流波形；

b. 光伏逆变器以及 SVG 电流、电压波形。

3）在弱联系交流电网系统中配置有 SVC 时，当前期分析表明励磁涌流会对 SVC 运行产生影响时，应进行如下测试工作：

a. 测量 SVC 并网点的电压波形、TCR 支路及电网侧电流波形；

b. 记录 SVC 滤波支路以及 TCR 支路的保护动作情况。

（3）安全判据：

1）各关键站点暂时过电压应满足规程要求；

2）励磁涌流最高峰值大小在仿真给出的最大允许值以下；

3）电网中继电保护、安全自动装置无动作；

4）电网中直流、光伏、FACTS 等电力电子装置出力波动在仿真给出的允许值以下；

5）系统保持电压、频率、功角稳定。

（七）直流功率扰动试验

（1）试验目的：由于弱电网中电网交流侧短路容量小，系统惯量小，直流功率扰动可能引发系统振荡，对系统安全稳定造成威胁。因此有必要验证电网在直流扰动下的动态行为。

（2）试验要求：应根据换流站的常规控制策略和紧急控制策略安排试验项目。

（3）测试内容：

1）换流站交流、直流侧的电压、电流波形；

2）根据仿真分析结果，需要时应在弱电网重要电源配置测量装置，记录电源的电压、电流波形和频率变化情况；

3）继电保护及安全自动装置动作情况。

（4）安全判据：

1）直流功率波形满足仿真分析给出的控制要求；

2）系统电压、频率、功角保持稳定；

3）继电保护及安全自动装置无动作。

（八）人工单相短路接地试验

（1）试验目的：

1）检验一次设备耐受电网接地故障冲击能力；

2）检验继电保护、单相重合闸等二次设备在接地故障中的行为；

3）检验弱联系电网在接地故障后的动态行为，观测电网故障下的振荡模式。

（2）试验要求：人工单相短路接地试验开始前，线路和地面部分的人工接地装置应已安装好并检查无误，试验线路转入运行状态。

（3）测试内容：

1）试验前后故障线路两侧电压；

2）试验前后发生故障的传输线通过的电流、有功功率、无功功率、频率，并记录系统的振荡频率；

3）故障过程的短路电流、潜供电流及恢复电压；

4）保护动作时间及逻辑。

（4）安全判据：

1）保护动作时间及逻辑正确；

2）系统振荡阻尼比满足调度控制要求；

3）潜供电流和恢复电压满足相关规程要求。

第五章 藏中电力联网工程系统调试实践

系统调试是发现长链式联网工程调试和运行问题的有效手段。为了更好地做好系统调试工作，需要充分研究长链式弱联系电网运行所面临的特殊问题，有针对性地安排调试项目，才能充分发挥系统调试对电网安全稳定应起的作用。根据以往工程系统调试经验，并结合藏中电力联网工程情况，采用如下的技术路线开展藏中电力联网工程系统调试工作。

（1）深入藏中电力联网工程现场、调度机构及设备制造厂，采用收集设计数据与现场考察相结合的方式，全面准确收集藏中电力联网工程及藏区电网相关运行设备资料。

（2）根据藏中电力联网工程及藏区电网相关运行设备资料，利用 PSCAD、PSASP 等仿真软件，构建调试风险仿真分析模型。

（3）基于藏中电力联网工程电磁、机电暂态仿真平台，考虑各种严苛的运行方式，全面排查调试期间的运行和操作风险，反复修订藏中电力联网工程系统调试方案，并制订风险预控措施。研究成果全面指导调试方案的制订以及现场调试结果分析。

经过试验验证，藏中电力联网工程系统调试试验准备工作、风险分析和防控手段正确有效。本章将针对藏中电力联网工程系统调试，给出系统调试的项目安排、试验方法，并对试验结果进行分析，为后续弱联系电网系统调试提供借鉴。

第一节　系统调试概况

藏中电力联网工程特殊的气候、地质条件及启动调试工作的复杂性，涉及的变电站点多、面广，给工程启动调试工作带来意想不到的风险。工程建设指挥部提前组织相关电科院、调度等相关认真研究分析系统调试可能存在的风险，深化细化系统调试方案，进行充分论证，组织权威专家开展技术评审，确保方案的安全性、科学性；提前开展工程系统组织保障、技术保障准备，安排现场复查和系统调试安全技术交底工作，统筹调配专业技术力量，合理制订调试计划。组织各站及早解决影响启动带电的问题，做好现场准备。本节主要介绍藏中电力联网工程系统调试概况。

一、系统调试范围

藏中电力联网工程系统调试范围包括所有新扩建的 500kV 站点、线路一次设备、二次设备及 6 套 SVC，具体如下：

（1）500kV 输电线路：新建 500kV 输电线路 10 回，即新建的芒康—左贡—波密—林芝—朗县（雅中）—许木（沃卡）双回 500kV 线路；升压 500kV 输电线路 2 回，即乡城—巴塘双回；升压并改建线路 4 回，即澜沧江—巴塘双回Π接入芒康 500kV 变电站后的 500kV 线路。

（2）500kV 变电（开关）站：巴塘、澜沧江、芒康、左贡、波密、林芝、朗县（雅中）、许木（沃卡）变电站主变压器，35、110、220、500kV 等级母线及附属设备（含母联开关设备），以及 35kV 无功补偿设备。升压后乡城变电站 500kV 塘乡一、二线开关及附属设备。

二、系统调试项目

藏中电力联网工程系统调试项目包含两大部分，即实验室检测试验和现场测试试验。根据启动过程风险及防控措施分析、系统专项试验安全及防控策略研究，编制《藏中和昌都电网联网工程、川藏铁路拉萨至林芝段供电工程系统调试方案》，制订 3 大部分 16 大类 320 小项系统调试项目及风险预控方案，制订调试过程 $N-1$、$N-2$ 风险预案。在工程调试现场，根据现场实际滚动修编调试方案，全方位保障系统调试顺利开展。

实验室检测试验项目主要包含 SVC 控制保护系统实验室检测、光伏控制器谐波耐受能力实验室检测、全波过电压保护装置实验室检测。

现场测试试验项目主要包含新投设备性能进行试验考核，联网系统性能验证。联网系统性能验证主要包括三大试验：① 特定断面解、并列试验，通过解列试验考察电网从正常运行方式切换至孤网运行方式后，小电网的稳定特性及断面控制问题，以应对电网主动解列及故障后解列控制；通过并列试验考察电网并列操作对小电网的冲击及并列过程电网的振荡情况，并对同期并列定值进行优化。对于存在高低电压等级形成电磁环网情况，还应考虑电磁环网解/合环后对局部电网的影响。② 针对电网中特有的高压直流输电系统，设置直流功率扰动试验，评估在交流输电通道造成的功率波动及对小电网的影响。③ 在交流断面上设置人工接地短路试验，人为制造较大的电网扰动，以评估在故障扰动下，交流输电通道的稳定和网间振荡特性，以及交流通道上安装的电力电子装置的适应性。

此外，还增加了如下项目：直流功率扰动对西藏电网的影响试验；选相合闸策略优化调整及主变压器空载合闸专项试验，以检验励磁涌流抑制效果，并评估励磁涌流对西藏电网敏感电力电子设备的影响；结合人工接地短路试验评估电网抵御振荡的能力，并对交流通道安装的 SVC 在故障情况下的动作行为进行分析。藏中电力联网工程系统调试大类项目简表如表 5.1－1 所示。

表 5.1－1　　藏中电力联网工程系统调试大类项目简表

序号	系统试验项目
1	投切空载线路试验
2	投切低压电抗器试验
3	启动过程谐波引发过电压试验
4	系统解/并列试验
5	线路解/合环试验
6	变压器间隔断路器选相合闸策略调试
7	联网后励磁涌流谐波过电压专项试验
8	励磁涌流对柴拉直流影响专项试验
9	励磁涌流对光伏发电系统影响专项试验
10	柴拉直流功率扰动专项试验
11	单相人工短路接地试验
12	SVC 控制策略试验
13	励磁涌流对 SVC 影响专项试验
14	SVC 控制保护系统实验室检测
15	光伏控制器谐波耐受能力实验室检测
16	全波过电压保护装置实验室检测

此外，为进一步发现藏中电力联网工程各变电站信息工控系统漏洞和缺陷，在国网首次开展了信息工控系统安全测评工作，发现和整改了大量信息工控系统安全风险，有力保障了藏中电力联网工程顺利投运和安全运行。

三、调试期间安全风险及应对措施

（一）安全风险

藏中电力联网工程启动调试期间，存在以下风险：

（1）藏中电力联网工程通道长、系统容量小，若采用单侧充电方式，单组无功补偿装置投切将产生最高23kV的电压波动，启动充电过程若发生主变压器$N-1$等故障，可能导致电压失控。

（2）虽然许木500kV变电站220kV侧配置了选相合闸装置，但从西藏侧空载合闸许木500kV变电站主变压器仍可能产生2000A以上的励磁涌流，导致出现柴拉直流受电方式下换相失败、藏中电网电压暂降等风险。

（3）虽然澜沧江500kV变电站主变压器500kV侧开关配置了合闸电阻和选相合闸装置，但在芒康—澜沧江线路双回运行方式下，澜沧江侧存在2次谐波谐振点，空载合闸澜沧江500kV变电站主变压器可能产生严重的过电压。

（4）启动调试过程和多断面解/并列试验过程，若川藏断面（巴塘—芒康）、昌都断面（澜沧江—芒康）、藏中断面（波密—左贡）中断，可能引发昌都电网、藏中电网高频高压风险。系统承受功率盈余小、频率波动大，可能使得低频或高频保护动作；系统容量小，易发生振荡；并列过程压差、频差、角差过大可导致电网振荡。

（5）励磁涌流谐波可能造成柴拉直流受入方式下换相失败，送出方式下功率波动；若励磁涌流抑制措施失效，可能导致柴拉直流送出功率大幅振荡，引起交流电网振荡；励磁涌流谐波可能造成SVG跳闸从而导致光伏脱网；空载合闸主变压器励磁涌流谐波电压可能导致SVC跳闸，使藏中电力联网工程电压出现较大波动。

（6）藏中电力联网工程为长链式弱联系通道，中间无任何落点支撑，电网扰动激发系统振荡后振荡中心极可能落在该通道上，功率速降、紧急提升或者柴拉直流故障引起

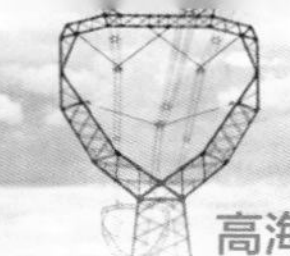

直流功率扰动，都可能激发系统振荡，对藏中电力联网工程的安全运行造成威胁。

（7）藏中电力联网工程通道配置了6套容量为±60Mvar的静止无功补偿器（SVC），多SVC群控制参数整定不当易产生次同步频率范围的电磁振荡，甚至导致系统崩溃。

以上风险也是该工程系统调试的特点与难点，需要做充分的技术保障措施，确保调试工作安全顺利完成。

（二）采取的安全措施

为降低藏中电力联网工程启动调试期间的风险，采取了以下安全措施：

（1）为减小工程启动过程电压控制难度，优化工程启动充电路径和无功补偿投入方案，工程启动充电过程采用四川和藏中两侧充电，在波密—左贡断面完成工程并列运行，启动过程各站无功补偿装置均匀投入。

（2）为规避从许木500kV变电站220kV侧空载合闸主变压器导致的风险，采取藏木电厂机组带220kV木山线、220kV山南母线、220kV许山线和许木500kV变电站500kV主变压器零起升压方式。为规避藏木电厂机组带长线启动触发机组低励限制产生过电压的风险，采取藏木电厂机组退出低励限制的措施。

（3）启动充电过程，为规避澜沧江侧存在的2次谐波谐振风险，采用澜沧江—芒康线路单回运行方式空载合闸澜沧江500kV变电站主变压器，并严禁澜沧江—芒康线路双回运行时空载合闸澜沧江500kV变电站主变压器。

（4）为防范联络线中断导致昌都电网、藏中电网产生高频高压风险，给出了严格的断面有功功率及无功功率控制限额，试验过程严格按照控制限额进行方式预控。解、并列试验中增开昌都和西藏电网水电机组，提升旋转备用；并列过程严格控制并网频差小于0.2Hz，压差小于$10\%U_N$，角差小于10°。

（5）为防范励磁涌流对西藏电网的风险，柴拉直流保持受入方式，功率控制在100MW及以下；主变压器投入前根据剩磁评估结果决定是否消磁；试验前控制藏中通道受入有功小于15MW，断面无功10Mvar以内，并优化藏中电网、昌都电网主力机组开机和备用。藏中电网光伏总出力限制在20MW以内、昌都电网光伏总出力控制在5MW以内；芒康、澜沧江500kV变电站主变压器空载合闸前，藏中电网负荷不低于60万kW、昌都电网负荷不低于6万kW。

（6）柴拉直流过大的直流功率扰动可能使得藏中联网通道功率、电压大幅振荡，直流功率扰动试验期间控制柴拉直流线路运行初始功率在±110MW 以内、直流扰动功率不大于 50MW，直流速降和提升速度按调度要求执行；控制川藏联网通道（波密—林芝）潮流小于 50MW。

（7）为解决弱联网通道多 SVC 导致的电磁振荡，提出了一种兼顾电磁振荡抑制和电压调节性能的 SVC 控制参数优化方法，通过 SVC 的 PSCACD 电磁暂态仿真和 RTDS 控制保护系统测试，提出了 SVC 参数优化配置策略。

（8）按方案要求控制电网断面潮流、系统电压，满足启动调试的要求。

（9）昌都电网、藏中电网低频减载、高频切机装置按规定投入运行。

（10）确保藏中电力联网工程安控系统按规定可靠投入运行。

（11）调管的继电保护（含全波过电压保护）及稳定措施按相应要求投停。

（12）启动调试相关单位针对启动调试期间可能的安全风险编制完成相关应急处置预案。

（13）启动调试期间，四川、西藏、昌都相关调度机构不安排影响调试工作的检修和新设备启动。

（14）系统试验前有关人员应检查试验回路和安全措施，所有测量引线应连接牢固可靠，防止出现被拉脱、轧断或松动等意外，确保 TA 二次不开路、TV 二次不短路。

（15）启动调试对运行电网有临时特殊要求时，现场启动调试指挥应向现场调度提出，现场调度联系相关调控机构值班调度员视系统情况组织安排实施。

（16）启动调试及试验系统在启动调试期间必须保证处于可控状态，如出现异常情况，现场应有紧急控制措施，保证将启动调试及试验系统与运行系统快速隔离。

四、启动调试的现场实施保障与情况简介

（一）制订措施、提高操作效率

西藏电网容量小、负荷小、联络线长、电力电子设备多、稳定特性复杂，空载合闸变压器励磁涌流引发谐波谐振过电压、谐波引起电力电子设备工作异常、SVC 策略不当

引起电网次同步谐振、解列措施不当引起地方电网跨网等风险都是弱联系小电网所特有的，在藏中电力联网工程中集中存在，工程调试和运行安全面临巨大挑战，再加操作效率和临时缺陷的影响，系统调试任务重、压力大。为提高效率，确保启动调试任务按计划完成，启动指挥组根据现场实际情况制订了藏中电力联网工程启动调试期间提高现场操作效率的措施，要求：

（1）在启动调试过程中，除影响启动调试的消缺工作外，不安排其他工作，建设单位开展相关工作时应服从运行单位统一管理。

（2）一次设备启动倒闸操作时，后台操作和现场确认设备位置应同步进行。

（3）保护定值（含启动调试保护定值）及安全控制定值应提前录入、提前核对，保护室应清场并上锁，并由运行人员监管。

（4）一次设备具备启动投运条件并转冷备用状态时，可提前启用设备相关保护；一次设备在检修状态时，可提前启用设备相关保护功能。

（5）除主变压器第一次空载合闸需要消磁外，根据主变压器剩磁评估结果决定主变压器是否消磁。

采取以上措施后，现场操作效率得到了提高，启动调试任务按计划实施得到了切实保障。

（二）方案编制，确保严谨可靠

为确保藏中电力联网工程能按期完成投运，试验团队不断优化试验方案和预控措施，确保了方案的科学严谨，经得起现场试验的考验。在工程调试现场，及时根据现场设备状况调整工作思路，并对调整的每一步操作进行安全校核计算分析，全方位保障系统调试顺利开展。

（三）做好安全组织措施，保证调试安全

参加系统调试的试验人员，均需严格执行下述安全规定。试验中发生紧急意外情况时，需妥善、迅速地处理事件，保障电网和人身安全。

（1）严格执行 GB 26861—2011《电力安全工作规程　高压试验室部分》规定，做好试验前的安全工作。在试验前所有参与工作的试验人员须了解试验目的、任务、安全注意事项，了解危险点并做好安全措施。

（2）试验人员须严格执行电业安全工作规定，在新投产设备上工作时需执行工作票制度、工作许可和终结制度。进入工作现场时，应戴安全帽、穿绝缘胶鞋。

（3）试验前，各基建单位需告知所属工作人员（包括临时工）带电区域范围，严禁非试验工作人员进入带电区域。

（4）各运行变电站在运行与新投设备间设置隔离带，悬挂“设备带电，高压危险”“带电区域，禁止入内”标识牌。

（5）试验人员应遵守站内临时安全规定，进入试验现场应佩戴通行证。无关人员不得进入试验区域。

（6）调度部门安排合理的系统运行方式，保证系统调试顺利进行。

（7）系统调试过程中发生系统事故，应立即停止试验操作，听从调度统一指挥处理事故。

（8）系统调试过程中如临时接入的测试设备出现故障或其他异常情况，试验人员应立即报告试验指挥，并按故障情况妥善处理问题。处理中应保证人身安全和设备安全，防止因慌乱和处置不当而扩大故障范围。

（四）制订事故紧急处理预案，提升事故应急能力

（1）启动调试设备如发生故障或异常，由负责启动的现场调度组负责组织处理，并立即按设备调管范围汇报相关调控机构值班调度员，同时汇报指挥组。

（2）系统试验期间，试验设备如发生故障或异常，由现场调试指挥负责组织处理，并立即按设备调管范围汇报相关现场调度，同时汇报启动指挥组。

（3）启动调试设备发生故障停运时，应保持现状（对人身和设备有威胁除外），现场人员应立即向负责启动的现场调度和调管该设备的调控机构值班调度员报告；现场调度应立即向启动指挥组报告。

（4）运行系统如发生故障或异常，相关调控机构值班调度员按调管范围进行处理。若影响启动调试工作，由相关调控机构值班调度员通知负责启动的现场调度暂停启动调试，现场调度应立即停止启动调试工作，听从相关调控机构值班调度员统一指挥，并汇报启动指挥组。待事故处理告一段落，相关调控机构值班调度员在确认具备启动调试条件后，通知相关现场调度可以继续进行启动调试工作。

（5）启动调试过程中发生危害人身安全和严重威胁设备安全的紧急情况时，现场人员可不待启动调试操作命令，立即将相关设备停运，并向负责启动的现场调度和调管该设备的调控机构值班调度员报告；现场调度应立即向启动指挥组报告。

（五）系统调试现场实施情况简介

藏中电力联网工程系统调试始于 2018 年 7 月 27 日，至 2018 年 10 月 30 日结束，历时近 3 个月，圆满完成全部调试任务。整个系统调试分为常规站启动试验和系统试验两部分。常规启动分为西线工程和东线工程两个部分实施。具体试验过程如下。

2018 年 7 月 27 日，220kV 墨山线开Π接入许木 500kV 变电站，220kV 设备一次带电成功，工程带电投运工作拉开序幕。

8 月 4 日，川藏电力联网工程乡城、巴塘 500kV 变电站成功带电，电压等级由 220kV 升至 500kV。

8 月 12 日，芒康 500kV 变电站 2 号主变压器充电成功，世界海拔最高的 500kV 变电站（站址海拔 4300m）建成投运，标志着西藏电网电压等级实现由 220kV 到 500kV 的历史跨越。

8 月 14 日，芒康 500kV 变电站主要设备全部顺利带电，进入 72h 试运行阶段。

8 月 16 日，许木 500kV 变电站主变压器零启升压成功启动。

8 月 19 日，澜沧江 500kV 变电站扩建工程成功并入西南电网，至此，川藏电力联网升压工作全部完成，昌都电网结束 126 天孤网运行状态。澜沧江 500kV 变电站扩建工程 3、4 号主变压器进入 72h 试运行阶段。

9 月 17 日，沃卡 500kV 变电站 1 号主变压器充电成功，标志着沃卡 500kV 变电站新建工程已全站投入运行。

10 月 6 日，林芝 500kV 变电站 2 号主变压器充电成功，标志着川藏铁路拉萨—林芝段供电工程主体工程全线建成投运。

10 月 13 日，左贡开关站顺利投运。

10 月 16 日，1 号 SVC、2 号 SVC 进入 72h 试运行阶段；500kV 左波Ⅱ线进入 24h 试运行阶段。

10 月 25 日，500kV 波林Ⅰ线投运成功，标志着西藏藏中电网、昌都电网成功联网，西藏东中部电网成功并入西南 500kV 主电网，西藏电网迈入超高压交直流混联电网运行时代。21 时 41 分，波林Ⅱ线投运成功，至此，藏中电力联网工程 500kV 主体工程全线带电投运。藏中电力联网工程进入试运行阶段。

10 月 30 日，500kV 林朗Ⅱ线人工短路试验顺利完成。至此，藏中电力联网工程 500kV 主体工程系统调试工作圆满完成。

在整个调试工作过程中，各项操作正确，现场仿真分析人员技术分析深入全面，提前预估了调试风险，试验测试准确可靠，设备巡检抢修工作及时到位，保证了系统调试工作的成功完成。

第二节 新投设备启动调试试验

一、新建、改接线路投切试验

（一）试验目的

（1）完成新建、改接线路投切试验，检查线路设备状态。

（2）测量投切空载线路时的操作过电压。

（3）检查、校核投切空载线路时各站继电保护的状态。

（4）监测试验时各线路避雷器的动作情况。

（二）试验内容

（1）乡城 500kV 变电站对塘乡Ⅰ、Ⅱ线空载合闸试验。

（2）巴塘 500kV 变电站对塘芒Ⅰ、Ⅱ线空载合闸试验。

（3）芒康 500kV 变电站对芒澜Ⅰ、Ⅱ线空载合闸试验。

（4）芒康 500kV 变电站对芒左Ⅰ、Ⅱ线空载合闸试验。

（5）左贡开关站对左波Ⅰ、Ⅱ线空载合闸试验。

（6）许木 500kV 变电站对朗许Ⅰ、Ⅱ线空载合闸试验。

（7）朗县 500kV 变电站对林朗Ⅰ、Ⅱ线空载合闸试验。

（8）林芝 500kV 变电站对波林Ⅰ、Ⅱ线空载合闸试验。

（三）试验测试内容

（1）检查各充电线路间隔是否运行正常。

（2）记录各线路避雷器动作次数。

（3）检查各线路相关二次电压测量值是否正常。

（4）测录充电时各线路过电压情况。

（四）试验完成情况及结果分析

藏中电力联网工程投、切各新建、改接空载线路试验总体完成情况良好，试验过程安全顺利，各站新投运线路相关一次、二次设备性能总体良好，现场核对相关二次回路及二次设备电压、电流的幅值、相位、极性等均正确。试验过程中实测各线路最大操作过电压为 625.6～834.3kV，避雷器无动作，与仿真计算结果基本一致，并且满足设计规范的要求，达到试验预期目的。

二、新投变压器投切试验

（一）试验目的

（1）考核断路器投切变压器的性能。

（2）检验主变压器压器耐受冲击合闸性能、带电运行状况，包括温度、振动、噪声等。

（3）检查主变压器励磁涌流对线路过电压保护、变压器保护的影响。

（二）试验内容

完成巴塘 500kV 变电站 3、4 号主变压器，芒康 500kV 变电站 1、2 号主变压器，澜沧江 500kV 变电站 3、4 号主变压器，波密 500kV 变电站 1、2 号主变压器，许木 500kV 变电站 1、2 号主变压器，朗县 500kV 变电站 1、2 号主变压器和林芝 500kV 变电站 1、2 号主变压器，共计 14 台主变压器各 3 次投切试验。

（三）试验测试内容

（1）检查主变压器充电后状况，观察有无异常放电、异响。

（2）检查主变压器高压侧电压切换功能是否正常，主变压器三侧二次电压测量值是否正常。

（3）测录各主变压器时投切试验时的励磁涌流和谐波过电压情况。

（四）试验完成情况及结果分析

各新投变压器投切试验总体完成情况良好，试验过程安全顺利，无明显放电、异响；现场核对相关二次回路及二次设备电压、电流的幅值、相位、极性等均正确，满足设计规范的要求；空投主变压器时的最大励磁涌流见表 5.2－1，与仿真计算结果基本一致，未出现明显谐波过电压，达到试验预期目的。

表 5.2－1　　空投主变压器时的最大励磁涌流

试验主变压器	最大励磁涌流（A）
巴塘 500kV 变电站 3、4 号主变压器	180
芒康 500kV 变电站 1、2 号主变压器	434
澜沧江 500kV 变电站 3、4 号主变压器	210
波密 500kV 变电站 1、2 号主变压器	179
许木 500kV 变电站 1、2 号主变压器	1001
朗县 500kV 变电站 1、2 号主变压器	946
林芝 500kV 变电站 1、2 号主变压器	466

三、各站新投低压电抗器投切试验

（一）试验目的

（1）完成各站无功设备投切试验，检查无功设备（35kV 电抗器）带负荷后的运行状况，检查连接是否存在异常发热现象。

（2）检验各站 35kV 开关切断感性电流的能力。

（3）检查各站高压设备的保护、测控、计量装置接入电流、电压的正确性。

（4）检查各站无功设备投切前后电压变化是否在合理范围内。

（二）试验内容

完成巴塘、芒康、澜沧江、波密、许木、朗县、林芝 500kV 变电站 35kV 无功设备投切及带负荷试验。

（三）试验测试内容

（1）检查各新投电抗器是否正常运行，检查连接是否存在异常发热现象。

（2）检查各新投电抗器二次电压、电流测量值是否正常。

（3）测录各新投电抗器组的投切对各站母线电压的影响。

（四）试验完成情况及结果分析

各站无功设备投切试验安全顺利完成，新投一次、二次设备总体性能良好。检查各新投无功设备保护、测量、计量装置接入电压、电流正确；各新投电抗器组投切对母线电压的影响见表 5.2-2，巴塘、芒康、澜沧江、波密、许木、朗县、林芝 500kV 变电站 35kV 低压电抗器投切对 500、35kV 母线电压的调节作用明显，与仿真计算结果基本一致，并且满足设计规范的要求，达到试验预期目的。

表 5.2-2　新投电抗器投切对母线电压的影响

试验电抗器	投入前后电压变化量（kV）	
	500kV 母线	35kV 母线
巴塘 500kV 变电站 35kVⅢ段电抗器	-8.7	-2.1
巴塘 500kV 变电站 35kVⅣ段电抗器	-8.7	-2.4
芒康 500kV 变电站 35kVⅠ段电抗器	-8.7	-2.1
芒康 500kV 变电站 35kVⅡ段电抗器	-8.5	-2.1
澜沧江 500kV 变电站 35kVⅢ段电抗器	-4.9	-0.9
澜沧江 500kV 变电站 35kVⅣ段电抗器	-5.1	-0.9
波密 500kV 变电站 35kVⅠ段电抗器	-21.9	-2.9

续表

试验电抗器	投入前后电压变化量（kV）	
	500kV 母线	35kV 母线
波密 500kV 变电站 35kV Ⅱ段电抗器	−21.9	−2.9
许木 500kV 变电站 35kV Ⅰ段电抗器	−5.4	−1.8
许木 500kV 变电站 35kV Ⅱ段电抗器	−17.1	−2.6
朗县 500kV 变电站 35kV Ⅰ段电抗器	−17.7	−2.6
朗县 500kV 变电站 35kV Ⅱ段电抗器	−17.4	−2.6
林芝 500kV 变电站 35kV Ⅰ段电抗器	−15.4	−2.4
林芝 500kV 变电站 35kV Ⅱ段电抗器	−15.4	−2.3

四、芒康、波密、朗县 500kV 变电站 SVC 启动试验

（一）试验目的及测试内容

（1）测量 SVC 投运前各站的电能质量水平及 SVC 运行对电网电能质量的影响，核实 SVC 系统对 3 次和 5 次谐波的滤波效率，检查是否存在谐波过电压或谐波放大现象。

（2）进行 SVC 装置 TCR 支路断路器投切，考核 TCR 支路感性负载的能力，测录合切感性负载的过电压和涌流。

（3）进行各站 SVC 3 次、5 次滤波器支路投切试验，考核各滤波器支路断路器对容性电流的分断能力，测录合切容性负载是的过电压和涌流情况。

（4）考核各站 SVC 一次设备满载运行温升情况，校验各站 TCR 支路阀组水冷却系统温度控制能力。

（5）各站 TCR 支路投入后，测录主变压器三侧母线电压的谐波畸变率，TCR 支路、滤波电容器支路谐波电流值，变压器低压侧的谐波电流等 SVC 电能质量参数。

（6）考核单套 SVC 和双套 SVC 两种运行工况下稳态电压控制能力，测录两种运行工况下对于电压上阶跃和下阶跃指令的响应特性。

（7）利用 72h 试运行试验，检查各站 SVC 运行可靠性及两套无功补偿系统（包括 SVC）的协调控制策略是否满足电网运行要求。

（二）试验项目及试验结果

SVC 启动试验项目及试验结果见表 5.2–3。

表 5.2–3　　SVC 启动试验试验项目及试验结果

序号	试验项目	试验结果
1	3 次滤波器支路开关合闸冲击试验	投切各站 3 次滤波支路进行了 3 次合分操作，设备运行正常，未发现放电、闪络等现象
2	5 次滤波器支路开关合闸冲击试验	投切各站 5 次滤波支路进行了 3 次合分操作，设备运行正常，未发现放电、闪络等现象
3	TCR 支路通电合闸冲击试验	TCR 支路、可控电抗器支路绝缘情况良好，阀回报正常，投切各站 TCR 断路器过程中无过电压、无涌流
4	TCR 支路手动触发及温升试验	（1）TCR 在不同触发角下，晶闸管回报信号正确，TCR 三相电流平衡。 （2）水冷系统运行正常，进出水温差合理。 （3）各站 TCR 最大出力正常，TCR 容量满足要求
5	单套 SVC 调节性能试验	（1）单套 SVC 在电压指令发生阶跃变化时的响应情况正常，响应时间与系统容量等相关。 （2）电压上下阶跃响应时间合理，与实验室测试一致
6	双套 SVC 调节性能试验	（1）双套 SVC 在电压指令发生阶跃变化时的响应情况正常；两套 SVC 协同工作，均分出力。 （2）电压上下阶跃响应时间合理，与实验室测试一致
7	72h 连续运行考核试验	（1）各站 SVC 装置经过 72h 长时间连续运行，未发现不符控制策略的动作行为，装置运行可靠。 （2）经过 72h 运行，3 次滤波器、5 次滤波器、相控电抗器（TCR）支路绝缘情况良好，阀体工作正常，水冷系统运行正常。 （3）72h 试运行期间，SVC 以 500kV 母线电压为控制点，动作行为正确。 （4）72h 试运行期间，SVC 兼顾 35kV 母线电压和 110kV 母线电压，未发现有电压越限的情况

五、藏木电厂机组带许木 500kV 变电站主变压器零起升压试验

（一）试验背景和目的

从藏中电网启动充电，许木 500kV 变电站 220kV 侧空载合闸主变压器，根据仿真结果，从许木 500kV 变电站 220kV 空载合闸主变压器励磁涌流将高达 3000A 以上。高幅值励磁涌流及大量谐波注入藏中电网，可能导致柴拉直流受电方式下换相失败、藏中电网电压暂降甚至 SVC 闭锁等事故，严重威胁藏中电网运行安全。因此，为规避该风险，采用藏木电厂的 4 号机组，经 220kV 木山线、220kV 山南母线、220kV 许山线对许木 500kV 变电站 500kV 主变压器零起升压。

（二）零起升压风险防控措施

（1）稳态电压控制。按照藏木电厂主变压器实际运行挡位计算，零升过程 220kV 母线电压将超过 242kV 运行上限，因此建议主变压器挡位调节到 5 挡（230/13.8）运行，机端电压指令最大值约 0.985（标幺值）。

（2）低励限制动作引发的过电压防控。藏木电厂的 4 号机组低励限制整定值约 26Mvar，根据计算，即使主变压器运行于 5 挡，零升系统进相功率达到 26.2Mvar，低励限制将会动作，产生高达 330kV 的过电压，因此零升过程退出低励限制。

（3）零升系统与主网并列条件。零升系统在许木 500kV 变电站 220kV 母联与藏中电网并列，并列条件为：两侧压差小于 10kV，频差小于 0.3Hz，相差小于 20°，并网过程尽量减小压差、相差。零升结束后，退出零升机组，经检查机组无异常、保护相应调整后再根据调度指令进行操作。

（三）试验内容

按照藏木电厂的 4 号机组→藏木电厂 220kV Ⅰ 母→220kV 木山 Ⅰ 线→山南 220kV 变电站 220kV Ⅰ（Ⅲ）母→220kV 许山 Ⅰ 线→许木 500kV 变电站 220kV Ⅱ 母→许木 500kV 变电站 1 号主变压器的路径开展零起升压工作。

（四）试验结果

藏木电厂的 4 号机组零升过程的计算值和实测值对比如表 5.2-4 所示，零升过程系统稳定，电压受控，实测电压和进相无功与仿真计算基本一致。零升系统与主网并列过程，未出现过电压、不稳定状态和保护误动等异常工况，防控策略有效。

表 5.2-4　　藏木电厂的 4 号机组零升过程的计算值和实测值对比

机端电压（%）	许木 500kV 变电站 220kV Ⅱ 母电压		4 号机组进相无功	
	计算值（kV）	实测值（kV）	计算值（Mvar）	实测值（Mvar）
50	120.4	120.55	6.8	7.2
90	216.9	216.85	21.82	22.43
94	227.5	227.64	23.89	25.05
96.5	232.5	232.9	25.2	26.3
98.5	233.6	233.31	26.2	27.1

第三节　励磁涌流引发谐波谐振过电压专项试验

上节介绍了新投设备启动调试试验基本情况，本节主要就励磁涌流引发谐波谐振过电压专项试验进行介绍。

为应对可能存在的主变压器励磁涌流引发谐波谐振过电压风险，在系统调试阶段应开展励磁涌流引发谐波谐振过电压专项试验。本节具体介绍励磁涌流引发谐波谐振过电压专项试验，包括启动过程中变压器励磁涌流引起过电压测试试验、励磁涌流防控措施调整试验、电网谐波传输特性试验。

一、启动过程中变压器励磁涌流引起过电压测试试验

藏中电力联网工程中由于网络远距离、轻负载的特点，可能产生较为明显的谐波放大现象，当大容量主变压器注入励磁涌流时，具有引发严重的电压畸变甚至出现过电压的风险。

为测录藏中联网工程中，各 500kV 变电站主变压器投切时的励磁涌流及其引发的谐波过电压情况，需进行启动过程中变压器励磁涌流引起过电压专项测试试验。

（一）试验方案设计

藏中电力联网工程调试过程中，变压器带电启动的试验方案设计如下：完成藏中电力联网工程巴塘、芒康、澜沧江、波密、林芝、朗县、许木共 7 个 500kV 变电站，14 台主变压器，各 5 次投切试验。由于主变压器侧开关配置了选相合闸，考虑选相参数整定需要，采用中开关和边开关对各主变压器分别进行 3 次投切试验，每台主变压器总计进行 6 次投切试验。每次投切试验中需测录各主变压器的励磁涌流和谐波过电压情况。

（二）试验结果分析

由于工程建设阶段就充分采取了励磁涌流引发过电压防控措施，试验过程中进一步采取了运行方式优化、消磁等措施，试验中未出现显著的过电压。

以许木 500kV 变电站 5032 断路器对 1 号主变压器的冲击合闸试验为例，启动试验前的系统状态如图 5.3－1 所示。

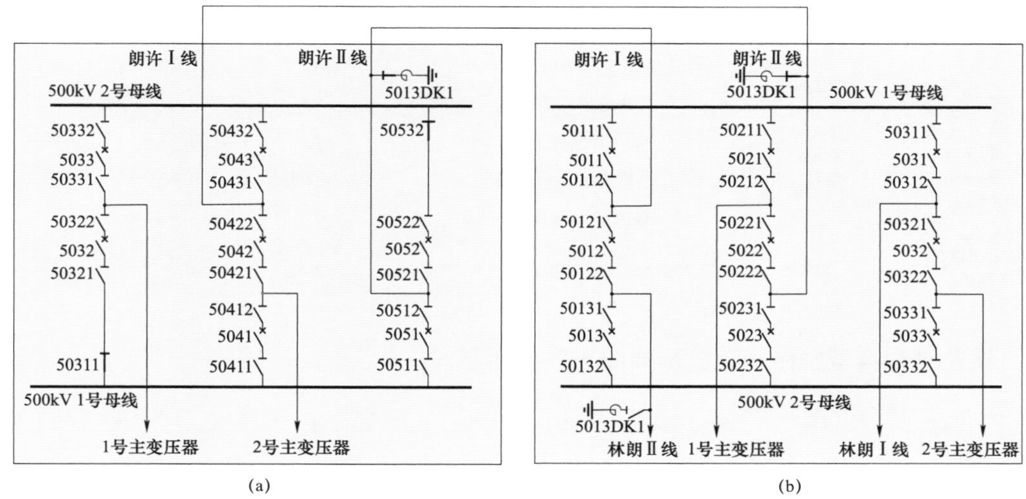

图 5.3－1　许木 500kV 变电站启动前，许木、朗县 500kV 变电站设备初始状态

（a）许木 500kV 变电站；（b）朗县 500kV 变电站

许木 500kV 变电站合、分 1 号主变压器高压侧 5032 断路器对主变压器冲击合闸 3 次，测录许木 500kV 变电站 1 号主变压器投切时的励磁涌流及其引发的谐波过电压情况，其结果如下：许木 500kV 变电站 5032 断路器空载合闸 1 号主变压器时的励磁涌流及其引发的谐波过电压情况见表 5.3－1。

表 5.3－1　许木 500kV 变电站 5032 断路器空载合闸 1 号主变压器的励磁涌流及其引发的谐波过电压测量结果

投切次数	测试项目	测试内容	A 相	B 相	C 相
第一次投入	励磁涌流	最大峰值电流（A）	369	286	148
		衰减至半峰值时间（s）	0.6	0.6	0.9
	谐波过电压	最大峰值电压（kV）	448.3	444.2	474.9
		稳态电压值（kV）	304.7	306.5	306.4
		最大波形畸变率（%）	6.9	5.2	4.4
第一次退出	剩磁	剩磁评估结果（%）	3.7	4.1	3.2
第二次投入	励磁涌流	最大峰值电流（A）	17	28	28
		衰减至半峰值时间（s）	0.003	0.03	0.1
	谐波过电压	最大峰值电压（kV）	435.0	508.2	443.7
		稳态电压值（kV）	303.7	304.4	303.2
		最大波形畸变率（%）	0.2	0.3	0.4

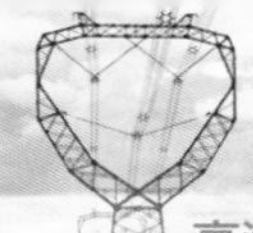

续表

<table>
<tr><th>投切次数</th><th>测试项目</th><th>测试内容</th><th>A 相</th><th>B 相</th><th>C 相</th></tr>
<tr><td>第二次退出</td><td>剩磁</td><td>剩磁评估结果（%）</td><td>6.7</td><td>3.4</td><td>3.2</td></tr>
<tr><td rowspan="5">第三次投入</td><td rowspan="2">励磁涌流</td><td>最大峰值电流（A）</td><td>45</td><td>66</td><td>90</td></tr>
<tr><td>衰减至半峰值时间（s）</td><td>1.8</td><td>0.6</td><td>1.8</td></tr>
<tr><td rowspan="3">谐波过电压</td><td>最大峰值电压（kV）</td><td>440.7</td><td>500.7</td><td>442.9</td></tr>
<tr><td>稳态电压值（kV）</td><td>304.8</td><td>304.9</td><td>303.2</td></tr>
<tr><td>最大波形畸变率（%）</td><td>0.8</td><td>0.9</td><td>1.3</td></tr>
<tr><td>第三次退出</td><td>剩磁</td><td>剩磁评估结果（%）</td><td>3.5</td><td>3.8</td><td>4.2</td></tr>
</table>

试验过程典型励磁涌流波形如图 5.3-2 所示。

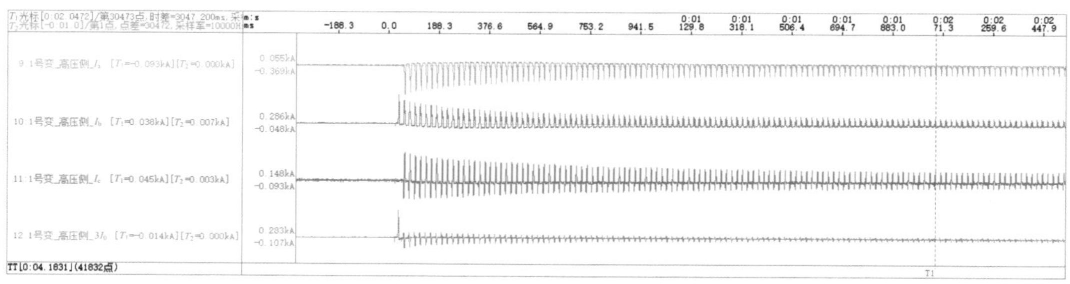

图 5.3-2　许木 500kV 变电站 1 号主变压器高压侧 5032 断路器励磁涌流波形图

二、励磁涌流防控措施调整试验

相关研究表明，抑制励磁涌流引发谐波谐振过电压可以利用一套综合抑制策略，包括抑制励磁涌流、改变网络特性、利用全波过电压保护作为总后备等策略。

（1）抑制励磁涌流。由于励磁涌流是引发谐波谐振过电压的源头，如果能很好地减小励磁涌流，那么系统末端电压畸变现象将得到较为明显的抑制。现有减少励磁涌流的方法，包括增加合闸电阻、增设选相合闸装置等。

（2）改变网络特性。藏中电力联网工程的电力网络存在明显的谐波放大特性，极大地加剧了系统末端电压畸变。如果能改变网络特性，则可对该风险进行抑制。

（3）利用全波过电压作为总后备。在励磁涌流策略均失效的情况下，可以利用全波过电压保护作为总后备，及时地解列系统，防止事故扩大。

其中减少空载合闸主变压器时的励磁涌流，是谐波谐振过电压最根本的抑制措施，因此在系统调试中，一般需对励磁涌流预设的防控措施进行调整测试。下面主要介绍藏中电力联网工程调试中的励磁涌流防控措施调整试验。

（一）试验方案设计

根据工程现场施工条件等实际情况，藏中电力联网工程中变压器励磁涌流抑制措施采用了 3 种不同形式：

（1）选相合闸＋选相分闸（许木、朗县、林芝 500kV 变电站）。

（2）选相合闸＋合闸电阻（芒康、波密 500kV 变电站）。

（3）选相合闸＋选相分闸＋合闸电阻（巴塘、澜沧江 500kV 变电站）。

此次试验的主要内容包括：

（1）巴塘 500kV 变电站 3、4 号主变压器 3 次冲击合闸试验。

（2）芒康 500kV 变电站 1、2 号主变压器 3 次冲击合闸试验。

（3）澜沧江 500kV 变电站 3、4 号主变压器 3 次冲击合闸试验。

（4）波密 500kV 变电站 1、2 号主变压器 3 次冲击合闸试验。

（5）许木 500kV 变电站 1、2 号主变压器 3 次冲击合闸试验。

（6）朗县 500kV 变电站 1、2 号主变压器 3 次冲击合闸试验。

（7）林芝 500kV 变电站 1、2 号主变压器 3 次冲击合闸试验。

试验测试的内容如下：

（1）测录主变压器每一次空载合闸时的励磁涌流及涌流引发的谐波过电压，完成变压器退出时剩磁评估。

（2）测录主变压器空载投入时合闸电阻接入时间。

（3）测录主变压器三次冲击合闸选相合闸效果，并完成合闸时间、合闸角、分闸时间、分闸角的定值优化。

（二）试验完成情况

试验期间开展了巴塘、芒康、澜沧江、波密、林芝、朗县、许木 500kV 变电站等 500kV 主变压器高压侧开关 3 次投切试验。由于 500kV 变电站变压器高压侧通过中开关或边开关均可完成主变压器空载合闸，故每一台变压器共计开展 6 次试验。

下面以巴塘 500kV 变电站为例简要说明藏中电力联网工程现场励磁涌流防控措施调整试验。巴塘 500kV 变电站启动试验前的系统状态如图 5.3-3 所示。

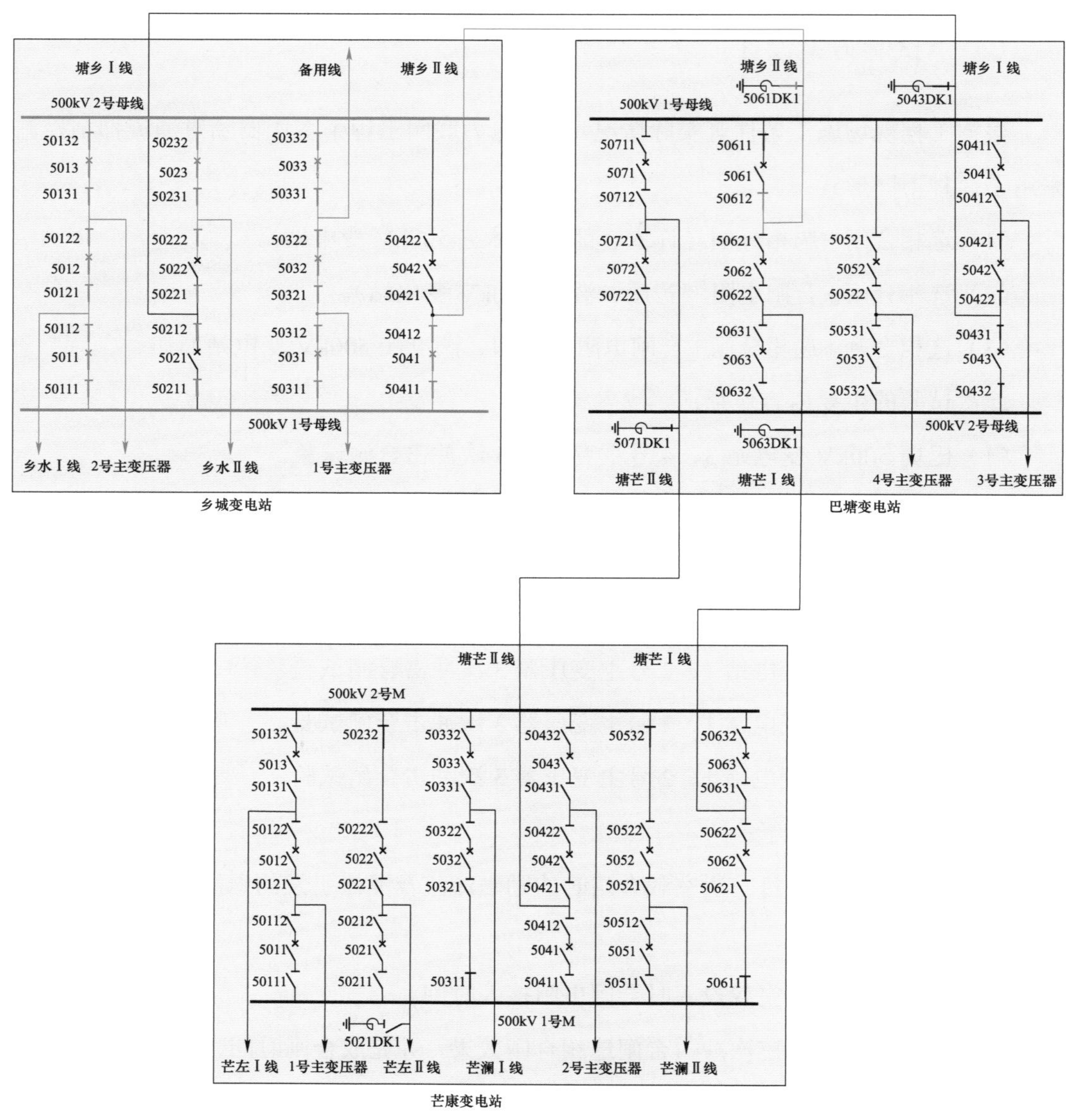

图 5.3-3　巴塘 500kV 变电站启动试验前的系统状态

巴塘 500kV 变电站 5053 断路器对 4 号主变压器冲击合闸试验的试验内容：验证巴塘 500kV 变电站 4 号主变压器高压侧 5053 断路器合闸电阻接入时间的正确性；验证巴塘 500kV 变电站 4 号主变压器高压侧 5053 断路器选相合闸装置的控制性能；完成巴塘

500kV 变电站 4 号主变压器高压侧 5053 断路器选相合闸装置定值优化。

巴塘 500kV 变电站 5053 断路器对 3 号主变压器冲击合闸励磁涌流防控措施调整试验主要操作：巴塘 500kV 变电站合、分 4 号主变压器高压侧 5053 断路器对主变压器冲击合闸 3 次。

（1）励磁涌流及谐波过电压。巴塘 500kV 变电站 5053 断路器投切 4 号主变压器时的励磁涌流及其引发的谐波过电压情况见表 5.3–2。

表 5.3–2　　巴塘 500kV 变电站 5053 断路器投切 4 号主变压器时的励磁涌流及其引发的谐波过电压测量结果

投切次数	测试项目	测试内容	A 相	B 相	C 相
第一次投入	励磁涌流	最大峰值电流（A）	232	187	–177
		衰减至半峰值时间（s）	4.58	0.02	3.64
	谐波过电压	最大峰值电压（kV）	–523.7	–456.2	467.5
		稳态电压值（kV）	303.1	305.6	303.4
		最大波形畸变率（%）	2.1	2.5	0.6
第一次退出	剩磁	剩磁评估结果（%）	–28.4	–7.2	27.3
第二次投入	励磁涌流	最大峰值电流（A）	121	76	–62
		衰减至半峰值时间（s）	4.42	0.02	3.50
	谐波过电压	最大峰值电压（kV）	–514.0	568.0	485.4
		稳态电压值（kV）	304.6	306.4	304.6
		最大波形畸变率（%）	1.3	3.7	2.6
第二次退出	剩磁	剩磁评估结果（%）	–27.1	–9.6	–10.9
第三次投入	励磁涌流	最大峰值电流（A）	149	–62	–55
		衰减至半峰值时间（s）	4.48	4.14	3.50
	谐波过电压	最大峰值电压（kV）	523.2	569.6	–476.6
		稳态电压值（kV）	303.6	306.1	304.3
		最大波形畸变率（%）	2.6	4.3	1.9
第三次退出	剩磁	剩磁评估结果（%）	—	—	—

（2）合闸电阻接入时间。巴塘 500kV 变电站 4 号主变压器 5053 断路器合闸时，其合闸电阻接入时间见表 5.3–3。

表 5.3-3　巴塘 500kV 变电站 4 号主变压器 5053 断路器合闸时，其合闸电阻接入时间测量结果　ms

投入次数	A 相	B 相	C 相
第一次	10.5	9.8	10.7
第二次	10.4	9.5	10.3
第三次	10.4	9.5	10.2

（3）选相合闸装置性能及整定值优化。巴塘 500kV 变电站 4 号主变压器高压侧 5053 断路器选相装置的选相合闸、选相分闸功能投入，同时投入控制电压补偿、液压补偿等功能；其三次冲击合闸选相合闸效果及定值优化情况见表 5.3-4。

表 5.3-4　巴塘 500kV 变电站 4 号主变压器 5053 断路器选相合闸装置选相合闸效果及定值优化结果

投切次数	测试项目	测试内容	A 相	B 相	C 相
第一次投入	选相合闸	合闸角整定（°）	72	1620	1620
		合闸时间整定（ms）	62.35	61.18	61.04
		实测合闸角（°）	0	1572	1572
第一次分闸	选相分闸	分闸角整定（°）	90	0	0
		分闸时间整定（ms）	14.65	14.70	14.66
		实测分闸角（°）	122	122	122
第二次投入	选相合闸	合闸角整定（°）	72	1620	1620
		合闸时间整定（ms）	58.45	59.00	59.00
		实测合闸角（°）	45	1595	1595
第二次分闸	选相分闸	分闸角整定（°）	90	0	0
		分闸时间整定（ms）	14.65	14.70	14.66
		实测分闸角（°）	110	110	110
第三次投入	选相合闸	合闸角整定（°）	72	1620	1620
		合闸时间整定（ms）	57.20	58.30	58.30
		实测合闸角（°）	62	1599	1599
第三次分闸	选相分闸	分闸角整定（°）	90	0	0
		分闸时间整定（ms）	14.65	14.70	14.66
		实测分闸角（°）	—	—	—

其定值优化前后的励磁涌流波形对比见图 5.3-4、图 5.3-5。

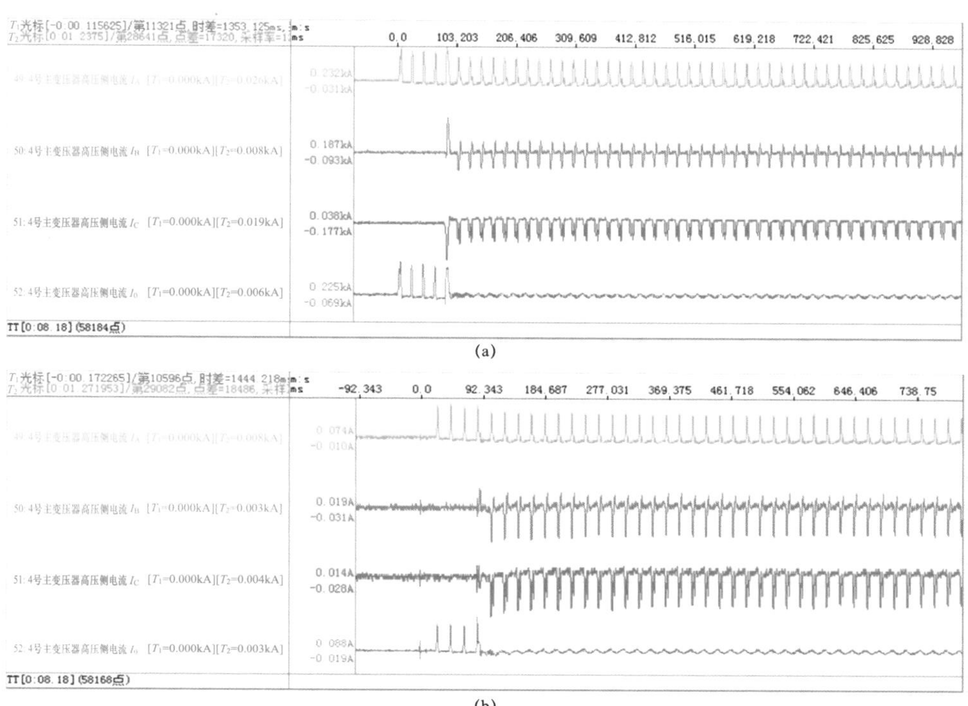

图 5.3-4　巴塘 500kV 变电站 4 号主变压器高压侧 5053 断路器选相装置定值优化前后的励磁涌流波形
（a）优化前；（b）优化后

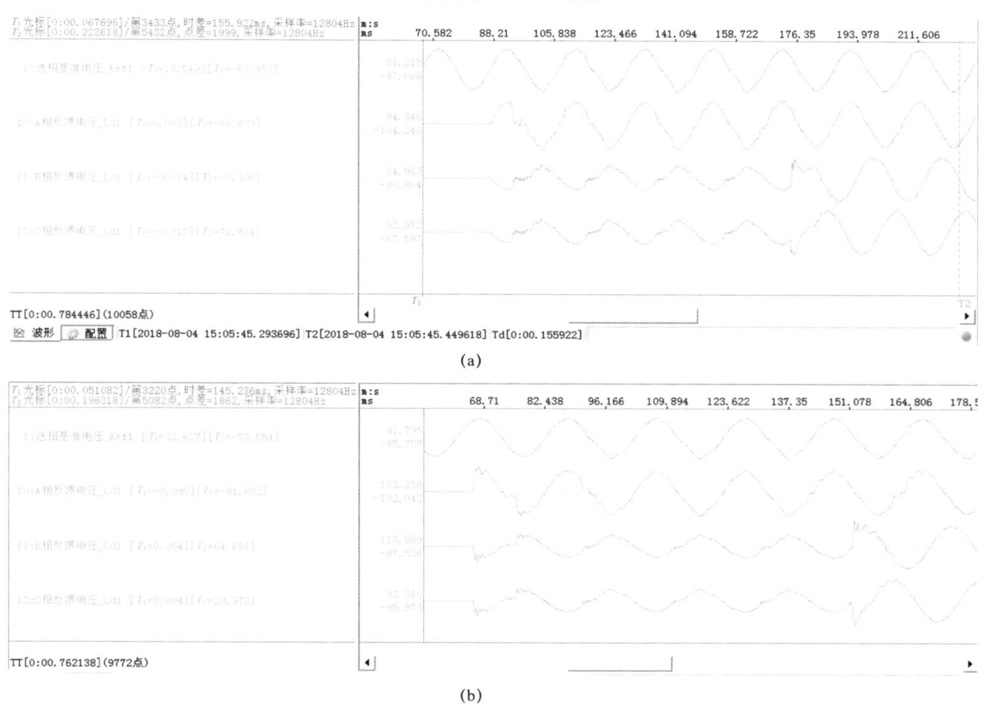

图 5.3-5　巴塘 500kV 变电站 4 号主变压器高压侧 5053 断路器选相装置定值优化前后主变压器合闸电压
（a）优化前；（b）优化后

（4）选相合闸装置主要定值设定见表 5.3－5。

表 5.3－5　　选相合闸装置主要定值设定（一）

测试内容	A 相	B 相	C 相
合闸角整定（°）	72	1620	1620
合闸时间整定（ms）	57.20	58.30	58.30
分闸角整定（°）	90	0	0
分闸时间整定（ms）	14.65	14.70	14.66

（三）试验结果分析

芒康、澜沧江、波密、林芝、朗县、许木 500kV 变电站选相合闸装置进行参数优化整定后的结果如表 5.3－6 所示。

表 5.3－6　　选相合闸装置主要定值设定（二）

	项目	A 相	B 相	C 相
芒康 500kV 变电站	合闸角整定（°）	72	1620	1620
	合闸时间整定（ms）	62.0	62.8	62.1
波密 500kV 变电站	合闸角整定（°）	72	1620	1620
	合闸时间整定（ms）	54.0	53.60	52.40
许木 500kV 变电站	合闸角整定（°）	660	210	660
	合闸时间整定（ms）	61.3	59.06	61.92
	分闸角整定（°）	210	210	210
	分闸时间整定（ms）	16.53	16.53	17.43
朗县 500kV 变电站	合闸角整定（°）	90	540	540
	合闸时间整定（ms）	64.2	63.8	64.6
	分闸角整定（°）	90	90	90
	分闸时间整定（ms）	15.4	15.0	15.3
林芝 500kV 变电站	合闸角整定（°）	90	540	540
	合闸时间整定（ms）	68.94	68.94	68.5
	分闸角整定（°）	90	90	90
	分闸时间整定（ms）	15.93	15.83	17.22
澜沧江 500kV 变电站	合闸角整定（°）	72	72	282
	合闸时间整定（ms）	54.55	54.35	54.85
	分闸角整定（°）	252	252	72
	分闸时间整定（ms）	17.75	17.75	18.05

巴塘、芒康、波密、澜沧江500kV变电站配有选相合闸+合闸电阻的励磁涌流抑制措施。通过选相合闸装置进行参数优化整定后，巴塘、芒康、波密500kV变电站空载合闸主变压器谐波过电压风险较小。实测最大过电压未超过标准要求。巴塘、芒康500kV变电站实测三相合闸电阻接入时间均在10ms左右，波密500kV变电站实测三相合闸电阻接入时间均在9ms左右，满足要求。

澜沧江500kV变电站由于采取选相合闸及合闸电阻等措施后，实测励磁涌流在100A以内，且励磁涌流的值同时受到合闸时刻、开关动作离散性等不确定性因素的影响，参数优化后涌流峰值变化幅度不大。

许木、朗县、林芝500kV变电站未装设合闸电阻。对选相合闸装置进行参数优化后，许木500kV变电站实测最大励磁涌流最大值715A，最大过电压为1.01（标幺值），满足标准要求。朗县500kV变电站实测最大励磁涌流出现在C相，最大值535A（第三次）。林芝500kV变电站实测最大励磁涌流峰值311A。

第四节　电网谐波传输特性试验

藏中电力联网工程投运以后，四川电网与昌都电网、藏中电网互联，存在藏中电力联网通道中断，昌都电网并入四川电网、昌都电网并入藏中电网情况。在联网状态或局部解网状态下，各站主变压器及其间隔相关设备存在检修、消缺停运需求，其主变压器投运时的励磁涌流激发谐波过电压可能对昌都电网、藏中电网造成危害，因此有必要对不同联网运行方式下空载合闸主变压器励磁涌流造成的过电压风险进行测试，以获得不同方式下电网谐波传输特性。

一、试验方案设计

昌都电网和四川电网、藏中电网联网运行图如图5.4-1所示。

鉴于联网运行方式可能存在昌都电网和四川电网联网运行，藏中电网和昌都电网联网运行，藏中电网、昌都电网和四川电网联网运行几种可能，试验需考虑不同联网运行方式下的主变压器投切情况，具体方案设计如下。

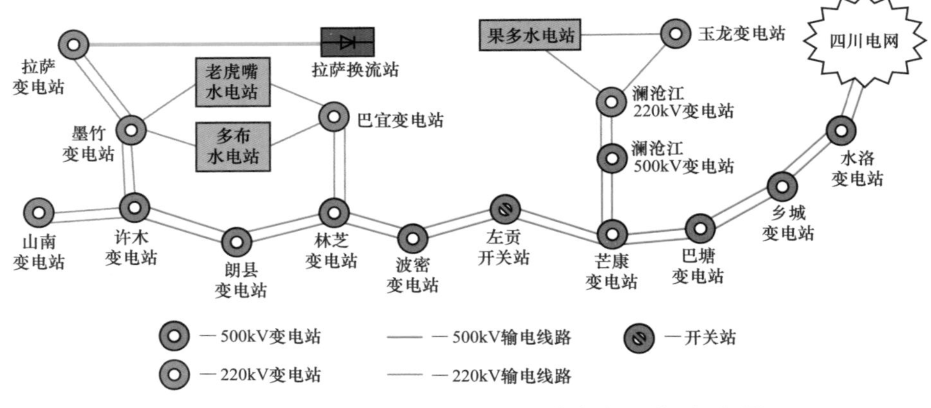

图 5.4–1　昌都电网和四川电网、藏中电网联网运行图

（1）联网方式 1：昌都和四川联网方式下主变压器投切过电压测试：

1）芒康 500kV 变电站主变压器投切，系统的过电压测试；

2）澜沧江 500kV 变电站主变压器投切，系统的过电压测试。

试验开始，四川电网、昌都电网联网运行，芒康—左贡断开。

（2）联网方式 2：藏中和昌都联网方式下主变压器投切过电压测试：

1）芒康 500kV 变电站主变压器投切，系统的过电压测试；

2）澜沧江 500kV 变电站主变压器投切，系统的过电压测试。

试验开始，昌都电网、藏中电网联网运行，芒康—巴塘断开。

（3）联网方式 3：藏中、四川和昌都联网方式下主变压器投切过电压测试：

1）芒康 500kV 变电站主变压器投切，系统的过电压测试；

2）澜沧江 500kV 变电站主变压器投切，系统的过电压测试；

3）波密 500kV 变电站主变压器投切，系统的过电压测试；

4）林芝 500kV 变电站主变压器投切，系统的过电压测试；

5）朗县 500kV 变电站主变压器投切，系统的过电压测试；

6）许木 500kV 变电站主变压器投切，系统的过电压测试。

试验开始，四川电网、昌都电网、藏中电网联网运行。

二、试验结果分析

限于篇幅，本条仅选取不同联网方式下芒康 500kV 变电站主变压器投切时，系统的过电压测试结果分析。

（一）联网方式 1

芒康 500kV 变电站 5043 断路器投切 2 号主变压器时的励磁涌流及其引发的谐波过电压测量结果见表 5.4-1。

表 5.4-1 联网方式 1：芒康 500kV 变电站 5043 断路器投切 2 号主变压器时的励磁涌流及其引发的谐波过电压测量结果

测试项目	地点	测试内容	A 相	B 相	C 相
励磁涌流	芒康 500kV 变电站	最大峰值电流（A）	52	48	21
		衰减至半峰值时间（s）	0.1	1.9	3.0
谐波过电压及波形畸变	芒康 500kV 变电站	最大峰值电压（kV）	437.0	435.9	436.9
		操作前稳态电压（kV）	306.4	307.4	306.9
		操作后稳态电压值（kV）	306.5	307.5	306.8
		操作前波形畸变率（%）	0.8	0.7	0.6
		最大波形畸变率（%）	2.3	2.4	2.1
	澜沧江 500kV 变电站	最大峰值电压（kV）	431.3	432.2	429.5
		操作前稳态电压（kV）	302.5	303.6	302.0
		操作后稳态电压值（kV）	302.4	303.4	302.0
		操作前波形畸变率（%）	0.9	0.7	0.7
		最大波形畸变率（%）	3.0	2.8	2.5
	玉龙 220kV 变电站	最大峰值电压（kV）	95.9	96.6	95.8
		操作前稳态电压（kV）	66.7	67.0	66.7
		操作后稳态电压值（kV）	66.7	67.0	66.7
		操作前波形畸变率（%）	0.1	0.1	0.1
		最大波形畸变率（%）	0.4	0.5	0.3

联网方式 1：芒康 500kV 变电站励磁涌流波形图如图 5.4-2 所示，玉龙 220kV 变电站电压波形如图 5.4-3 所示。

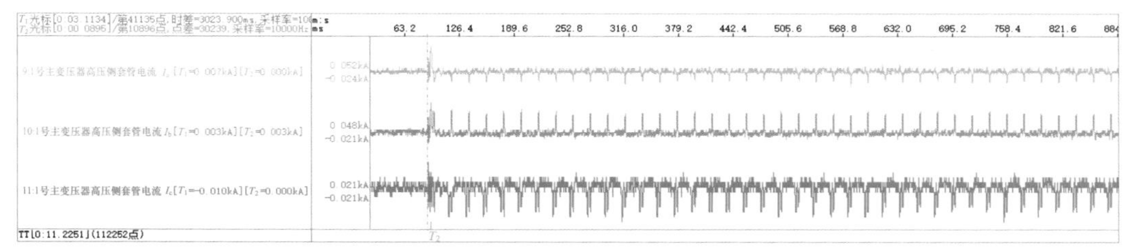

图 5.4-2　联网方式 1：芒康 500kV 变电站励磁涌流波形图

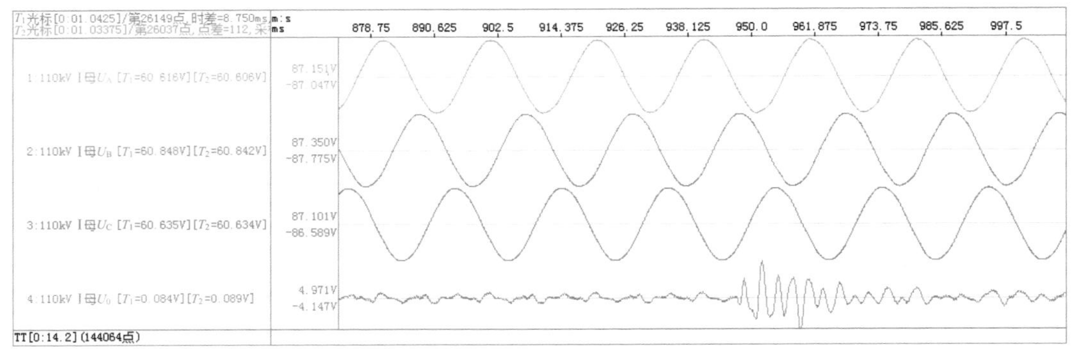

图 5.4-3　联网方式 1：玉龙 220kV 变电站电压波形图

试验结果表明：

（1）芒康 500kV 变电站 500kV 侧空载合闸主变压器，最大励磁涌流 52A，半峰值衰减时间 0.1s；最高波形畸变率 3.0%，最高相电压峰值分别是 437.0kV。

（2）澜沧江 500kV 变电站 500kV 侧空载合闸主变压器，最大励磁涌流 121A，半峰值衰减时间 0.002s；最高波形畸变率 9.4%，最高相电压峰值 435.7kV。

（3）经过选相合闸优化及加装合闸电阻后，最大励磁涌流比较小，试验过程未发生谐波过电压。

（二）联网方式 2

芒康 500kV 变电站 5043 断路器投切 2 号主变压器时的励磁涌流及其引发的谐波过电压测量结果见表 5.4-2。

表 5.4-2 联网方式 2：芒康 500kV 变电站 5043 断路器投切 2 号主变压器时的励磁涌流及其引发的谐波过电压测量结果

测试项目	地点	测试内容	A 相	B 相	C 相
励磁涌流	芒康 500kV 变电站	最大峰值电流（A）	293	535	193
		衰减至半峰值时间（s）	0.7	1.3	4.1
谐波过电压及波形畸变	芒康 500kV 变电站	最大峰值电压（kV）	445.3	451.7	450.1
		操作前稳态电压（kV）	307.9	309.1	306.7
		操作后稳态电压值（kV）	307.9	308.8	307.1
		操作前波形畸变率（%）	0.6	0.6	0.7
		最大波形畸变率（%）	10.0	15.8	8.8

续表

测试项目	地点	测试内容	A相	B相	C相
谐波过电压及波形畸变	波密500kV变电站	最大峰值电压（kV）	444.8	435.6	455.9
		操作前稳态电压（kV）	306.7	307.8	306.5
		操作后稳态电压值（kV）	306.2	301.3	308.9
		操作前波形畸变率（%）	0.1	0.1	0.1
		最大波形畸变率（%）	2.8	5.8	3.8
	玉龙220kV变电站	最大峰值电压（kV）	95.3	97.2	96.2
		操作前稳态电压（kV）	67.1	67.3	67.1
		操作后稳态电压值（kV）	67.2	67.5	67.0
		操作前波形畸变率（%）	0.1	0.1	0.1
		最大波形畸变率（%）	1.5	3.7	2.2
	林芝500kV变电站	最大峰值电压（kV）	436.9	437.8	456.4
		操作前稳态电压（kV）	306.0	307.3	305.8
		操作后稳态电压值（kV）	306.1	306.4	307.1
		操作前波形畸变率（%）	0.2	0.2	0.2
		最大波形畸变率（%）	6.7	11.4	8.7
	朗县500kV变电站	最大峰值电压（kV）	441.3	439.9	462.1
		操作前稳态电压（kV）	308.3	307.4	309.3
		操作后稳态电压值（kV）	308.0	305.4	311.8
		操作前波形畸变率（%）	0.1	0.1	0.1
		最大波形畸变率（%）	2.5	5.9	3.6
	许木500kV变电站	最大峰值电压（kV）	432.7	432.3	452.3
		操作前稳态电压（kV）	302.9	302.1	303.4
		操作后稳态电压值（kV）	302.8	300.3	305.8
		操作前波形畸变率（%）	0.0	0.0	0.0
		最大波形畸变率（%）	2.3	5.4	3.3
	藏木电厂	最大峰值电压（kV）	194.7	193.9	197.9
		操作前稳态电压（kV）	136.9	136.5	136.5
		操作后稳态电压值（kV）	136.7	136.2	136.9
		操作前波形畸变率（%）	0.0	0.0	0.0
		最大波形畸变率（%）	1.2	2.7	1.6
	换流站	最大峰值电压（kV）	188.4	188.4	191.2
		操作前稳态电压（kV）	132.8	132.8	132.3
		操作后稳态电压值（kV）	132.4	132.7	132.8
		操作前波形畸变率（%）	0.0	0.0	0.0
		最大波形畸变率（%）	1.2	2.9	1.8

在芒康、澜沧江、波密、林芝、朗县、许木 500kV 变电站和玉龙 220kV 变电站，藏木电厂、换流站，测录励磁涌流、谐波过电压和波形畸变率。试验结果表明：

（1）芒康 500kV 变电站 500kV 侧空载合闸主变压器，最大励磁涌流 535A，半峰值衰减时间 1.3s；最高电压畸变率 15.8%，最高相电压峰值 456.4kV。

（2）澜沧江 500kV 变电站 500kV 侧空载合闸主变压器，最大励磁涌流 162A，半峰值衰减时间 0.003s；最高电压畸变率 10.9%，最高相电压峰值 439.9kV。

（3）由于藏中电网负荷大（50 万 kW 以上），励磁涌流抑制效果良好，涌流源头离昌都电网距离远，试验过程未发生谐波过电压。

（三）联网方式 3

芒康 500kV 变电站 5011 断路器投切 2 号主变压器时的励磁涌流及其引发的谐波过电压波形特征波形如图 5.4－4 所示，换流站电压波形如图 5.4－5 所示。

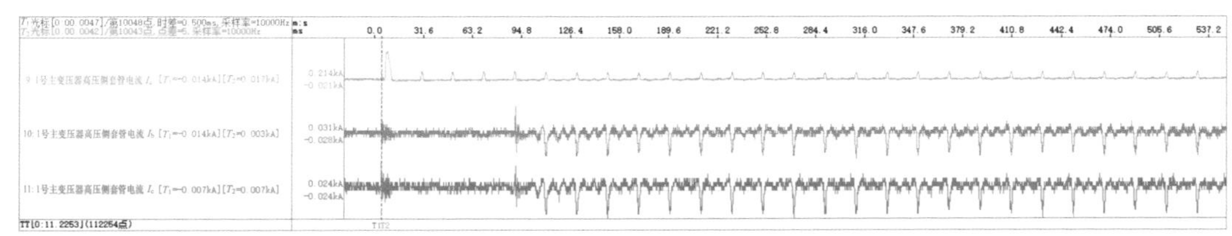

图 5.4－4　联网方式 3：芒康 500kV 变电站励磁涌流波形图

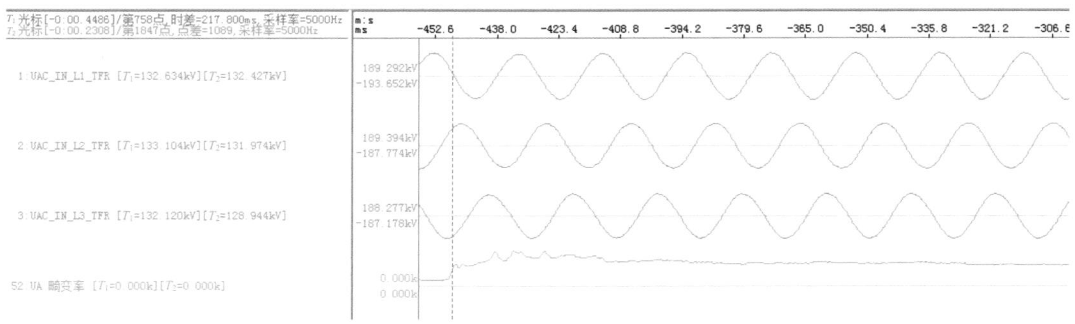

图 5.4－5　联网方式 3：换流站电压波形图

在巴塘、芒康、澜沧江、波密、林芝、朗县、许木 500kV 变电站和玉龙 220kV 变电站、拉萨换流站，测录励磁涌流、谐波过电压和波形畸变率。试验结果表明：

（1）芒康 500kV 变电站 500kV 侧空载合闸主变压器，最大励磁涌流 214A，半峰值衰减时间 0.006s；最高电压畸变率分别是 4.6%，最高相电压峰值 442.3kV。

（2）澜沧江 500kV 变电站 500kV 侧空载合闸主变压器，最大励磁涌流 210A，半峰值衰减时间 0.004s；最高电压畸变率分别是 14%，最高相电压峰值 445.3kV。

（3）许木 500kV 变电站 220kV 侧空载合闸主变压器，最大励磁涌流 2716A，半峰值衰减时间 0.5s；最高电压畸变率 7.6%，最高相电压峰值 461.9kV。

（4）由于藏中电网负荷大（50 万 kW 以上），励磁涌流源头离昌都电网距离远，试验过程未发生谐波过电压。

第五节 系统解/并列试验

一、试验方案设计

（一）解/并列点选取

（1）实际运行中，藏中电网解/并网点可能在 500kV 林芝—波密双回断面，有必要验证在 500kV 层面解/并网性能。

（2）实际运行中，西藏电网解/并网点可能在 500kV 巴塘—芒康双回断面，有必要验证芒康—巴塘断面解/并网性能，验证西藏孤立电网频率、电压特性。

（3）四川电网乡城—水洛断面可能发生 $N-2$ 故障，从而导致西藏电网孤网运行，有必要验证西藏、昌都、巴塘及乡城部分电网联网运行的安全性，为实际电网运行提供参考。

（4）实际运行中昌都电网解/并网点可能在 220kV 母线，有必要验证在 220kV 层面解/并网性能。

（5）实际运行中昌都电网解/并网点可能在 500kV 澜沧江—芒康双回断面，有必要验证在 500kV 层面解/并网性能。

（6）藏中电力联网后存在 500kV—220kV 电磁环网，验证 220kV 巴宜—林芝通道突然中断后藏中 220kV 电网转供能力及动态特性。

下面选取两个联网、解网试验进行说明。

（二）昌都电网 500kV 解/并网试验

昌都电网 500kV 解/并网试验考核解网、联网后昌都电网的频率、电压稳定性及金河机组控制特性。

1. 系统试验内容

（1）澜沧江 500kV 变电站：

1）测量昌都电网与四川主网并网前两个系统运行参数满足同期并网要求；

2）测录昌都电网与四川主网解/并网前后系统主要电气节点电压、电流、功率、频率变化。

（2）金河（果多）电站：测录昌都电网与四川主网解/并网前后典型机组频率、励磁及其输出电压、电流、功率变化，联网线潮流变化。

（3）芒康 500kV 变电站：测录昌都电网与四川主网解并网前后系统主要电气节点电压、电流、功率、频率变化。

2. 系统试验关联操作

解/并列点：澜沧江 500kV 变电站芒澜Ⅰ线 5012 断路器、5013 断路器，芒澜Ⅱ线 5021 断路器、5022 断路器，如图 5.5-1 所示。

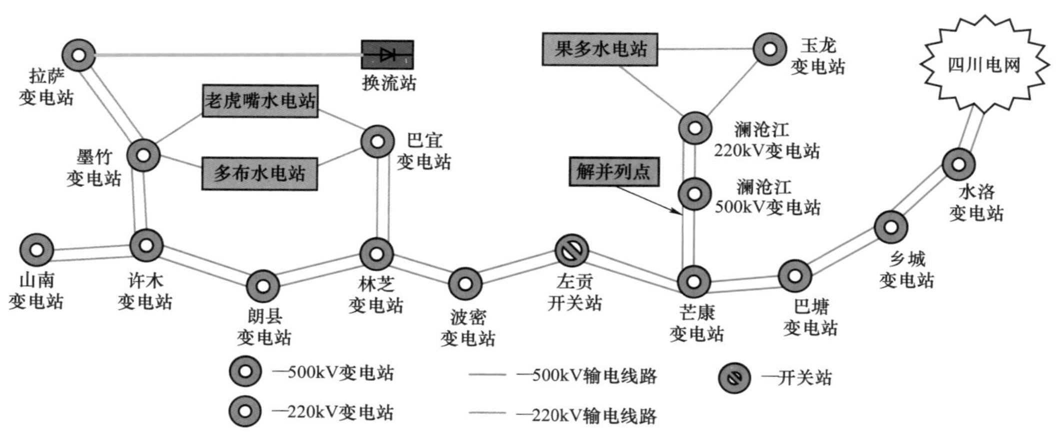

图 5.5-1　昌都电网 220kV 解、并列点位置

解网试验系统试验关联操作：澜沧江 500kV 变电站拉开 500kV 芒澜Ⅰ线 5012 断路器、5013 断路器，芒澜Ⅱ线 5021 断路器、5022 断路器，昌都电网从四川主网解列。

联网试验系统试验关联操作：澜沧江 500kV 变电站检同期合上 500kV 芒澜Ⅰ线 5012 断路器、5013 断路器，或芒澜Ⅱ线 5021 断路器、5022 断路器，昌都电网并入四川主网运行。

3. 存在的风险

（1）解网试验时解列断面上超过 10MW 以上的功率交换即可能引发昌都电网功率、电压、频率大幅振荡，甚至昌都电网垮网。

（2）并列操作时，若压差、频差过大可导致电网功率波动；过小的频差则难以调节。

4. 控制措施

（1）解列试验时，昌都电网内果多、金河电厂尽量多开机。

（2）控制解列断面交换功率不超过 10MW，无功不超过 10Mvar。

（3）合理整定同期并列点开关测控装置定值。宜先进行一次假同期并网操作，确认同期并网操作正确后，方可实际操作；同期并列时应严格控制并网频差小于 0.2Hz，压差小于 10%U_N。

（三）联网后藏中电网 500kV—220kV 电磁环网解/合环试验

（1）试验目的。

1）验证联网后藏中电网 500kV—220kV 电磁环网 220kV 侧巴宜—林芝通道突然中断后藏中 220kV 电网转供能力及动态特性；

2）验证联网后藏中电网 500kV—220kV 电磁环网 500kV 侧许木—朗县—林芝通道突然中断后藏中 220kV 电网转供能力及动态特性。

（2）试验内容。完成联网后藏中电网 500kV—220kV 电磁环网 220kV 侧和 500kV 侧解/合环试验。

（3）试验测试内容。在林芝、许木 500kV 变电站测录主要线路的潮流波动情况，母线电压、频率波动情况；在藏木电厂测录典型发电机组电流、电压、有功、无功、频率、励磁波动情况。

二、试验结果分析

（一）昌都电网 500kV 解/并网试验结果

2018 年 10 月 18 日完成昌都电网 500kV 联网解网试验。试验在昌都负荷不高于 135MW 条件下进行，若昌都负荷不高于 115MW，金河开 4 机、果多至少开 3 机；若昌都负荷高于 115MW，要求金河、果多机组全开。试验期间金河、果多总旋转备用不低于 20MW；昌都电网内光伏出力不大于 5MW。解列试验前，昌都电网宜保持外送，控制澜沧江断面交换有功不超过 3MW，交换无功不超过 10Mvar。解列前退出澜沧江 500kV 变电站所有 35kV 低压电抗器；芒康 500kV 变电站至少 1 台 SVC 运行。

1. 解网试验

11 时 23 分 44 秒，澜沧江 500kV 变电站拉开芒澜Ⅱ线 5021 断路器，完成昌都电网 500kV 解网试验。解网前昌都电网外送有功功率 2.157MW，解网后昌都电网频率略微上升后快速回落至正常水平，如图 5.5−2 所示。试验未引发昌都电网功率、电压、频率大幅振荡，也未引发安全自动控制动作。

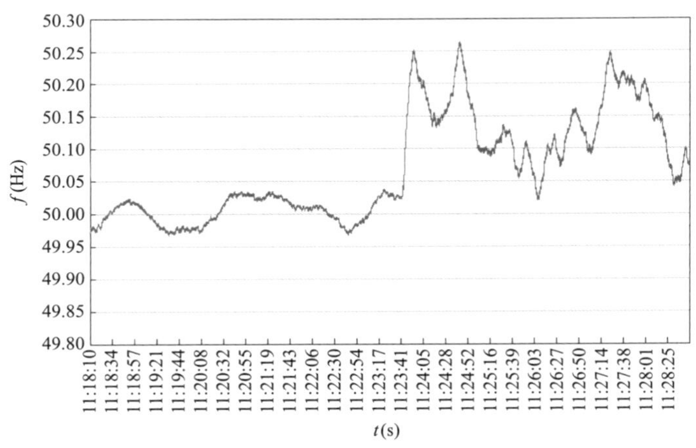

图 5.5−2　昌都电网 500kV 解列前后频率变化曲线

昌都电网第一次解列各主要输电线路参数情况如表 5.5−1 所示。

表 5.5-1　　　　昌都电网第一次解列各主要输电线路参数情况

变电站	线路	解网前				解网后			
		电压（kV）	电流（kA）	有功功率（MW）	无功功率（Mvar）	电压（kV）	电流（kA）	有功功率（MW）	无功功率（Mvar）
澜沧江	芒澜Ⅰ线	0.068	0	−0.539	−0.539	0.068	0	−0.539	−0.539
	澜玉Ⅰ、Ⅱ线	230.73	56.815	−1.779	−23.67	231.57	55.717	−1.601	−23.314
	金澜Ⅰ、Ⅱ线	115.53/115.48	102.746/101.281	−20.762/−20.643	2.254/2.254	116/116	76.17/75.228	−15.363/−15.185	2.906/2.906
	澜昌Ⅰ、Ⅱ线	115.51	93.539	18.448	3.499	115.99	78.053	15.423	2.254

2. 联网试验

芒澜Ⅰ线合闸，实现第一次联网，金澜线（金河—澜沧江）的有功功率和无功功率未有明显的大幅波动。

综上，解/并列实验结论如下：

（1）严格控制解列段上超过 5MW 以上的功率交换，因此未引发昌都电网功率、电压、频率大幅振荡，并且也未引发安全自动控制装置动作。

（2）解/并列期间，昌都电网不存在过电压及高频风险，未发生光伏脱网现象。

（3）并列操作时，若压差、频差、角差过大可导致电网功率波动；过小的频差难以调节。通过合理的控制并列时的角差、压差和频率，并列时高效顺利，且并未引发电网发生大幅功率波动。

（二）昌都电网 220kV 解/并网试验结果

2018 年 10 月 18 日 17 点 51 分 13 秒，澜沧江 500kV 变电站拉开 3 号主变压器 233 断路器，完成昌都电网 220kV 解网试验。解网前昌都电网内送有功功率 2.715MW，解网后昌都电网频率略微降低后快速回升至正常水平，如图 5.5-3 所示。试验未引发昌都电网功率、电压、频率大幅振荡，也未引发安控动作。

（三）藏中电网 500kV 解/并网试验（左贡—波密断面）结果

2018 年 10 月 25 日 17 时 06 分 45 秒，在波密 500kV 变电站左波Ⅱ线 5051 断路器完成左贡—波密断面解网试验。试验前，左贡—波密断面上送入波密 500kV 变电站有功功率约为 5MW，无功功率约为 46Mvar，暂态过程中频率最大波动 0.21Hz，波密 500kV 变电站电压暂态最大跌落幅度约为 10kV，随后迅速恢复正常。

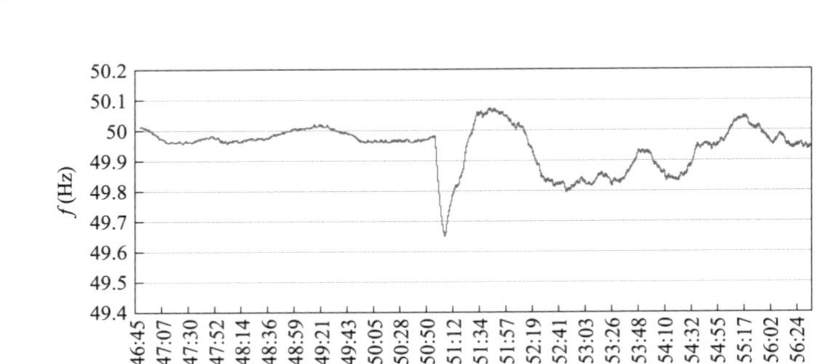

图 5.5-3　昌都电网 220kV 解列前后频率变化曲线

2018 年 10 月 25 日 17 时 18 分 04 秒，在波密 500kV 变电站左波Ⅱ线 5051 断路器完成左贡—波密断面联网试验。并列后波林断面上送入波密 500kV 变电站稳态有功功率 0.4MW，振荡功率峰峰值 290MW，主振频率 0.63Hz。

试验结果表明：

（1）波林线的功率振荡频率和藏中电力联网后小干扰分析出的 0.68Hz 基本一致，因此并列后波林线的功率振荡应该属于藏中电网和外网之间的低频振荡。由于阻尼较强，四个振荡周期后趋于平稳。

（2）并列后通过对川藏境内各个机组监测发现，部分机组出现了明显的功率振荡。这种振荡属于励磁系统（包括 PSS）和调速系统参数整定不合理出现的一种小扰动下的功率振荡，后续建议排查西藏境内机组涉网控制参数，提高机组的抗扰动能力。

（四）四川电网 500kV 解/并网试验（乡城—水洛断面）结果

2018 年 10 月 26 日 14 时 43 分 28 秒，在乡城变电站 500kV 乡水Ⅰ线 5011 断路器完成乡城—水洛断面解网试验。试验前，乡城—水洛断面上乡城变电站送出有功功率约为 4MW，无功功率约为 40Mvar，暂态过程中频率几乎无变化，乡城变电站电压暂态最大跌落幅度约为 7kV，随后迅速恢复正常。

2018 年 10 月 26 日 17 时 09 分 17 秒，在乡城变电站 500kV 乡水Ⅰ线 5011 断路器完成乡水断面解网试验。并列前，波林Ⅰ线送出功率约 6 万 kW，并列试验中，乡水Ⅰ线有功功率波动峰峰值为 21.5 万 kW，波林Ⅰ线有功功率波动峰峰值为 12 万 kW，3 个波动周期后振荡基本平息。

试验结果表明：

（1）乡城—水洛断面解开后，藏中电网、昌都电网、巴塘、乡城电网并列运行，该电网产生轻微持续的低频振荡现象，振荡频率约为 0.65Hz，并列后，该振荡消失。这是由于西藏电网境内机组涉网参数整定不合理，在调试结束后，需要进一步优化机组调速（包括 PSS）和调试器参数，增强藏中电网的抗扰动能力。

（2）通过合理的控制断面有功无无功限值，藏区机组开机总容量、旋转备用总容量、SVC 及无功补偿设备等多种运行控制措施，可有效降低断面解列后的电网稳定性风险，增强电网的安全运行范围。

（五）西藏电网 500kV 解/并网试验（巴塘—芒康断面）结果

2018 年 10 月 27 日 18 时 27 分 42 秒，在芒康 500kV 变电站 500kV 塘芒Ⅰ线 5063 断路器完成巴塘—芒康断面解网试验。试验前，巴塘—芒康断面上乡城 500kV 变电站送出有功功率约为 4MW，无功功率约为 72Mvar，暂态过程中频率几乎无变化，芒康 500kV 变电站电压暂态最大跌落幅度约为 24kV，随后迅速恢复正常。

2018 年 10 月 27 日 23 时 43 分 15 秒，在芒康 500kV 变电站 500kV 塘芒Ⅰ线 5063 断路器完成巴塘—芒康断面解网试验。并列前，波林Ⅰ线送出功率约 6 万 kW，并列试验中，塘芒Ⅰ线有功功率波动峰峰值为 340MW，无功功率波动峰峰值约为 48Mvar。

试验结果表明：

（1）芒康—巴塘线路高压电抗器过补偿，通道中断后，藏中电网和昌都电网并列运行，通过合理的方式安排，系统电压略有升高，但是不会触发电网安全限值。

（2）西藏交流外送方式下，塘芒断面解列后，合理控制解列断面有功无功数值、藏中电网开机容量、全网旋转备用容量，可有效避免藏中电网、昌都电网出现高频越限风险，不会触发高频切机动作。

（3）西藏交流受电方式下，塘芒断面解列后，合理控制解列断面有功无功数值、藏中电网开机容量、全网旋转备用容量，可有效避免藏中电网、昌都电网发生低频越限风险，不会触发低频减载动作。

（六）孤网下藏中电网 500kV—220kV 电磁环网解/合环试验结果

试验结果表明：

（1）孤网情况下，藏中电网 220kV 合环试验成功，合环时冲击电流约为 160A，和仿真计算分析数值（174A）误差约为 8.75%。

（2）孤网情况下，藏中电网 220kV 合环后，缓解了藏中电网 220kV 输电走廊传输功率的压力，对于老虎嘴区域的水电送出改善作用明显，极大地提高了电网运行的可靠性和安全性。

（3）孤网情况下，藏中电网 220kV 合环后，藏中地区水电机组未发生功率振荡现象，近区光伏运行未受到明显影响，SVC 工作正常。

（七）联网后藏中电网 500kV—220kV 电磁环网解/合环试验结果

试验结果表明：

（1）联网方式下，藏中电网 500kV—220kV 解/合环试验成功，220kV 合环时冲击电流约为 132A，和仿真计算分析数值（140A）误差约为 6.06%。

（2）联网方式下，藏中电网 220kV 合环后，缓解了藏中电网 220kV 输电走廊传输功率的压力，对于老虎嘴区域的水电送出改善作用明显，极大地提高了电网运行的可靠性和安全性。

（3）联网情况下，藏中电网 220kV 合环后，藏中地区水电机组未发生功率振荡现象，近区光伏运行未受到明显影响，SVC 工作正常。

（4）联网情况下，相比孤网合环时，电网波动更小，系统稳定性更强，解/合环操作对系统无明显影响，这说明藏中电力联网后，藏中电网的短路容量明显增大，系统稳定性更好，这对将来西藏水电外送和柴拉直流大功率运行都有着非常有利的影响。

第六节　直流功率扰动试验

一、试验前仿真分析

（一）方式安排

藏中电力联网运行方式下，针对藏中电网不同光伏出力，根据西藏电网提供的资料，安排表 5.6－1 所列两种运行方式对柴拉直流（藏送青，外送方式）功率速降试验过程安全稳定性进行校核。速降逻辑为 200ms 内柴拉直流外送有功调减 5 万 kW（PSASP 仿真中 5s 开始速降，5.2s 降至终值）。

（1）方式 1 对应为光伏小开机，西藏有功发电 102 万 kW（藏中电网 90 万 kW+昌都电网 12 万 kW），负荷 76 万 kW（藏中电网 68 万 kW+昌都电网 8 万 kW）。藏中光伏开机 10 万 kW，柴拉直流外送 11 万 kW，藏中断面外送 10 万 kW。藏中主力水电（含藏木、旁多、多布、老虎嘴和直孔）有功出力合计 72.5 万 kW，藏中电网旋转备用容量为（20+6.8）万 kW（6.8 万 kW 为羊湖机组对应旋转备用容量），藏中其他水电合计 8 万 kW。昌都电网机组有功出力合计 12 万 kW。

（2）方式 2 对应为光伏较大开机，西藏有功发电 105 万 kW（藏中电网 92 万 kW+昌都电网 13 万 kW），负荷 79 万 kW（藏中电网 70 万 kW+昌都电网 9 万 kW）。藏中光伏开机 24 万 kW，柴拉直流外送 11 万 kW，藏中断面外送 10 万 kW。藏中主力水电（含藏木、旁多、多布、老虎嘴和直孔）有功出力合计 62.5 万 kW，藏中电网旋转备用容量为（20+6.8）万 kW（6.8 万 kW 为羊湖机组对应旋转备用容量），藏中其他水电合计 7 万 kW。昌都电网机组有功出力合计 13 万 kW。

表 5.6－1　　柴拉直流功率突降校核建议方式　　万 kW

方式	负荷（藏中+昌都）	直流（西藏受电为正）	藏中断面（西藏受电为正）	主力机组开机方式及出力									藏中其他小水电	藏中光伏出力
				藏木	旁多	多布	老虎嘴	直孔	羊湖	果多	金河	觉巴		
1（上午 9:00）	68+8	－11	－10	5 台 35	4 台 13	4 台 10	3 台 9.5	4 台 5	3 台 调相	2 台 4.3	3 台 3.5	2 台 0.8	8	10
2（中午 12:00）	70+9	－11	－10	5 台 30	4 台 12	3 台 6	3 台 9.5	4 台 5	3 台 调相	2 台 4.5	3 台 4	2 台 0.8	7	24

（二）仿真结果

考虑到藏中电力联网，与西南电网同步运行后，频率支撑能力大幅增强，故仿真中暂不考虑直流功率速降过程中可能存在的安控措施。暂态过程主要表现为直流外送潮流向交流外送通道的转移。针对光伏较大出力的方式 2，仿真结果如图 5.6－1 所示。

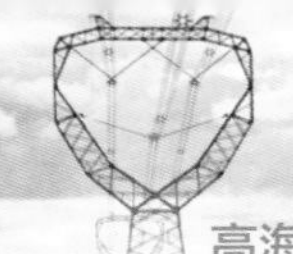

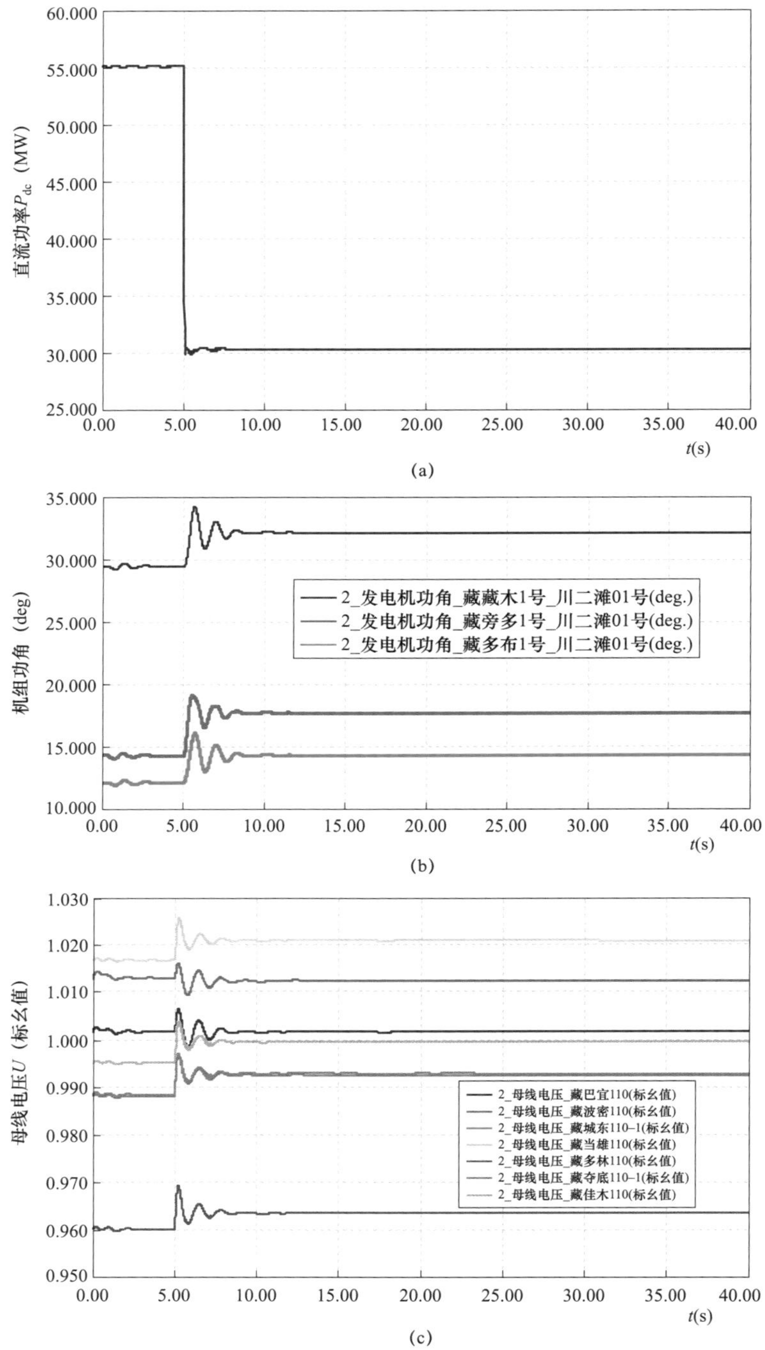

图 5.6-1　仿真结果（光伏较大出力）（一）

（a）柴拉直流单极功率变化；（b）川藏机组功角变化；（c）110kV 母线电压变化

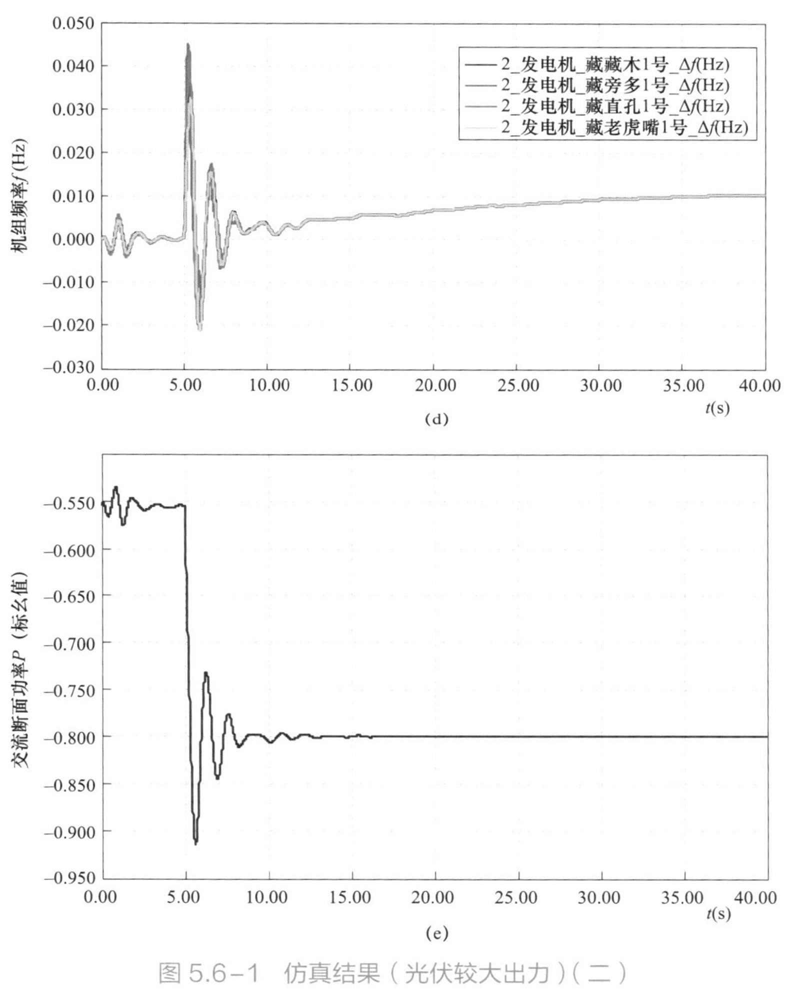

图 5.6-1　仿真结果（光伏较大出力）（二）

（d）机组转速变化；（e）藏中交流断面功率变化

由仿真结果可知，基于安排的光伏较大开机方式，直流功率速降试验过程中，直流功率向交流联络线转移的过程中，藏中交流断面波动较小，系统频率、电压、功角保持稳定。

直流功率速降试验表现为直流功率向交流通道转移，基于目前所安排的校核方式，由于速降过程本身有一定的时间，暂态过渡过程平滑，藏中断面和系统保持频率和电压稳定性。同时，系统频率变化量极小，网内各层级节点电压也不存在超过 1%的波动，光伏较大开机和小开机两种方式下，暂态过程不会对光伏运行产生明显影响。

二、试验方案设计

（一）试验项目

（1）柴拉直流功率快速提升。

（2）柴拉直流功率快速下降。

（二）试验风险及预控措施

（1）存在的风险。柴拉直流过大的直流功率扰动可能使藏中电力联网通道功率、电压大幅振荡。

（2）电网控制措施。

1）控制柴拉直流运行初始功率在±110MW 以内、直流扰动功率不大于 50MW。

2）控制川藏联网通道（波密—林芝）潮流小于±50MW。

3）藏中电网、昌都电网 220kV 线路全接线运行；川藏联网通道许木、朗县、林芝、波密、芒康、澜沧江、巴塘、乡城、水洛、木里、月城 500kV 变电站和左贡开关站线路全接线运行。

4）朗县、波密、芒康 500kV 变电站 SVC 正常投入运行，各站至少投入 1 套 SVC。

5）藏中电网、昌都电网与四川电网联网且正常运行，澜沧江联变断面有功功率、无功功率分别控制在±10MW 和±10Mvar 以内；林芝—波密断面有功功率控制在±50MW 以内。

6）藏中电网藏木电厂开机不少于 4 台，旁多、直孔、老虎嘴、多布开机不少于 8 台，上述机组总旋转备用容量不小于 150MW，建议在上午光伏小开机方式下开展柴拉直流功率扰动试验。

7）柴拉直流外送或受电功率均不超过 110MW，直流功率紧急提升变化量和速降变化量控制在 50MW 内，功率紧急提升和速降时启动时刻与调整过程结束时刻的时间差不小于 300ms。

（3）继电保护及安全控制措施：

1）藏中电力联网工程配套安全稳定控制系统正常启用；

2）藏中电网、昌都电网独立安全稳定控制装置正常启用；

3）藏中电网、昌都电网继电保护、安全自动控制装置正常启用；

4）藏木、果多、金河等发电站发电机组过电压保护、高频切机保护正常启用；

5）藏中电网、昌都电网低频减载装置、高频切机装置正常启用；

6）乡城、巴塘、芒康、澜沧江、波密、林芝、朗县、许木 500kV 变电站和左贡开关站继电保护正常启用。

三、试验结果分析

（一）柴拉直流大功率（40MW）速升试验测试结果

2018 年 10 月 29 日 17 时 36 分 28 秒，开展了柴拉直流大功率速升系统试验，柴拉直流功率由 60MW 提升到 100MW，功率提升速率为 40MW/min。功率提升过程中，直流电压 397kV 增加到 398kV，直流电流由 78.2A 升高到 127A，各测点电压正常。

试验结果如图 5.6–2～图 5.6–4 所示。

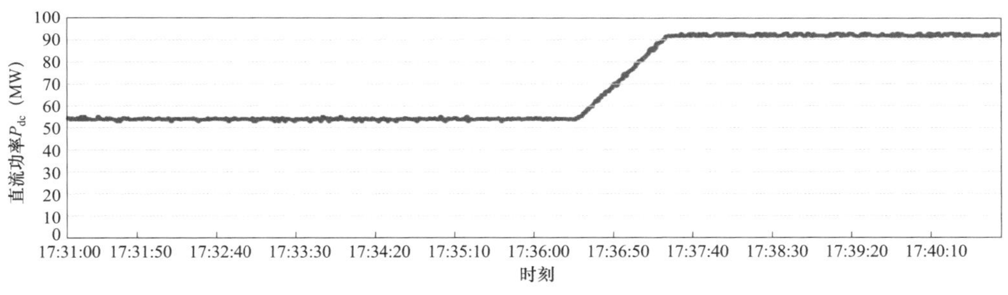

图 5.6–2　柴拉直流有功功率曲线

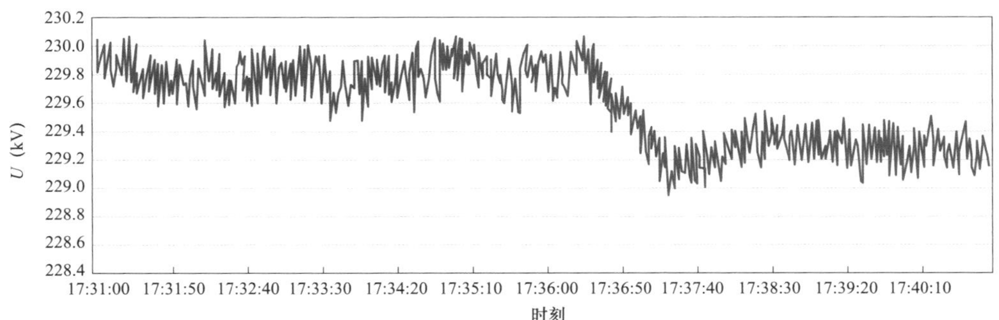

图 5.6–3　拉萨换流站 220kV 电压

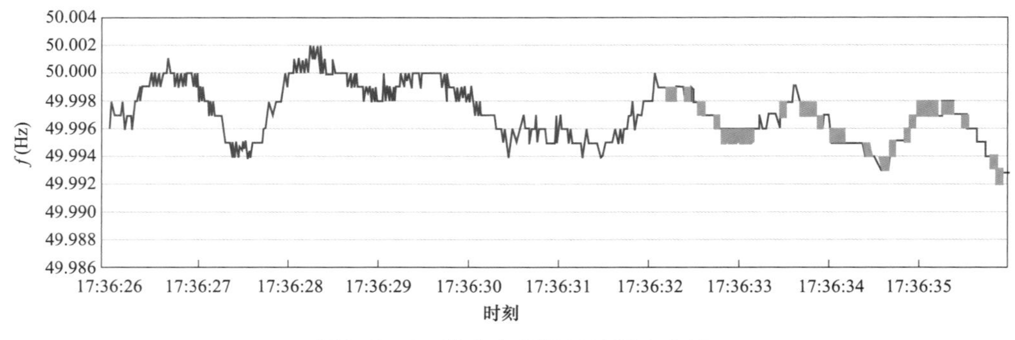

图 5.6-4　藏木电厂机组的频率曲线

（二）柴拉直流大功率（50MW）速降试验测试结果

2018 年 10 月 29 日 17 时 16 分 10 秒，开展了藏中电力联网柴拉直流大功率速降系统试验，柴拉直流功率由 110MW 降低到 60MW，功率下降速率为 960MW/min。功率下降过程中，直流电压由 394kV 提升到 396kV，直流电流由 139A 下降到 75A，各测点电压正常。

直流功率扰动试验结果表明：

（1）在藏中电力联网的条件下，柴拉直流在大功率（50MW）速降和（40MW）速升扰动下，不会触发藏中电网频率调节死区，换流站母线电压波动未超过 3kV，全网稳定性未受影响。

（2）在藏中电力联网的条件下，柴拉直流在大功率（50MW）速降和（40MW）速升扰动下，SVC 动作不明显，光伏电站未出现脱网现象，全网谐波畸变率变化不明显。

（3）仿真结果和实际试验结果基本一致，藏中电网后续运行应该重点防范柴拉直流大功率（400MW 以上），且交流通道大功率运行下的直流双极闭锁和藏中交流外送断面发生 $N-2$ 后的藏中孤网频率及电压稳定性问题。

第七节　人工接地短路试验

开展人工接地短路试验的目的是检验一次设备耐受电网接地故障冲击的能力，检验继电保护、单相重合闸等二次系统在接地故障过程中的行为，检验电网一次系统在接地故障下的稳定能力，检测藏中电力联网工程功率振荡模式。

一、试验条件

（一）系统运行方式

（1）藏中电网、昌都电网与四川电网联网运行且运行正常，按照解列试验要求控制交换功率，即澜沧江联变断面有功功率±10MW，无功功率±10Mvar，林芝—波密断面有功功率±15MW。

（2）柴拉直流检修停运或受入功率不超过 10 万 kW，藏中电网主力机组至少开水电机组 70 万 kW、总旋转备用至少留 15 万 kW；昌都电网果多、金河电厂至少各开 2 台机组，总旋转备用不低于 20MW。

（3）藏中电网、昌都电网全接线运行。

（4）许木、朗县、林芝、波密、芒康、澜沧江、巴塘、乡城、水洛、木里、月城 500kV 变电站和左贡开关站线路全接线运行。

（5）朗县、波密、芒康 500kV 变电站 SVC 正常投入运行，各站至少投入 1 套 SVC。

（二）继电保护及安全控制措施

（1）藏中电力联网工程配套安全稳定控制系统正常启用。

（2）藏中电网、昌都电网安全稳定控制装置正常启用。

（3）藏中电网、昌都电网继电保护、安全稳定控制装置正常启用。

（4）藏木、果多、金河等发电站发电机组过电压保护、高频切机保护正常启用。

（5）藏中电网、昌都电网低频减载、高频切机装置正常启用。

（6）压缩林朗Ⅰ、Ⅱ线后备保护延时定值并启用。

（7）乡城、巴塘、芒康、澜沧江、波密、林芝、朗县、许木 500kV 变电站和左贡开关站继电保护正常启用。

（三）事故预防及处理

（1）线路继电保护误动，造成藏中电网解网后孤网运行。试验前严格控制波林Ⅰ、

Ⅱ线潮流。

（2）需对 500kV 林朗Ⅱ线停电，接入人工接地短路试验设备。

（3）施工过程中应加强监护，防止出现人员和设备事故。

（四）试验前的系统状态

林朗Ⅱ线单相人工接地短路试验前，林芝、朗县 500kV 变电站运行状态如图 5.7–1 所示。

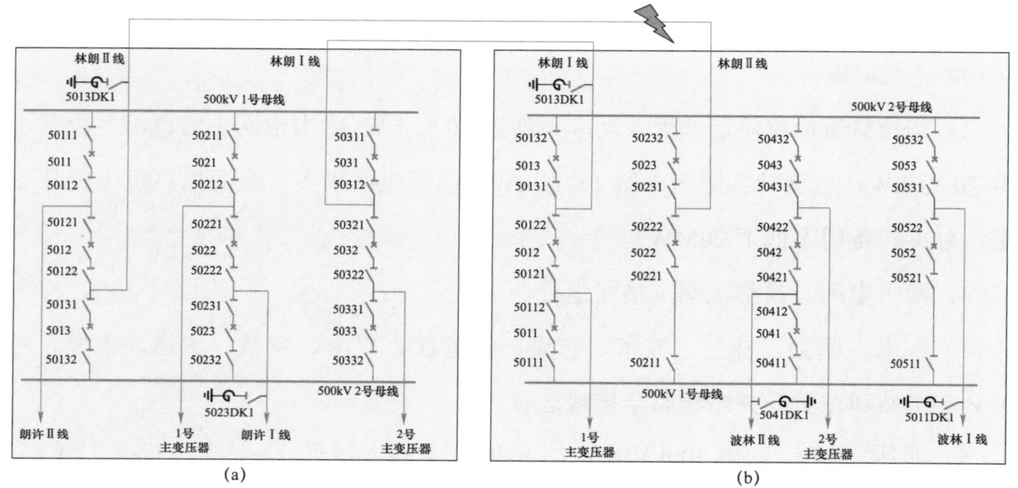

图 5.7–1　林朗Ⅱ线单相人工接地短路试验前，林芝、朗县 500kV 变电站运行状态图

（a）朗县 500kV 变电站；（b）林芝 500kV 变电站

二、试验方案设计

（一）短路接地点

选择林芝 500kV 变电站第一串上的林朗Ⅱ线做单相短路接地试验。

（二）人工接地短路设备安装流程

（1）500kV 林朗Ⅱ线停电转检修。

（2）500kV 林朗Ⅱ线林芝侧安装人工接地短路设备。

（3）500kV 林朗Ⅱ线送电。

（三）人工接地短路试验方法

实现方法如图 5.7–2 所示，在变电站外（高压电抗器外侧）选择线路下方地势平坦的区域，架设临时接地极，在 A 相线路上架设门形下垂临时挂接线，挂接线的离地高度和与杆塔的距离均应满足绝缘要求。将 0.5mm^2 细铜丝做引弧线，将其一端固定在接地极上，另一端固定在锥形金属“弹头”上。试验时，将弹头填入中国电科院开发的专用人工短路发射器发射管内，发射管瞄准临时挂接线，将“弹头”发射出去，带动引弧线与临时挂接线接触实现单相短路接地。

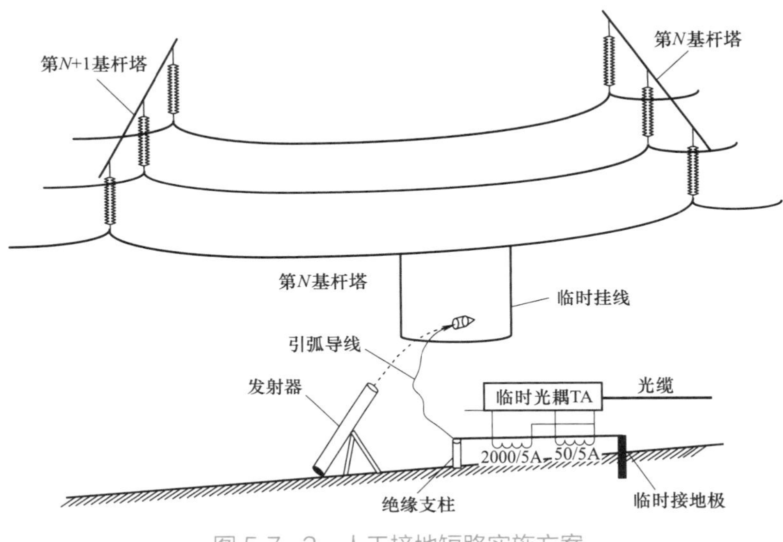

图 5.7–2　人工接地短路实施方案

（四）专项检测内容

（1）检测短路电流 I_k、恢复电压 U_r。

（2）检测试验线路两侧测试录波及保护开关动作情况。

（3）检测母线电压 U、有功功率 P、无功功率 Q 波形及低频振荡周期。

三、试验结果

藏中电力联网工程人工单相接地试验选择在 500kV 林朗Ⅱ线林芝侧（该线路高压

电抗器位于朗县500kV变电站侧），第1基杆塔与站内500kV龙门架之间靠近第1基杆塔约20m处最外侧相（A相）进行。2018年10月30日上午，林朗Ⅱ线停电，完成试验专用挂接线等现场准备工作。当天下午，根据《藏中电力联网工程系统调试试验方案》的要求，完成运行方式安排及继电保护及安全控制措施布置。

18时48分，准备工作就绪后，采用单人肩扛式引弧线发射装置将引弧线发射到挂接线上，实现线路单相接地，试验一次成功。人工短路接地试验现场如图5.7-3所示。

图5.7-3　人工短路接地试验现场

（一）500kV林朗Ⅱ线线路录波及保护开关动作情况

1. 500kV林朗Ⅱ线录波情况

（1）500kV林朗Ⅱ线部分录波情况见图5.7-4～图5.7-7。

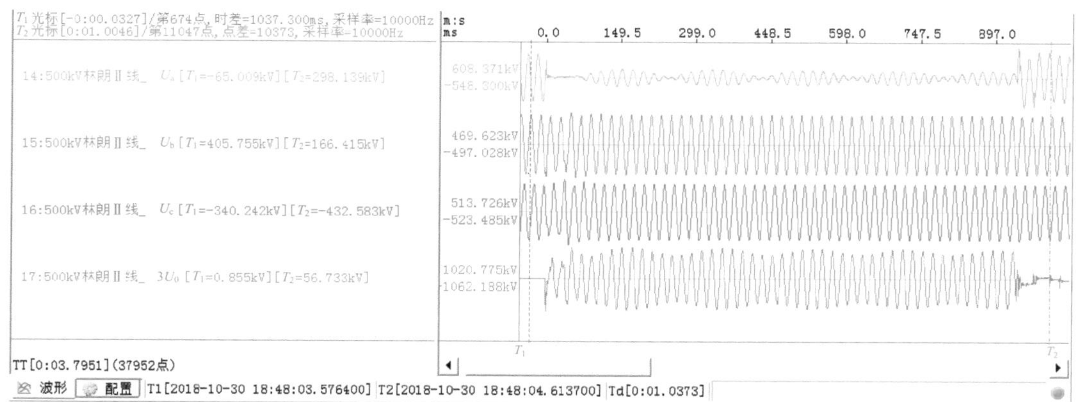

图5.7-4　林朗Ⅱ线林芝侧电压瞬时值

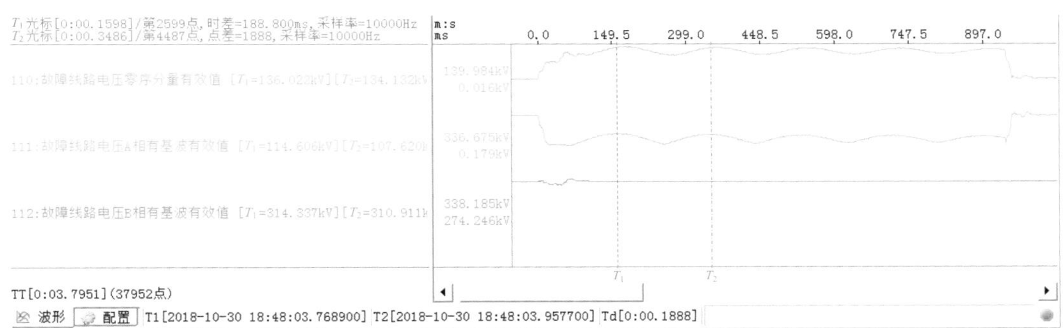

图 5.7-5 林朗Ⅱ线林芝侧电压有效值

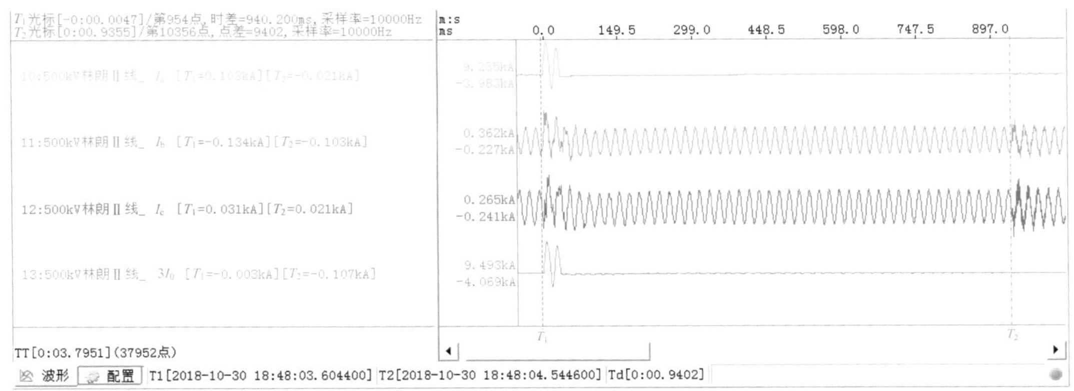

图 5.7-6 林朗Ⅱ线林芝侧电流瞬时值

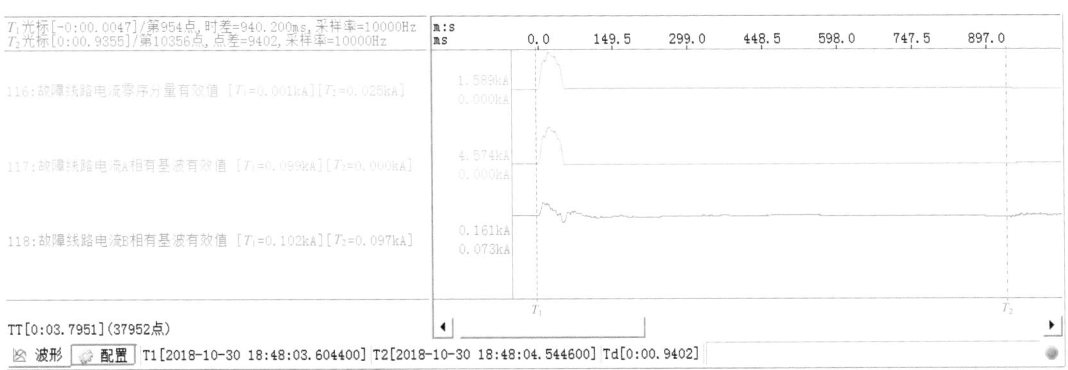

图 5.7-7 林朗Ⅱ线林芝侧电流有效值

根据录波图分析，500kV 林朗Ⅱ线 A 相发生单相接地故障，林芝侧 A 相短路电流 4.6kA，电压跌落至零。故障发生后约 32.9ms，500kV 林朗Ⅱ线林芝断路器 A 相跳闸。故障发生后约 940ms，500kV 林朗Ⅱ线林芝侧断路器 A 相重合闸成功，A 相电压恢复。

朗县侧 A 相短路电流 0.24kA。故障发生后约 32.0ms，500kV 林朗Ⅱ线朗县断路器

A 相跳闸。故障发生后约 939ms，500kV 林朗Ⅱ线朗县侧断路器 A 相重合闸成功，A 相电压恢复。

断路器 A 相跳开后，林芝侧 A 相电流初始值为 424A，经 800ms 后衰减为 31A；朗县侧 A 相电流初始值为 86A，经 300ms 后衰减为 21A。

林朗Ⅱ线 A 相接地故障发生后约 66ms，弧光通道熄弧，林芝侧 A 相恢复电压相峰值最大为 163.9kV，朗县侧 A 相恢复电压相峰值最大为 160.8kV。近工频的振荡周期为 21.1ms（对应振荡频率为 47.4Hz），拍频振荡周期为 188.2ms（对应振荡频率为 5.3Hz）。

（2）试验过程主要观测量。结果记录入表 5.7－1～表 5.7－3 中。

表 5.7－1　　人工短路接地试验综合记录

测量点	稳态电压（kV）	故障电流（kA）	故障电流持续时间（ms）	恢复电压（kV）	熄弧时间（ms）	单相重合闸时间（ms）
林芝	532.4	4.6	32.9	163.9	66.0	940.0
朗县	530.7	0.24	32.0	160.8		939.0

表 5.7－2　　人工短路接地试验林朗Ⅱ线电压记录　　kV

测试量		林芝侧电压	朗县侧电压
故障相	故障前 A 相基波有效值	307.4	306.4
	故障中 A 相基波有效值最小值	0	0.6
	故障中 A 相基波有效值最大值	120.2	321.3
非故障相	故障前 B 相基波有效值	308.6	307.9
	故障中 B 相基波有效值最小值	274.5	262.2
	故障中 B 相基波有效值最大值	338.2	337.1
零序	故障中零序分量有效值最大值	140	138.9

表 5.7－3　　人工短路接地试验林朗Ⅱ线电流记录　　A

测试量		林芝侧电流	朗县侧电流
故障相	故障前 A 相基波有效值	99	57
	故障中 A 相基波有效值最小值	0	0
	故障中 A 相基波有效值最大值	4574	875
非故障相	故障前 B 相基波有效值	103	59
	故障中 B 相基波有效值最小值	73	45
	故障中 B 相基波有效值最大值	161	125
零序	故障中零序分量有效值最大值	1589	236

2. 保护开关动作情况

保护开关动作情况见表 5.7－4。

表 5.7－4　　保护开关动作情况

开关名称	动作	时间（ms）
林朗Ⅱ线林芝侧 A 相断路器	跳闸	32.9
林朗Ⅱ线朗县侧 A 相断路器	跳闸	32.0
林朗Ⅱ线林芝侧 A 相断路器	重合闸	940.0
林朗Ⅱ线朗县侧 A 相断路器	重合闸	939.0

500kV 林朗Ⅱ线 A 相继电保护、单相重合闸动作正常，没有出现保护误动、拒动情况，未触发藏中电力联网工程安全自动控制装置及第三道防线动作。柴拉直流运行正常，未出现换相失败。各站点 SVC、SVG 也未出现跳闸或脱网问题。

（二）交流通道母线电压 *U*、有功功率 *P*、无功功率 *Q* 波形及低频振荡周期

1. 母线电压 *U* 波形

交流通道母线电压 *U* 波形如图 5.7－8～图 5.7－11 所示。

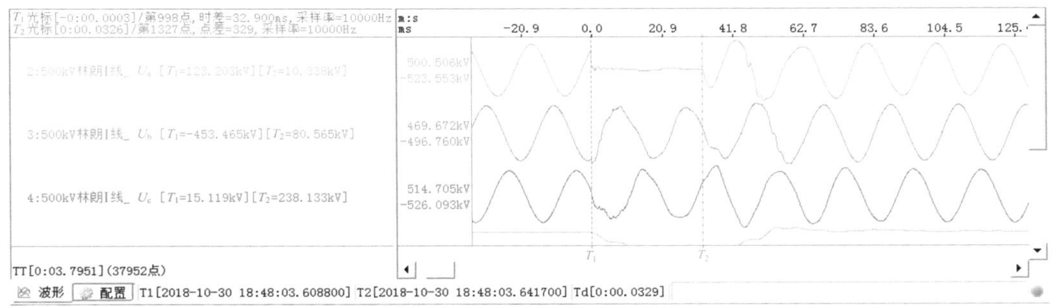

图 5.7－8　林芝 500kV 变电站母线电压瞬时值

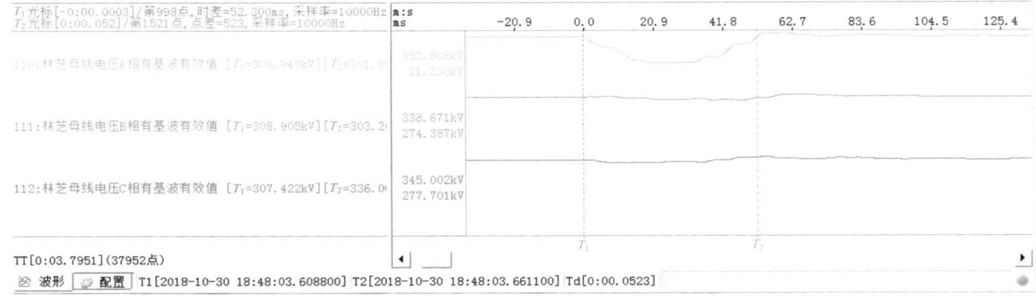

图 5.7－9　林芝 500kV 变电站母线电压有效值

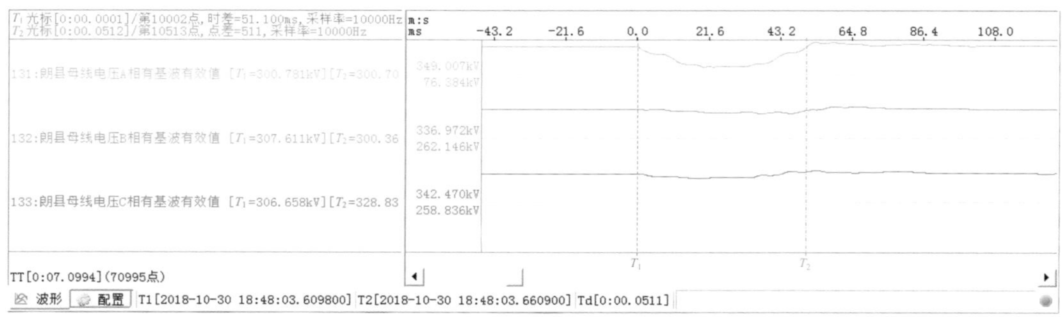

图 5.7-10　朗县 500kV 变电站母线电压有效值

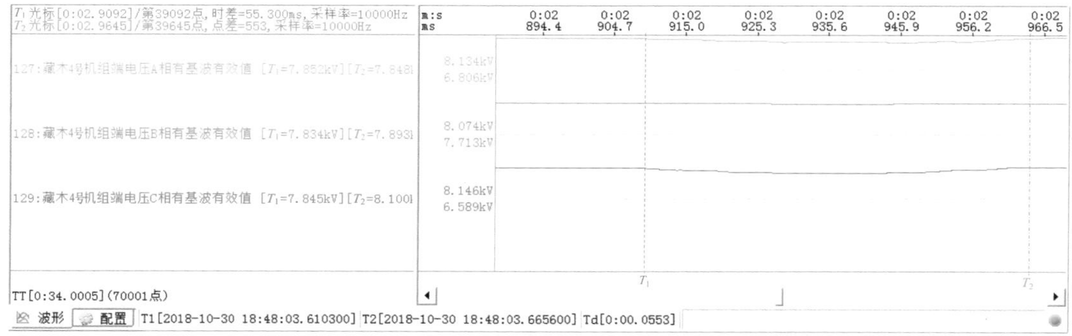

图 5.7-11　藏木电厂 4 号机组电压有效值

试验中，交流通道电压跌落情况统计见表 5.7-5。500kV 林朗Ⅱ线 A 相发生接地短路故障后，林芝、朗县 500kV 变电站 500kV 母线 A 相电压急剧下降（其中林芝 500kV 变电站母线 A 相电压下降至 3.6%，朗县 500kV 变电站 A 相电压下降至 24.9%）。沿线站点电压均有不同程度的下降，其中，拉萨换流站换流变压器网侧 A 相电压下降至 66.1%，持续时间较短，未引起直流换相失败。赤康 110kV 变电站高压侧母线 A 相电压下降至 62.9%，且持续时间较短，满足低电压穿越要求；藏木电厂 4 号机组 A 相电压下降至 86.8%。故障切除后，各站母线三相电压逐渐恢复，恢复时间约为 52ms。重合闸后，各站三相相电压在短时轻微波动后迅速恢复平稳，电压水平与故障前基本一致。

表 5.7-5　交流通道电压跌落情况

名称	稳态电压基波有效值（kV）	暂态电压基波最小值（kV）	电压跌落最大深度（%）	电压跌落持续时间（ms）
林芝 500kV 变电站 500kV 母线 A 相电压	307.6	11.2	3.6	52.3
朗县 500kV 变电站 500kV 母线 A 相电压	306.5	76.4	24.9	51.1
许木 500kV 变电站 500kV 母线 A 相电压	303.4	106.2	35.0	51.9
拉萨换流站极 1 换流变压器母线 A 相电压	132.2	87.4	66.1	51.8

续表

名称	稳态电压基波有效值（kV）	暂态电压基波最小值（kV）	电压跌落最大深度（%）	电压跌落持续时间（ms）
藏木电厂 220kV 母线 A 相电压	136.7	94.8	69.3	51.4
藏木电厂 4 号机组端电压 A 相	7.85	6.81	86.8	55.3
赤康 110kV 变电站母线 A 相电压	21.3	13.4	62.9	52.0
波密 500kV 变电站 500kV 母线 A 相电压	306.2	96.9	31.6	50.1
芒康 500kV 变电站 500kV 母线 A 相电压	304.9	204.8	67.2	49.2
澜沧江 500kV 变电站 500kV 母线 A 相电压	302.5	211.4	69.9	48.4
金河电厂机组端电压	6.06	5.77	95.2	51.7
巴塘 500kV 变电站 500kV 母线 A 相电压	297.9	225.1	75.6	47.7

2. 有功功率 *P*、无功功率 *Q* 波形

接地故障发生后，部分线路的功率波动情况见图 5.7－12～图 5.7－14。

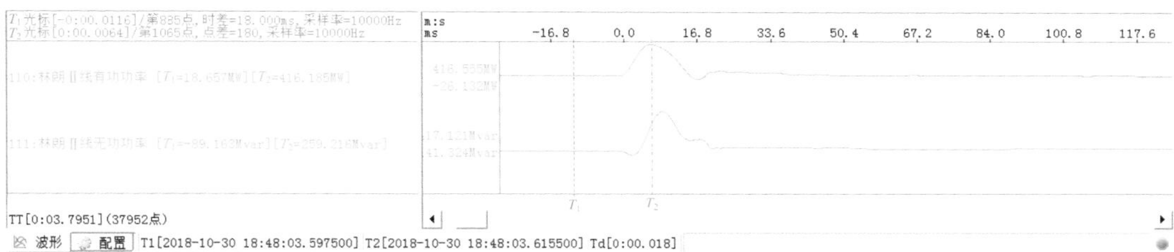

图 5.7－12　林朗Ⅱ线林芝侧功率

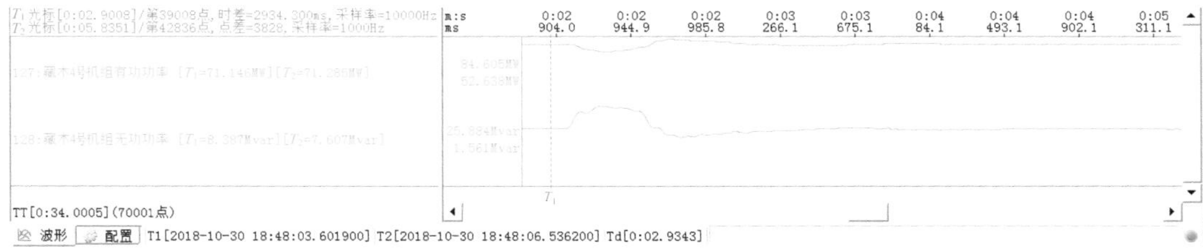

图 5.7－13　藏木电厂 4 号机组功率

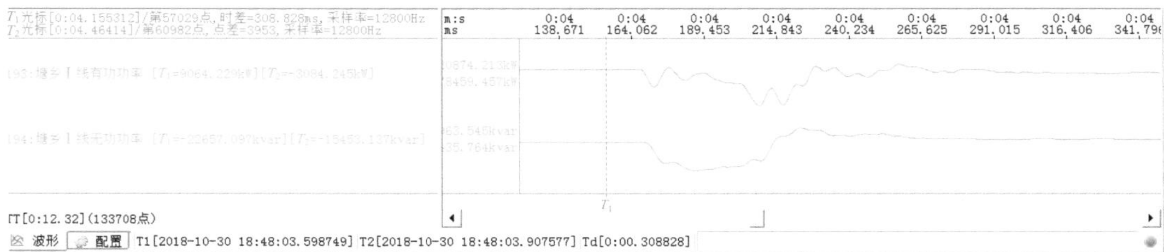

图 5.7－14　塘乡Ⅰ线巴塘侧功率

可以看出，各条线路均出现一定的功率波动，故障切除后功率基本恢复故障前状态。具体波动情况见表 5.7-6。

表 5.7-6 功率波动情况

名称	故障前 P（MW）	波动最大/最小 P（MW）	故障前 Q（Mvar）	波动最大/最小 Q（Mvar）
林朗Ⅱ线林芝侧	18.8	416.6/−26.2	−89.2	417.1/−141.3
林朗Ⅰ线林芝侧	28.5	78.3/−77.8	79.6	91.9/−56.3
林朗Ⅱ线朗县侧	−20.6	55.8/−27.9	47.6	163.5/23.4
朗许Ⅰ线朗县侧	25.0	56.6/−58.5	43.0	113.4/−104.5
藏木电厂 4 号机组	71.1	84.6/52.6	8.4	25.9/1.6
波林Ⅰ线波密侧	2.0	119.2/−19.2	−26.9	164.3/−33.5
芒澜Ⅰ线芒康侧	−5.1	8.5/−26.8	−97.6	−86.4/−116.6
塘芒Ⅱ线芒康侧	−4.7	−92.7/7.4	33.2	46.0/−96.2
塘乡Ⅰ线巴塘侧	9.1	20.9/−78.5	−22.7	−235.3/80.4
金河 1 号机组	10.6	13.2/9.6	−0.4	4.1/−1.8

3. 低频振荡周期

故障后电网出现了振荡，但幅度很小且衰减很快。振荡周期为 1.6s，振荡频率约为 0.625Hz，为川藏断面区间主振频率，阻尼比为 16.5%，为强阻尼。部分机组和线路功率振荡波形如图 5.7-15～图 5.7-17 所示。

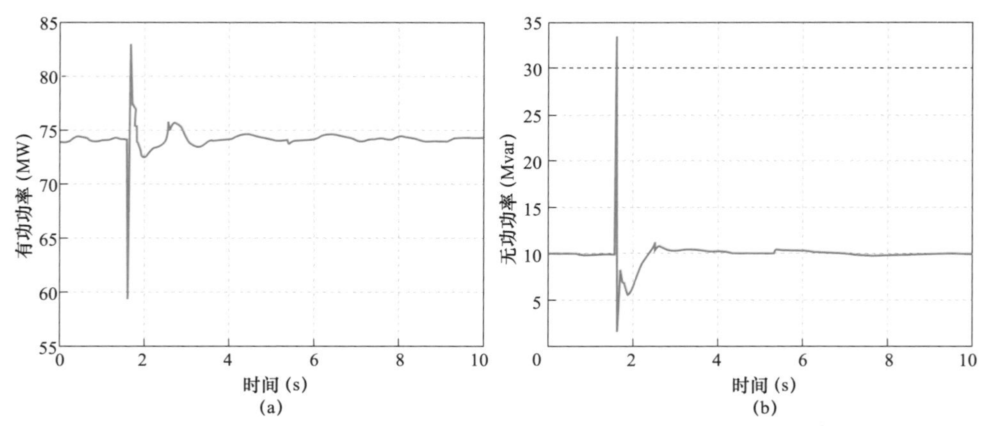

图 5.7-15 藏木电厂 4 号机组有功功率和无功功率

（a）藏木 4 号机组有功功率；（b）藏木 4 号机组无功功率

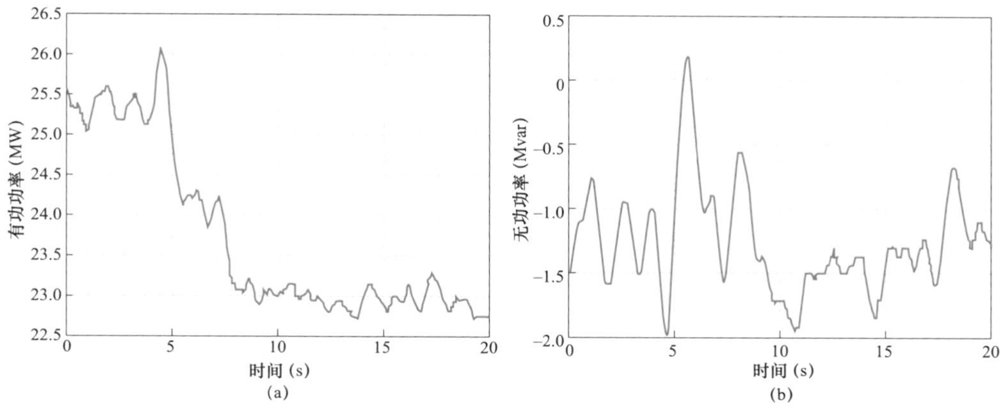

图 5.7-16　果多电厂 2 号机组有功功率和无功功率

（a）果多电厂 2 号机组有功功率；（b）果多电厂 2 号机组无功功率

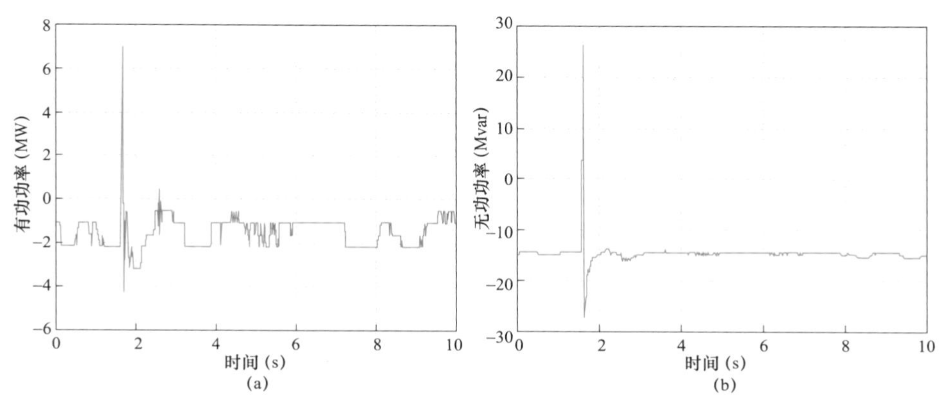

图 5.7-17　芒澜 I 线有功功率和无功功率

（a）芒澜 I 线有功功率；（b）芒澜 I 线无功功率

（三）故障对柴拉直流影响

1. 拉萨换流站录波

拉萨换流站录波情况如图 5.7-18～图 5.7-20 所示。

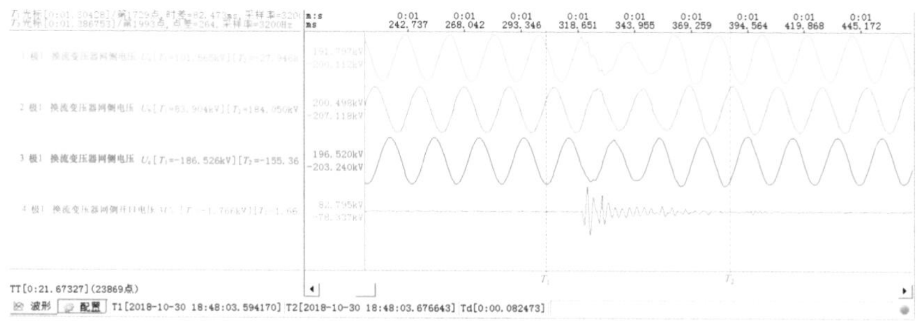

图 5.7-18　拉萨换流站极 1 换流变压器网侧电压瞬时值

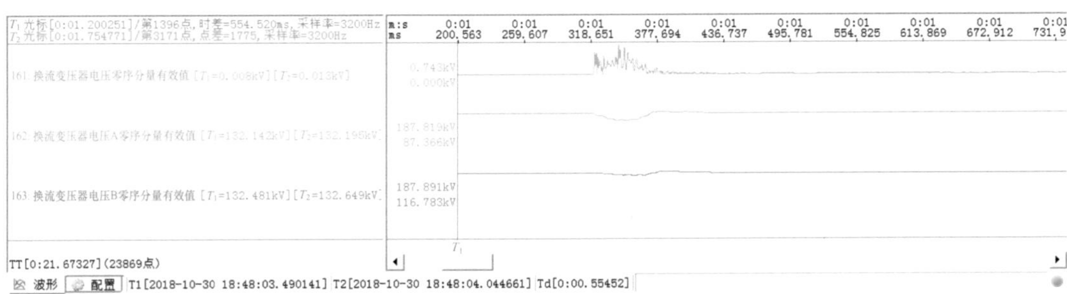

图 5.7-19　拉萨换流站极 1 换流变压器网侧电压有效值

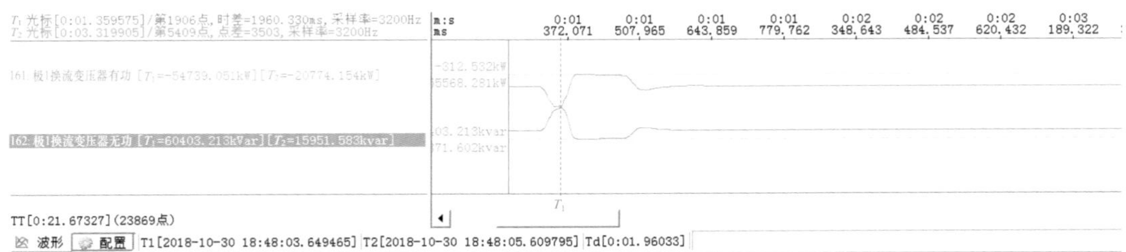

图 5.7-20　拉萨换流站极 1 换流变压器网侧功率

500kV 林朗Ⅱ线 A 相发生单相接地故障后，在故障未切除的短时间内，拉萨换流站极 1 换流变压器网侧故障相母线电压由故障前的 132.2kV 跌落至 87.4kV，跌落深度为 66.1%；非故障相母线电压由故障前的 132.5kV 跌落至 116.8kV，跌落深度为 88.2%。为保持直流电流恒定，整流侧延时触发角增加，以降低送端直流电压，而故障消失后柴拉直流拉萨端逆变侧直流电压快速恢复，而整流侧触发角调整需要时间，所以在短时内出现逆变侧电压高于整流侧的情况，形成功率阻塞。待整流侧触发角调整到位后，柴拉直流功率传输恢复。

2. 试验过程主要观测量

人工接地短路试验拉萨换流站电压、电流记录分别见表 5.7-7 和表 5.7-8，柴拉直流功率波动情况见表 5.7-9，拉萨换流站电压跌落情况见表 5.7-10。

表 5.7-7　人工接地短路试验拉萨换流站电压记录

测试量		极 1 换流变压器网侧电压（kV）
故障相	故障前 A 相基波有效值	132.2
	故障中 A 相基波有效值最小值	87.4
	故障中 A 相基波有效值最大值	140.6
非故障相	故障前 B 相基波有效值	132.5
	故障中 B 相基波有效值最小值	116.8
	故障中 B 相基波有效值最大值	140.7
零序	故障中零序分量有效值最大值	0.8

表 5.7-8　　人工短路接地试验拉萨换流站电流记录

测试量		极 1 换流变压器网侧套管电流（A）
故障相	故障前 A 相基波有效值	65
	故障中 A 相基波有效值最小值	0
	故障中 A 相基波有效值最大值	231
非故障相	故障前 B 相基波有效值	66
	故障中 B 相基波有效值最小值	0
	故障中 B 相基波有效值最大值	245
零序	故障中零序分量有效值最大值	5

表 5.7-9　　柴拉直流功率波动情况

名称	故障前 P（MW）	波动最大/最小 P（MW）	故障前 Q（Mvar）	波动最大/最小 Q（Mvar）
极 1 换流变压器网侧	−20.6	−55.6/−0.3	15.9	60.4/0.4

表 5.7-10　　拉萨换流站电压跌落情况

名称	稳态电压基波有效值（kV）	暂态电压基波最小值（kV）	电压跌落最大深度（%）	电压跌落持续时间（ms）
极 1 换流变压器母线 A 相电压	132.2	87.4	66.1	51.8

（四）故障对 SVC 影响

1. 朗县 500kV 变电站 SVC 录波及动作行为分析

朗县 500kV 变电站 1 号 SVC 录波及动作行为分析如图 5.7-21～图 5.7-23 所示。

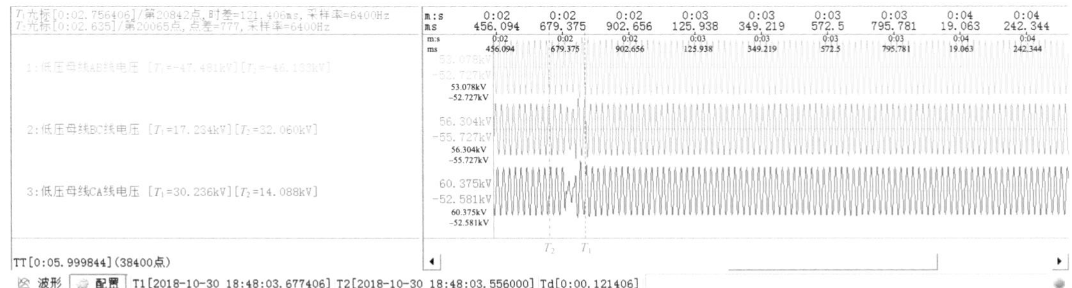

图 5.7-21　朗县 500kV 变电站 1 号 SVC 低压侧母线电压瞬时值

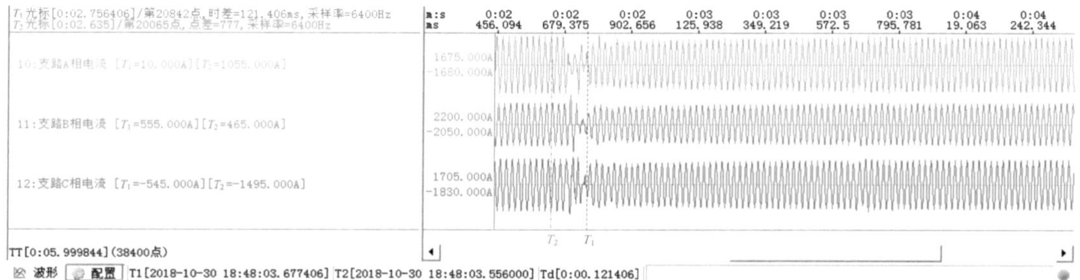

图 5.7－22　朗县 500kV 变电站 1 号 SVC 低压侧支路电流瞬时值

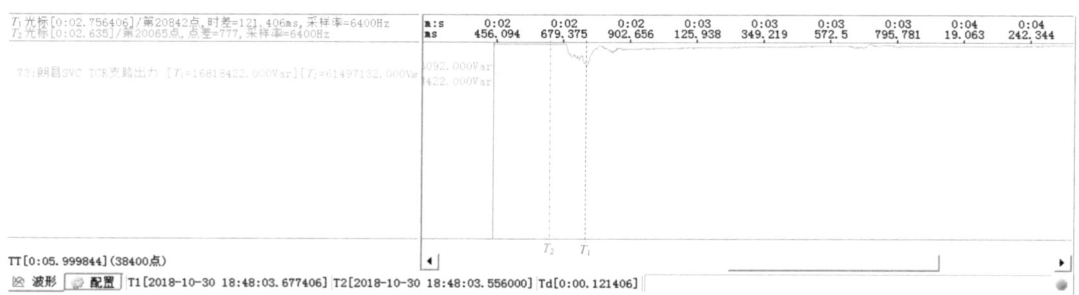

图 5.7－23　朗县 500kV 变电站 1 号 SVC 出力变化

林朗Ⅱ线人工接地短路故障发生后，朗县 500kV 变电站 500kV 母线及 35kV 母线电压随之降低。朗县 500kV 变电站 SVC 迅速调减感性无功出力，支路感性无功在 65ms 内由故障前的 61.5Mvar 调减至 16.8Mvar，为系统提供暂态电压支撑，帮助恢复控制点电压。而后故障清除，SVC 支路感性无功输出逐渐增加，直到恢复故障前的水平。在图 5.7－23 所示故障中，朗县 500kV 变电站 SVC 响应速度较快，且动作逻辑正确。

2. 波密 500kV 变电站 SVC 录波及动作行为分析

林朗Ⅱ线人工接地短路故障发生后，波密 500kV 变电站 500kV 母线及 35kV 母线电压随之降低。波密 500kV 变电站 SVC 迅速调减感性无功出力，支路感性无功在 56ms 内由故障前的 62.3Mvar 调减至－1Mvar，为系统提供暂态电压支撑，帮助恢复控制点电压。而后故障清除，SVC 支路感性无功输出逐渐增加，直到恢复故障前的水平。如图 5.7－24 所示故障中，波密 500kV 变电站 SVC 响应速度较快，且动作逻辑正确。

（五）故障对光伏影响

故障期间赤康 110kV 变电站电压情况如图 5.7－25、图 5.7－26 所示。表 5.7－11 所示为赤康 110kV 变电站电压跌落情况。

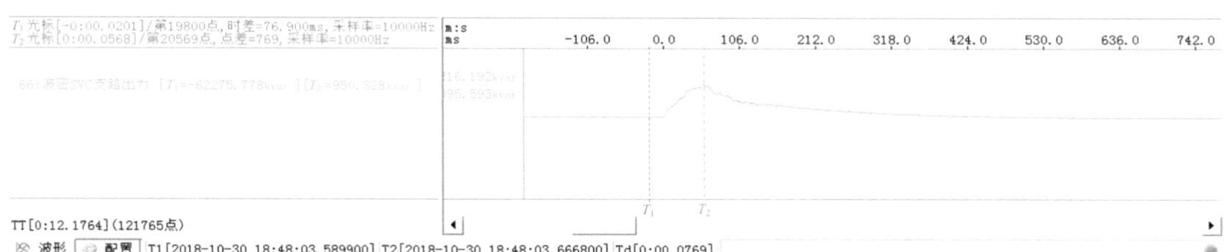

图 5.7－24 波密 500kV 变电站 1 号 SVC 出力变化

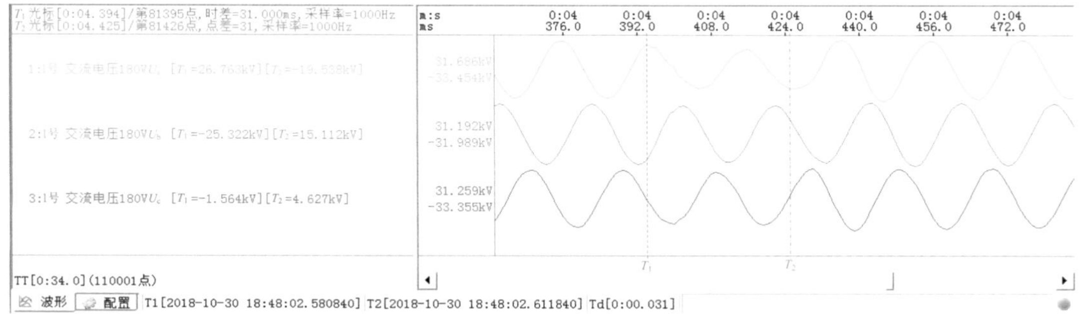

图 5.7－25 赤康 110kV 变电站母线电压瞬时值

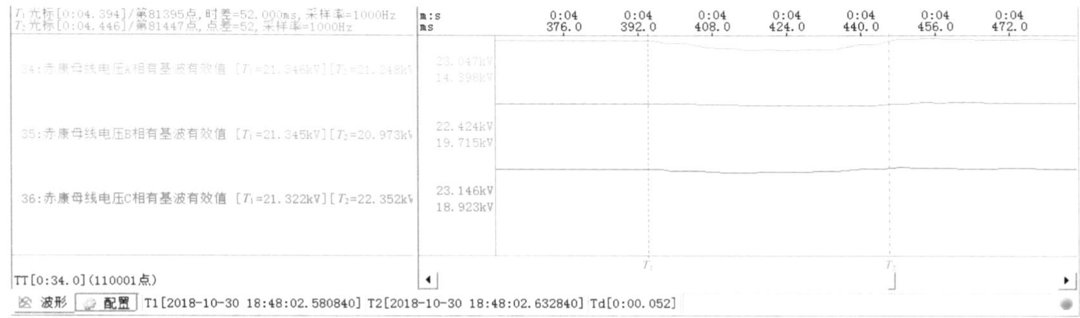

图 5.7－26 赤康 110kV 变电站母线电压有效值

表 5.7－11 赤康 110kV 变电站电压跌落情况

名称	稳态电压基波有效值（kV）	暂态电压基波最小值（kV）	电压跌落最大深度（%）	电压跌落持续时间（ms）
母线 A 相电压	21.3	13.4	62.9	52.0

由表 5.7－11 可见，林朗Ⅱ线人工接地短路故障发生后，赤康 110kV 变电站母线电压跌落的持续时间仅为约 52ms，最大跌落深度约为 62.9%，均满足光伏低电压穿越的要求，不会引起光伏脱网。

（六）试验结论

试验结论如下：

（1）接地短路故障电流巴塘侧为 4.6kA。故障发生约 32.9ms 后，500kV 林朗Ⅱ线跳闸。故障发生 940ms 后，500kV 林朗Ⅱ线重合闸成功。

（2）故障期间，直流控制逻辑正常，未发生换相失败；SVC 动作逻辑正确，能提供暂态电压支撑；光伏接入点赤康 110kV 变电站电压跌落的持续时间和跌落深度均在光伏场站低电压穿越电压要求范围内，不会引起光伏脱网。

（3）工程一次设备具备耐受接地故障冲击的能力。

（4）林朗Ⅱ线继电保护、单相重合闸等二次系统在接地试验中行为正确。

（5）藏中电网与西南主网联网运行后，具有承受联络线单相接地故障并维持系统稳定运行的能力。

（6）试验检测到藏中电网与四川电网主振频率约为 0.625Hz 的强阻尼功率振荡模式。

第八节　电力电子装置特性试验

本节重点介绍藏中电力联网工程中谐波对电力电子装置的影响试验，通过实验室仿真模拟和现场测试，对直流、SVC、光伏等开展谐波耐受能力试验，深入研究藏中电力联网工程的电力电子装置特性。下边分别介绍谐波对直流的影响试验、SVC 装置及光伏电站谐波耐受能力试验以及多台 SVC 协调控制策略优化及试验。

一、谐波对直流的影响试验

四川、昌都、藏中电力联网工程投运后，存在藏中电力联网通道中断，昌都电网并入藏中电网情况。在联网状态或局部解网状态下，各站主变压器及其间隔相关设备存在检修、消缺停运需求，其主变压器投运时的励磁涌流激发谐波可能对柴拉直流造成危害，因此必须对各种运行方式下空载合闸主变压器励磁涌流对柴拉直流的影响进行测试。

（一）试验前的仿真分析

1. 柴拉直流受电方式

柴拉直流向拉萨送电 27 万 kW，直流双极运行。柴拉直流初始 γ角约 22°。计算中，主变压器最大剩磁 40%，选相合闸考虑±1ms 误差。500kV 侧合闸电阻 1500Ω，投入时间 10ms。以空载合闸许木 500kV 变电站为例分析仿真结果。

（1）藏中孤网运行，220kV 侧空载合闸许木 500kV 变电站。藏中孤网运行，从 220kV 侧空载合闸许木 500kV 变电站主变压器（40%剩磁）。该方案下，从 220kV 侧空载合闸许木 500kV 变电站第一台主变压器，对柴拉直流影响分析如下：

空载合闸许木 500kV 变电站主变压器，最大涌流 3200A，换流站最大电压畸变率 68%，柴拉直流换相失败 1 次，持续时间约 20ms，换流站母线相电压由 137kV 跌落至 40kV，最大跌落深度约 71%，藏中电网保持稳定。仿真曲线如图 5.8－1 所示。

（2）藏中孤网运行，220kV 侧空载合闸许木+合闸电阻。藏中孤网运行，从 220kV 侧空载合闸许木 500kV 变电站主变压器（40%剩磁），许木 500kV 变电站 220kV 侧配置合闸电阻 400Ω，投入时间 10ms。

若考虑在许木 500kV 变电站主变压器 220kV 开关接入合闸电阻 400Ω，投入时间 10ms 后，同样 40%剩磁条件下，空载合闸许木 500kV 变电站主变压器最大涌流 940A，换流站最大电压畸变率 5.2%，柴拉直流未换相失败，换流站母线相电压由 137kV 跌落至 131kV，最大跌落深度约 4.3%。仿真波形如图 5.8－2 所示。

限于篇幅，前文仅列出部分站点仿真曲线。总体仿真结果如下：

1）藏中孤网运行，从 220kV 和 500kV 侧空载合闸许木、林芝 500kV 变电站主变压器，柴拉直流均换相失败 1 次，约 20ms，220kV 侧加装 400Ω合闸电阻投入时间 10ms、220kV/500kV 侧加装选相合闸装置，选相误差±1ms 后直流未换相失败。

从 500kV 侧空载合闸朗县、波密 500kV 变电站变压器均发生换相失败，考虑选相合闸后，仍然换相失败，但电压畸变以及电压跌落明显减小，拉萨换流站母线最高电压畸变由 45%降至 25%。加装合闸电阻后未换相失败。

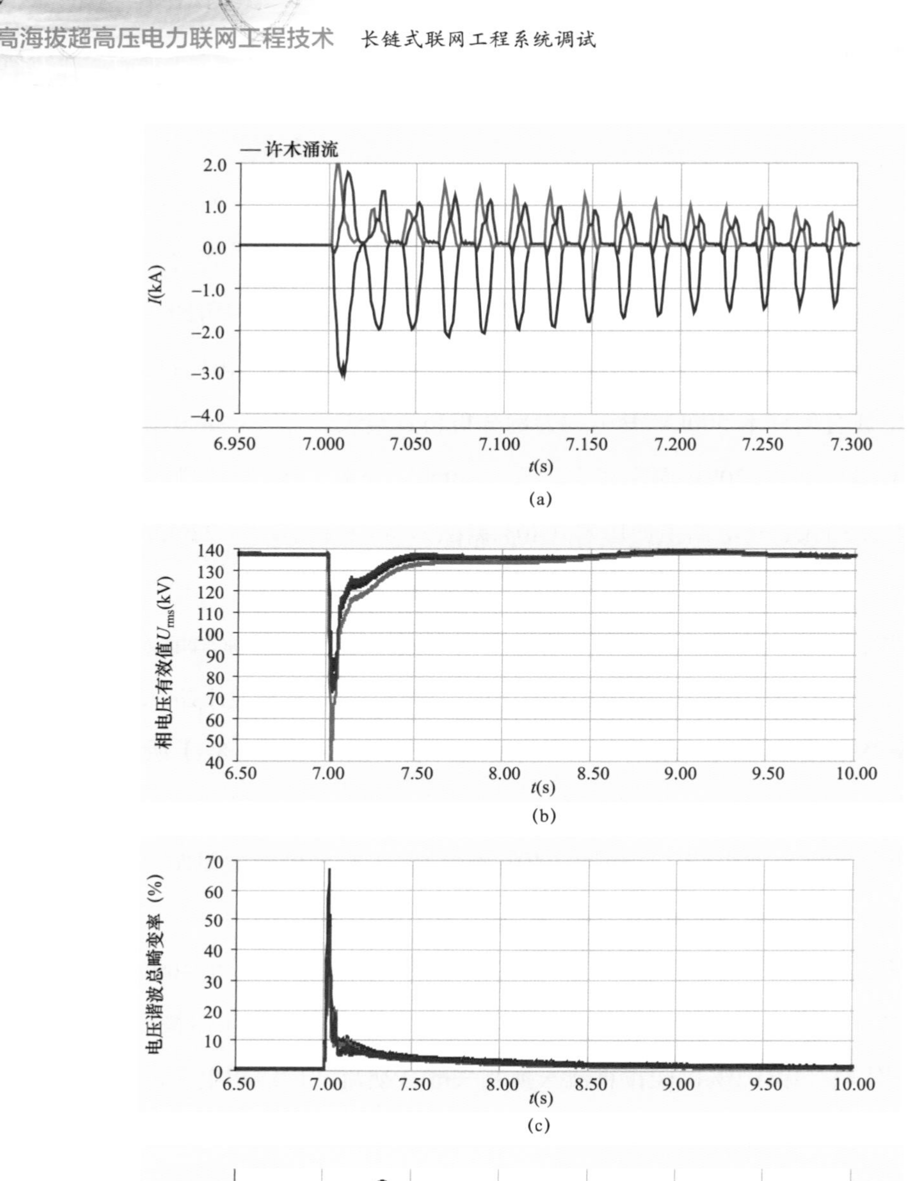

图 5.8−1　从 220kV 侧空载合闸许木 500kV 变电站第一台主变压器（40%剩磁，涌流 3000A）（一）

（a）励磁涌流；（b）拉萨换流站电压有效值；（c）拉萨换流站 THD；（d）旁多频率

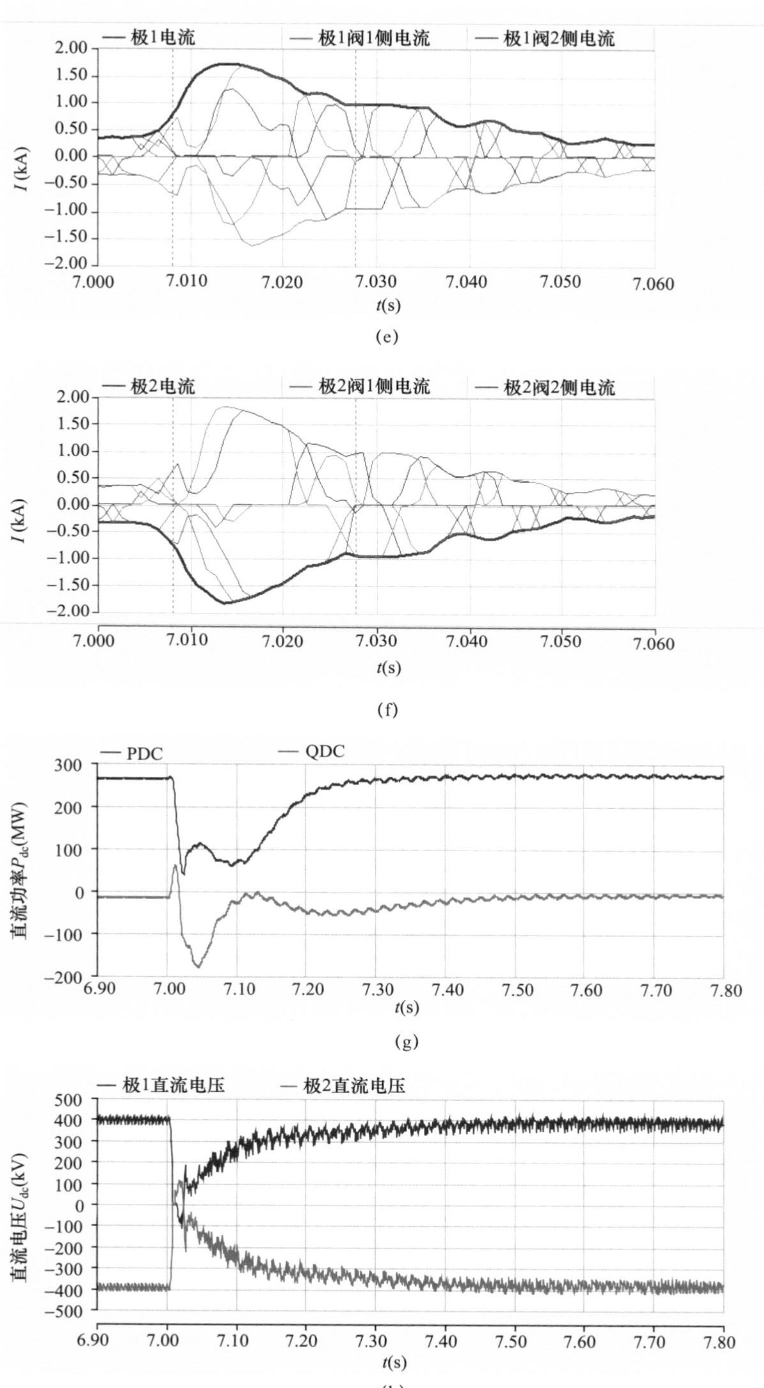

图 5.8-1　从 220kV 侧空载合闸许木 500kV 变电站第一台主变压器(40%剩磁，涌流 3000A)(二)

(e) 极 1 及其阀 1、2 侧电流；(f) 极 2 及其阀 1、2 侧电流；(g) 直流功率；(h) 直流电压

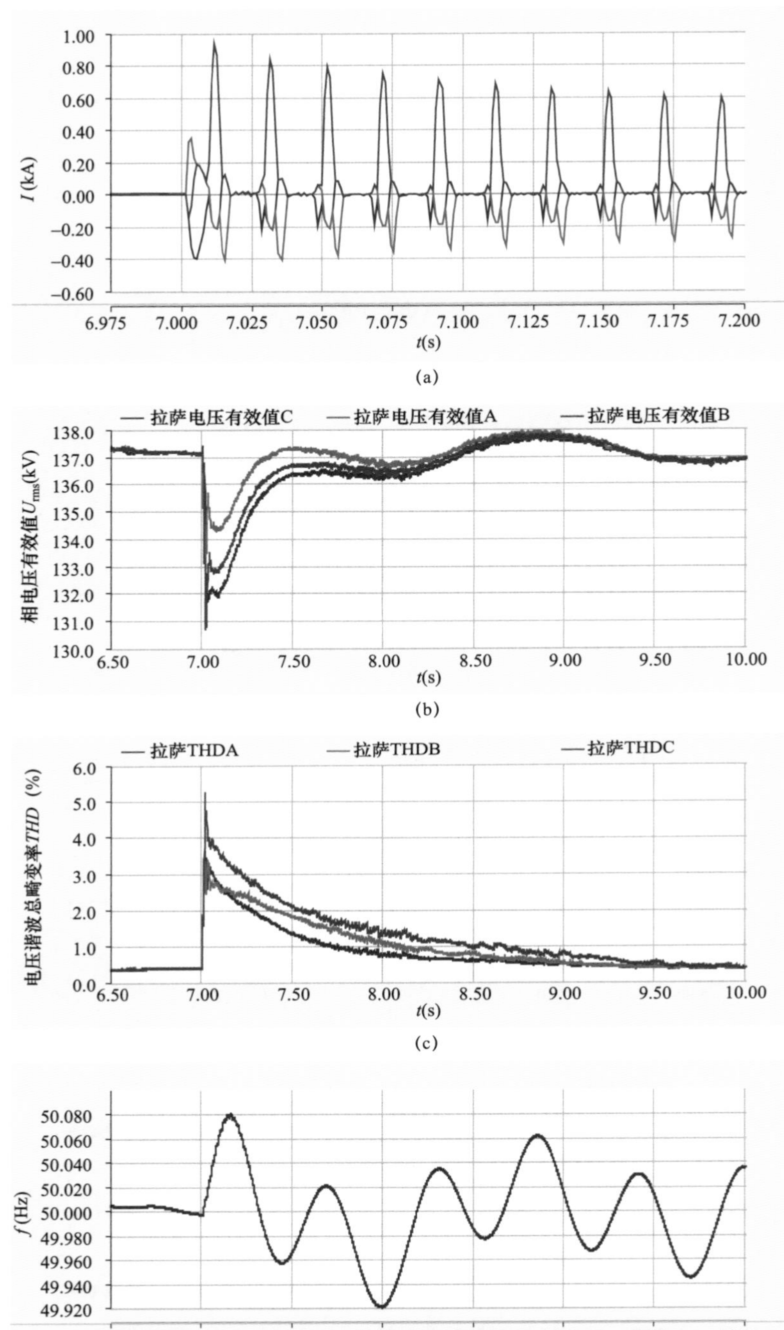

图 5.8-2　从 220kV 侧空载合闸许木 500kV 变电站第一台主变压器（一）
（40%剩磁，合闸电阻 400Ω，10ms 涌流 940A）

（a）许木励磁涌流；（b）拉萨换流站电压有效值；（c）拉萨换流站 *THD*；（d）旁多频率

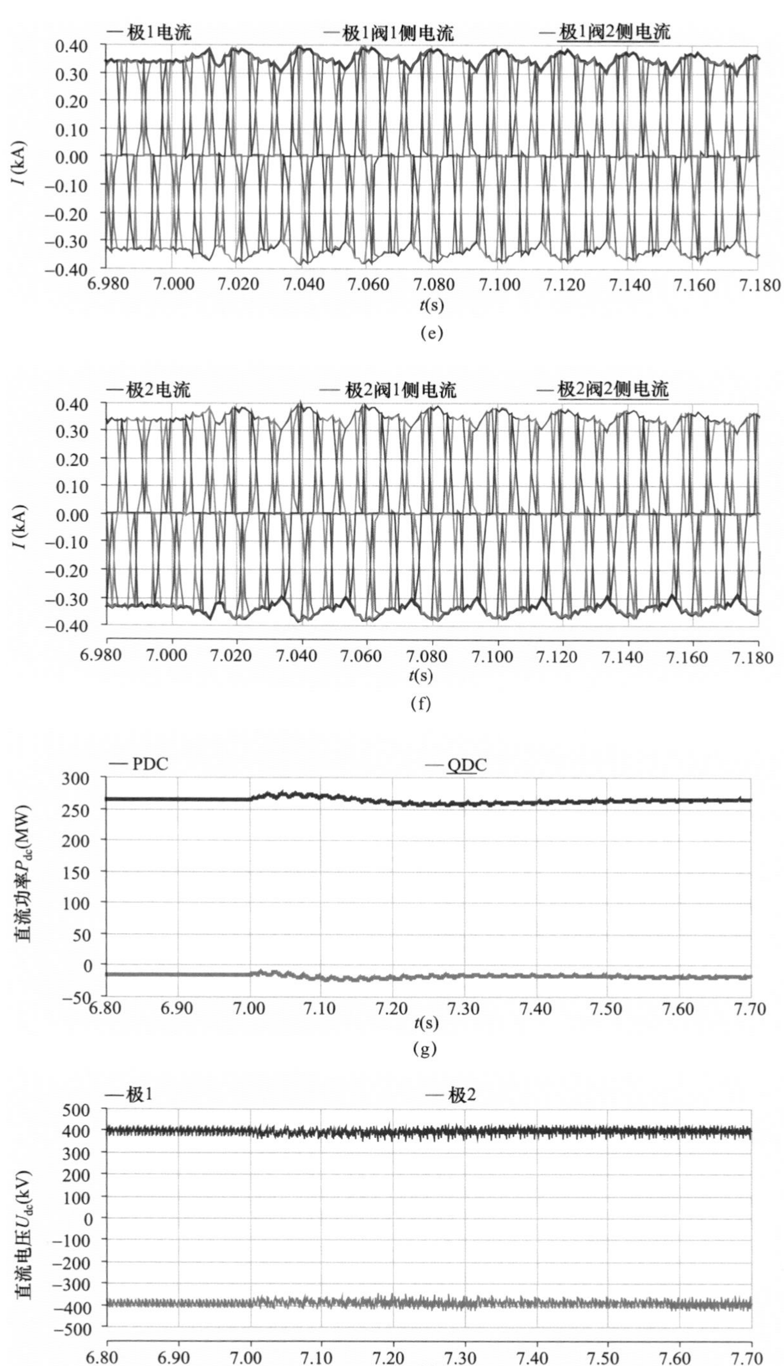

图 5.8–2 从 220kV 侧空载合闸许木 500kV 变电站第一台主变压器（二）
（40%剩磁，合闸电阻 400Ω，10ms 涌流 940A）

（e）极 1 及其阀 1、2 侧电流；（f）极 2 及其阀 1、2 侧电流；（g）直流功率；（h）直流电压

2）藏中电力联网工程投运后，全网架运行及在 500kV 线路 $N-1$ 情况下空载合闸许木、朗县、林芝、波密、澜沧江 500kV 变电站主变压器，柴拉直流均换相失败 1 次，约 20ms，加装选相合闸装置并考虑选相误差±1ms，柴拉直流未发生换相失败。空载合闸芒康、巴塘 500kV 变电站主变压器未发生换相失败。

3）根据以上计算及柴拉直流换相失败保护定值，空载合闸主变压器柴拉直流换相失败不会引起换相失败保护动作。

4）空载合闸主变压器引起柴拉直流换相失败，导致直流吸收大量无功功率（最大约 200Mvar），电网开机少，SVC 未投入，电压调节能力低，因此藏中电网电压会出现短时暂降。藏中孤网空载合闸主变压器，最大电压跌落深度约 71%，全网架运行空载合闸主变压器最大电压跌落深度约 42%，低电压持续时间低于 100ms。

根据以上计算及柴拉直流换相失败保护定值，空载合闸主变压器柴拉直流换相失败不会引起换相失败保护动作。仿真结果如表 5.8－1 和表 5.8－2 所示。

表 5.8－1　　藏中孤网空载合闸主变压器对柴拉直流影响分析

运行方式	空载合闸地点	抑制措施	涌流峰值（A）	最大电压跌落深度（%）	最大电压畸变率（%）	换相失败次数
藏中孤网	许木 500kV 变电站 220kV 侧	—	3000	71	68	1
		合闸电阻	940	4.3	5.2	0
		选相合闸	1180	6.6	7.4	0
	林芝 500kV 变电站 220kV 侧	—	2400	43	25	1
		合闸电阻	550	2	4.5	0
		选相合闸	760	3	4.5	0
	许木 500kV 变电站 500kV 侧	—	1100	60	55	1
		选相合闸	600	7	7	0
	林芝 500kV 变电站 500kV 侧	—	800	35	21	1
		选相合闸	480	4	5	0
	朗县 500kV 变电站	—	1000	56	45	1
		选相合闸	600	45	25	1
		合闸电阻	300	4	4.5	0
	波密 500kV 变电站	—	1050	60	35	1
		选相合闸	550	46	32	1
		合闸电阻	200	2	3.2	0

表 5.8-2　　藏中联网空载合闸主变压器对柴拉直流影响分析

运行方式	空载合闸地点	线路检修	抑制措施	涌流峰值（A）	最大电压跌落深度（%）	最大电压畸变率（%）	换相失败次数
藏中联网	许木 500kV 变电站	—	—	1400	42	24	1
		林芝—波密 $N-1$	—	1363	40	20.2	1
		—	选相合闸	740	7	5	0
	朗县 500kV 变电站	—	—	1310	33.3	17.7	1
		林芝—朗县 $N-1$	—	1250	41	23	1
		—	选相合闸	723	7.2	4.8	0
	林芝 500kV 变电站	—	—	1324	34.7	17.4	1
		林芝—波密 $N-1$	—	1276	37.7	28	1
		—	选相合闸	695	5.8	5	0
	波密 500kV 变电站	—	—	1310	32	17	1
		左贡—波密 $N-1$	—	1240	35	17	1
		—	选相合闸	800	5	4.7	0
	芒康 500kV 变电站	—	—	1166	5.8	5.4	0
		芒康—巴塘 $N-1$	—	1160	6.5	5.7	0
	巴塘 500kV 变电站	—	—	1490	6.5	6.1	0
		乡城—巴塘 $N-1$	—	1430	5.7	6.5	0
	澜沧江 500kV 变电站	—	—	1381	20.3	16.7	1
		芒康—巴塘 $N-1$	—	1379	22.5	19.9	1
		芒康—巴塘 $N-1$	选相合闸	740	7	5	0

2. 柴拉直流送出方式

计算中，柴拉直流外送 45 万 kW，柴拉直流初始 α 角 15°。藏中电网孤网运行时，在 40%剩磁条件下，从许木 500kV 变电站 220kV 侧空载合闸主变压器，涌流峰值约 3200A，仿真曲线如图 5.8-3 所示。电网会发生电压暂降［残压 0.88（标幺值），暂降深度 0.12（标幺值）］，由于直流处于整流方式，无换相失败风险。拉萨换流站进入最小 α 角控制，时间持续约 230ms，直流振荡功率峰值约 10 万 kW。

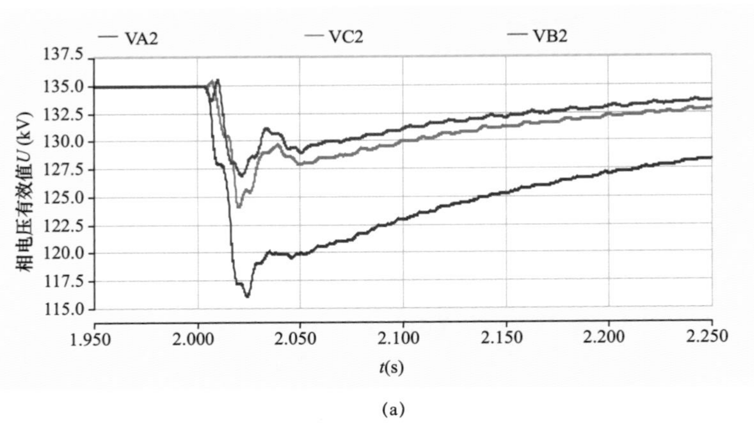

(a)

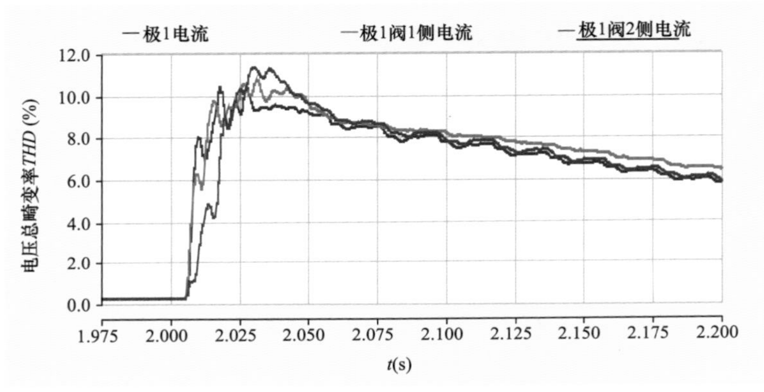

(b)

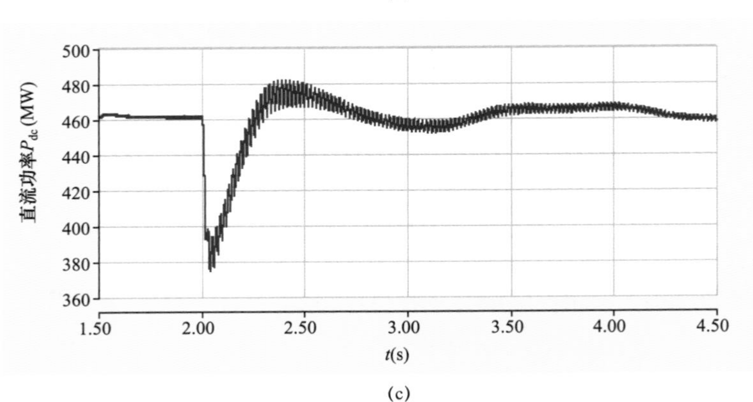

(c)

图 5.8-3　从许木 500kV 变电站 220kV 侧空载合闸主变压器（直流送出）（一）

（a）拉萨换流站母线电压（相电压有效值）；（b）拉萨换流站母线电压谐波畸变率；（c）柴拉直流功率

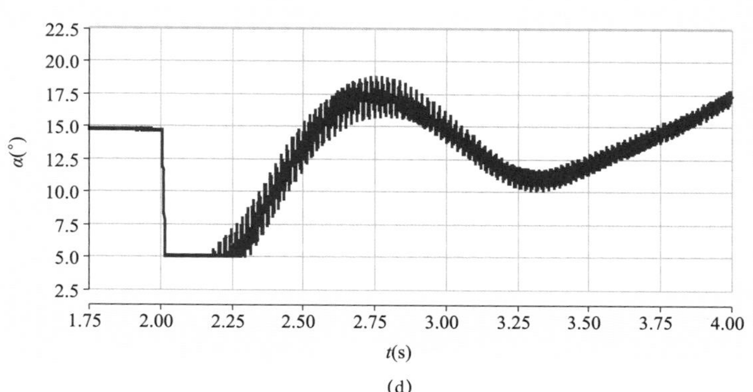

(d)

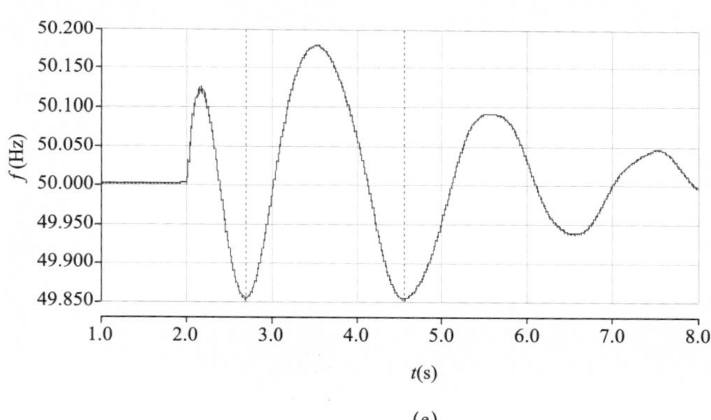

(e)

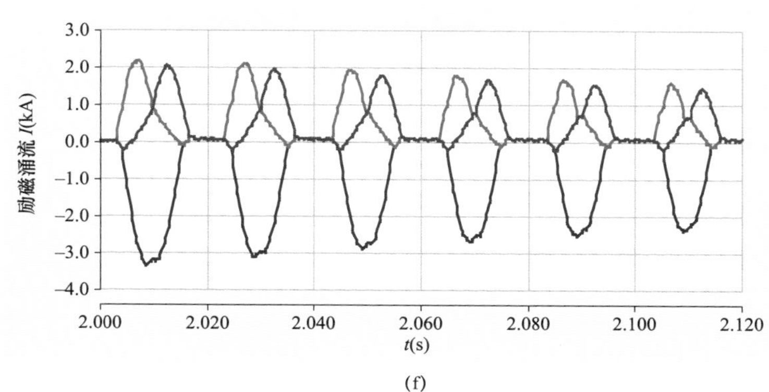

(f)

图 5.8–3　从许木 500kV 变电站 220kV 侧空载合闸主变压器（直流送出）（二）

（d）整流站 α 角；（e）藏木电厂机组频率；（f）许木 500kV 变电站励磁涌流

四川某直流大负荷试验期间，已经发生过直流进入最小 α 角控制后，由于阀触发系统滤波支路设计不当导致触发脉冲丢失，从而导致直流闭锁故障。

因此，柴拉直流拉萨侧整流运行状态下仍然具有闭锁风险，建议将直流外送功率控制在 10 万 kW 以下。

总体仿真结果如下：

（1）藏中电网孤网运行，40%剩磁条件下，从许木 500kV 变电站 220kV 侧空载合闸主变压器，涌流峰值约 3200A。电网会发生电压暂降［残压 0.88（标幺值），暂降深度 0.12（标幺值）］由于直流处于整流方式，无换相失败风险。拉萨换流站进入最小 α 角控制，时间持续约 230ms，直流振荡功率峰值约 10 万 kW（运行功率 45 万 kW）。

（2）藏中电网孤网运行，许木 500kV 变电站空载合闸主变压器，涌流峰值约 1100A。电网会发生电压暂降［残压 0.91（标幺值），暂降深度 0.09（标幺值）］，由于直流处于整流方式，无换相失败风险。拉萨换流站进入最小 α 角控制，时间持续约 230ms，直流振荡功率峰值约 7 万 kW（运行功率 45 万 kW）。

（二）试验方案设计

1. 试验项目

设计开展如下试验项目：

（1）藏中和昌都联网方式下主变压器投切对柴拉直流影响测试：

1）芒康 500kV 变电站主变压器投切，对柴拉直流影响测试；

2）澜沧江 500kV 变电站主变压器投切，对柴拉直流影响测试。

（2）藏中、四川和昌都联网方式下主变压器投切对柴拉直流影响测试：

1）芒康 500kV 变电站主变压器投切，对柴拉直流影响测试；

2）澜沧江 500kV 变电站主变压器投切，对柴拉直流影响测试；

3）波密、林芝 500kV 变电站主变压器投切，对柴拉直流影响测试；

4）朗县 500kV 变电站主变压器投切，对柴拉直流影响测试；

5）许木 500kV 变电站主变压器投切，对柴拉直流影响测试。

2. 柴拉直流初始运行状态

试验前，柴拉直流双极降压运行，柴达木送拉萨功率约 4.2 万 kW。

（三）试验结果分析

1. 藏中和昌都联网方式下主变压器投切对柴拉直流影响测试结果

试验开始前，昌都电网、藏中电网联网运行，各站点设备初始状态如图 5.8-4 所示。

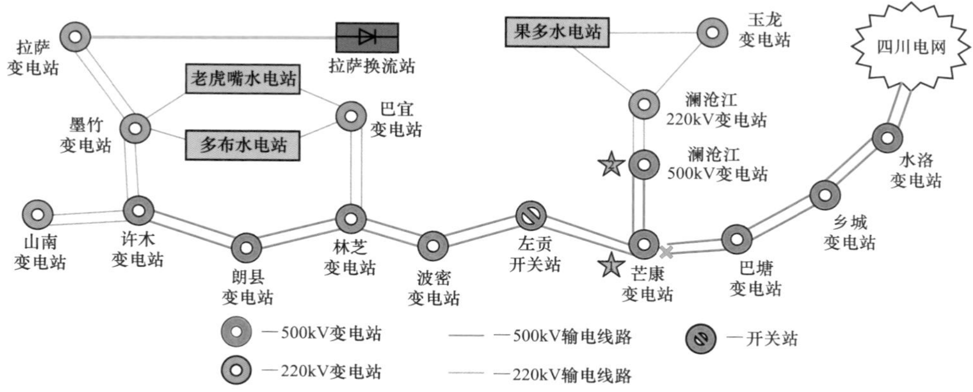

图 5.8-4 试验前，昌都、藏中电网联网运行时设备及联络线路运行状态

芒康 500kV 变电站合、分 2 号主变压器高压侧 5043 断路器对主变压器冲击合闸 1 次，测录芒康 500kV 变电站 2 号主变压器投切时的励磁涌流及其对柴拉直流影响情况，测量结果如表 5.8-3 所示。

表 5.8-3 芒康 500kV 变电站 5043 断路器投切 2 号主变压器时的励磁涌流及对柴拉直流影响测量结果

测试项目	测试地点	测试内容	A 相	B 相	C 相
励磁涌流	芒康 500kV 变电站	最大峰值电流（A）	293	535	193
		衰减至半峰值时间（s）	0.7	1.3	4.1
谐波过电压及波形畸变	芒康 500kV 变电站	最大峰值电压（kV）	445.3	451.7	450.1
		操作前稳态电压（kV）	307.9	309.1	306.7
		操作后稳态电压值（kV）	307.9	308.8	307.1
		操作前波形畸变率（%）	0.6	0.6	0.7
		最大波形畸变率（%）	10.0	15.8	8.8
	拉萨换流站交流母线	最大峰值电压（kV）	187.7	187.7	190.9
		操作前稳态电压（kV）	132.1	132.5	131.7
		操作后稳态电压值（kV）	132.2	132.4	132
		操作中最低电压（kV）	131.4	130.5	131.5
		操作前波形畸变率（%）	0	0	0
		最大波形畸变率（%）	0.6	1.4	1
		操作 200ms 后波形畸变率（%）	0.5	1.3	1.0

励磁涌流及光伏并网点电压波形特征如图 5.8－5、图 5.8－6 所示。

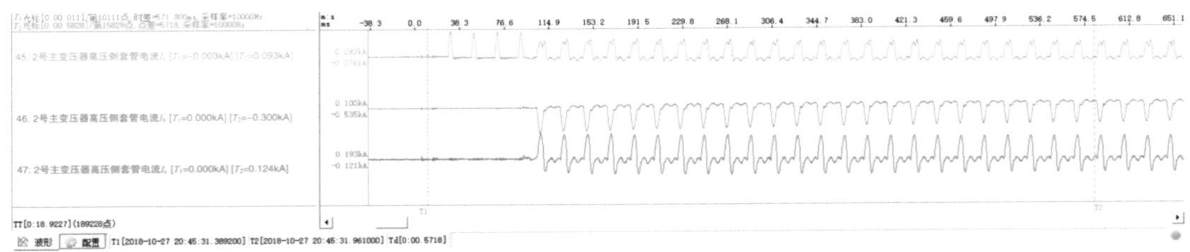

图 5.8－5　芒康 500kV 变电站励磁涌流波形图（一）

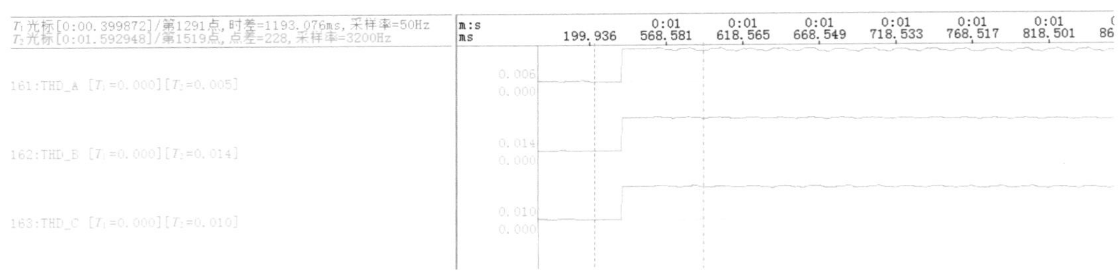

图 5.8－6　拉萨换流站交流电压畸变波形图

2. 藏中、四川和昌都联网方式下主变压器投切对柴拉直流影响测试结果

试验开始前，四川电网、昌都电网、藏中电网联网运行，测录许木 500kV 变电站 1 号主变压器投切时的励磁涌流及其对西藏光伏的影响。

许木 500kV 变电站合、分 1 号主变压器中压侧 231 断路器对主变压器冲击合闸 1 次。测量结果如表 5.8－4 所示。

表 5.8－4　许木 500kV 变电站 231 断路器投切 1 号主变压器时的励磁涌流及其对柴拉直流影响测量结果

测试项目	测试地点	测试内容	A 相	B 相	C 相
励磁涌流	许木 500kV 变电站	最大峰值电流（A）	2327	2716	993
		衰减至半峰值时间（s）	0.5	0.5	0.5
电压暂降及波形畸变	许木 500kV 变电站 2 号变压器高压侧	最大峰值电压（kV）	433.9	437.8	449.7
		操作前稳态电压（kV）	304.2	304.0	305.0
		操作后稳态电压值（kV）	304.0	303.2	305.3
		操作前波形畸变率（%）	0.1	0.1	0.2
		最大波形畸变率（%）	5.9	6.5	5.3

续表

测试项目	测试地点	测试内容	A 相	B 相	C 相
电压暂降及波形畸变	许木 500kV 变电站 2 号变压器中压侧	最大峰值电压（kV）	192.4	191.6	202.5
		操作前稳态电压（kV）	134.0	134.6	134.0
		操作后稳态电压值（kV）	133.1	134.2	132.7
		操作前波形畸变率（%）	0.0	0.0	0.0
		最大波形畸变率（%）	6.7	8.2	5.5
	拉萨换流站极 1 网侧	最大峰值电压（kV）	191.7	187.7	190.5
		操作前稳态电压（kV）	131.6	133.0	132.3
		操作中最低暂态电压	125.2	125.3	128.0
		操作后稳态电压值（kV）	132.8	133.0	132.5
		操作前波形畸变率（%）	0.1	0.0	0.1
		最大波形畸变率（%）	3.0	4.1	3.7
直流运行情况	γ 角	操作前柴拉直流 γ 角（deg）	34.7		
		操作中柴拉直流最小 γ 角（deg）	30.7		
		操作中柴拉直流最大 γ 角（deg）	37.8		
	直流电压	操作前直流电压（kV）	278.7		
		操作中最高直流电压（kV）	286.8		
		操作中最低直流电压（kV）	259.0		
	直流电流	操作前直流电流（A）	79		
		操作中最高直流电流（A）	146		
		操作中最低直流电流（A）	37		
		直流电流 50Hz 最大分量（A）	16		
		直流电流 100Hz 最大分量（A）	11		
		直流电流 150Hz 最大分量（A）	3		

励磁涌流及换流站波形特征如图 5.8−7～图 5.8−10 所示。

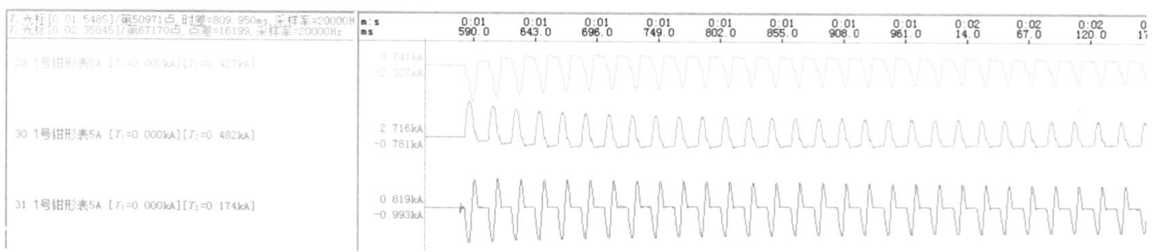

图 5.8−7　许木 500kV 变电站励磁涌流波形图

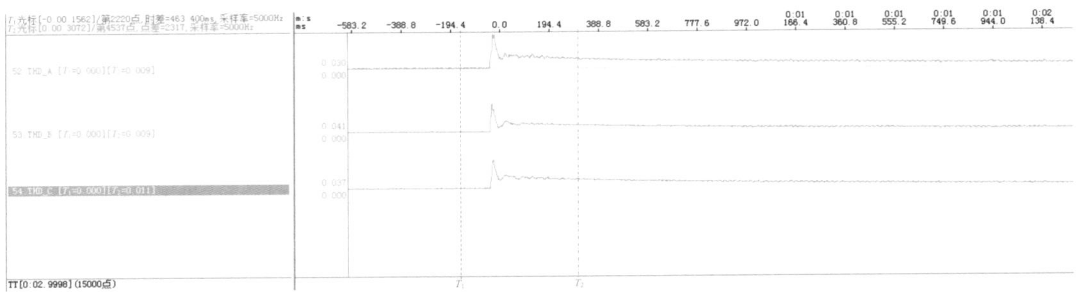

图 5.8-8　拉萨换流站交流电压畸变波形图

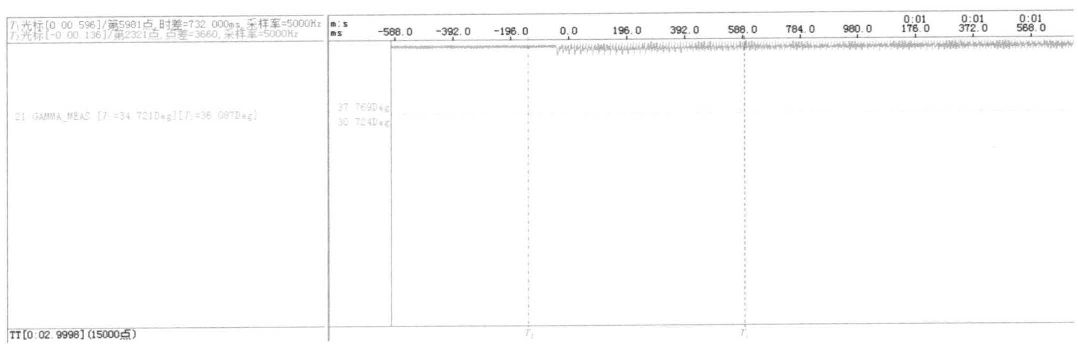

图 5.8-9　柴拉直流 γ 角

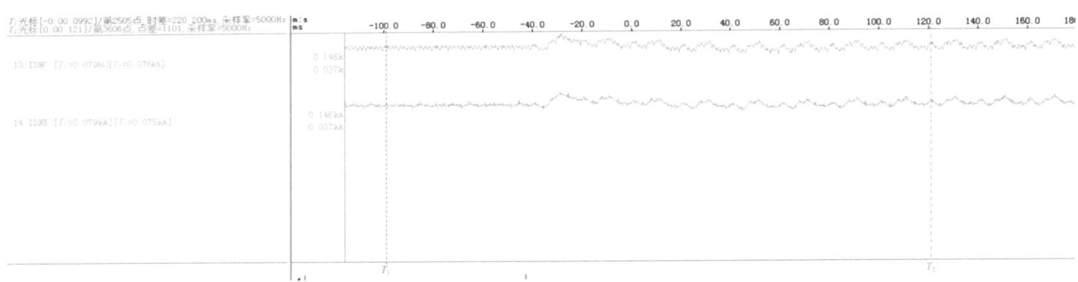

图 5.8-10　柴拉直流电流波形图

3. 小结

（1）藏中和昌都联网方式。

芒康 500kV 变电站 500kV 侧空载合闸主变压器，最大励磁涌流 535A，半峰值衰减时间 1.3s。芒康 500kV 变电站 500kV 侧最高波形畸变率 15.8%，最高相电压峰值 451.7kV。

拉萨换流站 220kV 侧最高波形畸变率 1.4%，最高相电压峰 190.9kV，最低相电压有效值 130.5kV。

试验期间，未观测到柴拉直流换相失败或运行异常现象。

因此，在藏中和昌都联网方式下空载合闸芒康 500kV 变电站主变压器，励磁涌流对柴拉直流影响极小。

（2）藏中、四川和昌都联网方式。

芒康 500kV 变电站 500kV 侧空载合闸主变压器，最大励磁涌流 214A，半峰值衰减时间 0.006s。芒康 500kV 变电站 500kV 侧最高波形畸变率 4.6%，最高相电压峰值 442.3kV。

拉萨换流站 220kV 侧最高波形畸变率 4.1%，最高相电压峰值 193.6kV，操作前相电压有效值约 132kV，操作过程最低相电压有效值 123.1kV，电压暂降约 9kV。

柴拉直流操作前 γ 角 35.2°，操作过程最小 30.6°，减小 4.6°，未发生换相失败。

柴拉直流操作前运行电流 82A，操作过程直流电流中 50Hz 分量最大值 21.8A，100Hz 分量最大 6.9A，150Hz 分量最大 5.2A，未引起谐波保护动作。

试验期间，未观测到柴拉直流换相失败或运行异常现象。

因此，在四川、藏中和昌都联网方式下空载合闸芒康 500kV 变电站主变压器，励磁涌流对柴拉直流影响较小。

许木 500kV 变电站 220kV 侧空载合闸主变压器，最大励磁涌流 2716A，半峰值衰减时间 0.5s。

许木 500kV 变电站 500kV 侧最高波形畸变率 6.5%，最高相电压峰值 449.7kV。

拉萨换流站 220kV 侧最高波形畸变率 4.1%，最高相电压峰值 191.7kV，操作前相电压有效值约 132.5kV，操作过程最低相电压有效值 125.2kV，电压暂降约 7.3kV。

柴拉直流操作前 γ 角 34.7°，操作过程最小 30.7°，减小 4.3°，未发生换相失败。

柴拉直流操作前运行电流 79A，操作过程直流电流中 50Hz 分量最大 16A，100Hz 分量最大 11A，150Hz 分量最大 3A，未引起谐波保护动作。

试验期间，未观测到柴拉直流换相失败或运行异常现象。

因此，在四川、藏中和昌都联网方式下空载合闸林芝 500kV 变电站主变压器，励磁涌流对柴拉直流影响较小。

二、光伏电站谐波耐受能力测试

四川、昌都、藏中电力联网工程投运后，存在藏中电力联网通道中断，昌都电网并入四川电网、昌都电网并入藏中电网情况。在联网状态或局部解网状态下，各站主变压器及其间隔相关设备存在检修、消缺停运需求，其主变压器投运时的励磁涌流激发谐波过电压可能对昌都电网、藏中电网光伏发电造成危害，因此必须对各种运行方式下空载合闸主变压器励磁涌流造成对光伏发电的影响进行测试。

（一）试验方案设计

根据不同的运行方式，设计开展如下测试项目：

（1）昌都和四川联网方式下主变压器投切对光伏影响测试，包括芒康、澜沧江 500kV 变电站主变压器投切对昌都电网光伏影响测试。

（2）藏中和昌都联网方式下主变压器投切对光伏影响测试，包括芒康、澜沧江 500kV 变电站主变压器投切对昌都电网光伏影响测试。

（3）藏中、四川和昌都联网方式下主变压器投切对光伏影响测试，包括芒康、澜沧江、波密、林芝、郎县、许木 500kV 变电站主变压器投切对昌都电网光伏影响测试。

（二）西藏光伏电站电压和谐波耐受水平调研

收集的西藏电网部分光伏电站电压和谐波耐受能力，如表 5.8－5 所示。

表 5.8－5　西藏电网部分光伏电站电压和谐波耐受能力

序号	光伏电站名称	并网点名	装机容量（MW）	光伏谐波耐受能力（%）	配套 SVG 容量（Mvar）	SVG 谐波耐受能力	SVG 电压保护策略，定值
1	林周藏电一期	边角林 110kV 变电站	10	5	4	5%以上闭锁、3%解锁	过电压 $1.2U_N$、1s，欠电压 $0.2U_N$，0.63s
2	曲水锋电	唐嘎果 110kV 变电站	25	3	5	＜3%	不超过额定的输入电压的±10%
3	桑日国电投二期	赤康 110kV 变电站	10	5	2	＜10%	高压 1.2×35kV/4s，低压 0.8×35kV/4s
4	桑日中广核一期	赤康 110kV 变电站	10	5	2	＜5%	高压 42.35kV/0.1s，低压 7kV/0.7s
5	桑日中广核二期	赤康 110kV 变电站	20	5	5	＜5%	高压 42.35kV/0.1s，低压 7kV/0.7s
6	日喀则龙源	工业园 110kV 变电站	30	3	7	＜4%	过电压保护：10kV＋15%；欠压保护：10%～15%
7	拉孜中广核一期	拉孜 110kV 变电站	20	5	5	＜5%	高压 42kV/0.5s，低压 24.5kV/0.5s

基本情况：西藏光伏 SVG 高压保护定值普遍在 1.2（标幺值），保护动作时间范围 0.1～4s；SVG 低压保护定值差异大。光伏及 SVG 谐波畸变保护定值范围为 3%～5%。

（三）试验结果分析

1. 昌都和四川联网方式下主变压器投切对光伏影响测试结果

试验开始，四川电网、昌都电网联网运行，各站点设备初始状态如图 5.8－11 所示。

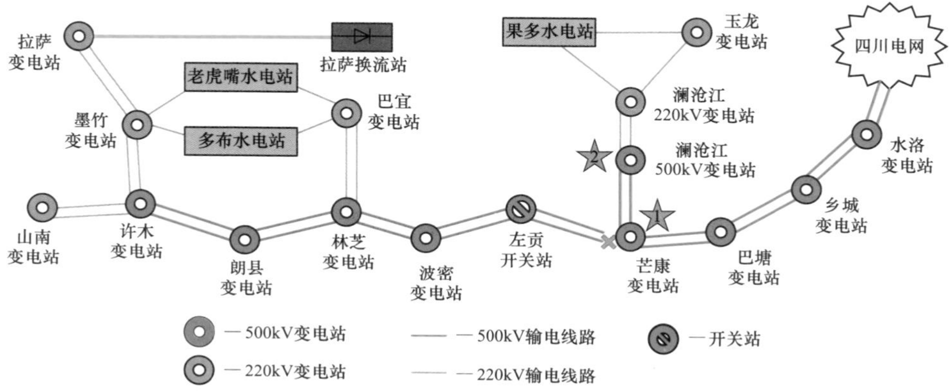

图 5.8－11　试验前，四川、昌都联网方式下变电设备及联络线路运行状态

以芒康 500kV 变电站主变压器投切为例，5043 断路器投切 2 号主变压器时的励磁涌流及其对昌都光伏影响情况见表 5.8－6。

表 5.8－6　芒康 500kV 变电站 5043 断路器投切 2 号主变压器时的励磁涌流及其对昌都光伏影响测量结果

测试项目	测试地点	测试内容	A 相	B 相	C 相
励磁涌流	芒康 500kV 变电站	最大峰值电流（A）	52	48	21
		衰减至半峰值时间（s）	0.1	1.9	3.0
谐波过电压及波形畸变	芒康 500kV 变电站	最大峰值电压（kV）	437.0	435.9	436.9
		操作前稳态电压（kV）	306.4	307.4	306.9
		操作后稳态电压值（kV）	306.5	307.5	306.8
		操作前波形畸变率（%）	0.8	0.7	0.6
		最大波形畸变率（%）	2.3	2.4	2.1
	玉龙 220kV 变电站 110kV 母线	最大峰值电压（kV）	95.9	96.6	95.8
		操作前稳态电压（kV）	66.7	66.9	66.7
		操作后稳态电压值（kV）	66.7	67.0	66.7
		操作前波形畸变率（%）	0.1	0.1	0.1
		最大波形畸变率（%）	0.4	0.5	0.3
		操作 200ms 后波形畸变率（%）	0.3	0.3	0.2

励磁涌流及光伏并网点电压波形特征如图 5.8－12～图 5.8－14 所示。

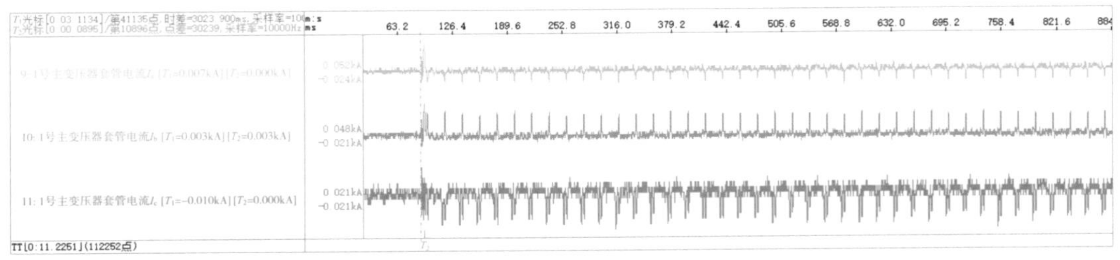

图 5.8－12　芒康 500kV 变电站励磁涌流波形图（二）

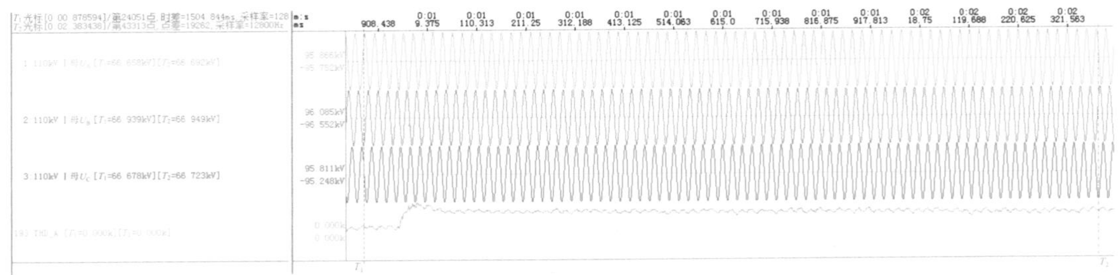

图 5.8－13　玉龙 220kV 变电站 110kV 母线电压波形图

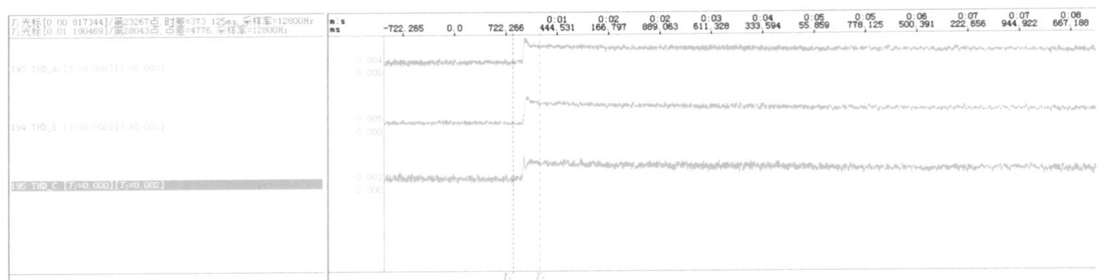

图 5.8－14　玉龙 220kV 变电站 110kV 母线电压畸变率波形图

2. 藏中和昌都联网方式下主变压器投切对光伏影响测试结果

试验开始，四川电网、昌都电网、藏中电网联网运行，以芒康 500kV 变电站主变压器投切为例，5043 断路器投切 2 号主变压器时的励磁涌流及其对西藏光伏影响结果见表 5.8－7。

表 5.8－7　芒康 500kV 变电站 5043 断路器投切 2 号主变压器时的励磁涌流及其对西藏光伏影响测量结果

测试项目	测试地点	测试内容	A 相	B 相	C 相
励磁涌流	芒康 500kV 变电站	最大峰值电流（A）	293	535	193
		衰减至半峰值时间（s）	0.7	1.3	4.1

续表

测试项目	测试地点	测试内容	A 相	B 相	C 相
谐波过电压及波形畸变	芒康 500kV 变电站	最大峰值电压（kV）	445.3	451.7	450.1
		操作前稳态电压（kV）	307.9	309.1	306.7
		操作后稳态电压值（kV）	307.9	308.8	307.1
		操作前波形畸变率（%）	0.6	0.6	0.7
		最大波形畸变率（%）	10.0	15.8	8.8
	玉龙 220kV 变电站 110kV 母线	最大峰值电压（kV）	97.3	97.2	96.2
		操作前稳态电压（kV）	67.1	67.3	67.1
		操作后稳态电压值（kV）	67.1	67.0	67.5
		操作前波形畸变率（%）	0.0	0.0	0.0
		最大波形畸变率（%）	1.5	3.7	2.2
		操作 200ms 后波形畸变率（%）	0.4	0.9	0.7
	赤康光伏 35kV 母线	最大峰值电压（kV）	30.7	30.7	30.8
		操作前稳态电压（kV）	21.6	21.6	21.6
		操作后稳态电压值（kV）	21.6	21.5	21.7
		操作前波形畸变率（%）	0.0	0.0	0.0
		最大波形畸变率（%）	1.1	2.9	1.8
		操作 200ms 后波形畸变率（%）	0.8	1.6	1.1

3. 藏中、四川和昌都联网方式下主变压器投切对光伏影响测试结果

试验开始，四川电网、昌都电网、藏中电网联网运行。芒康 500kV 变电站 5011 断路器投切 1 号主变压器时的励磁涌流及光伏并网点电压波形特征如图 5.8-15～图 5.8-17 所示。

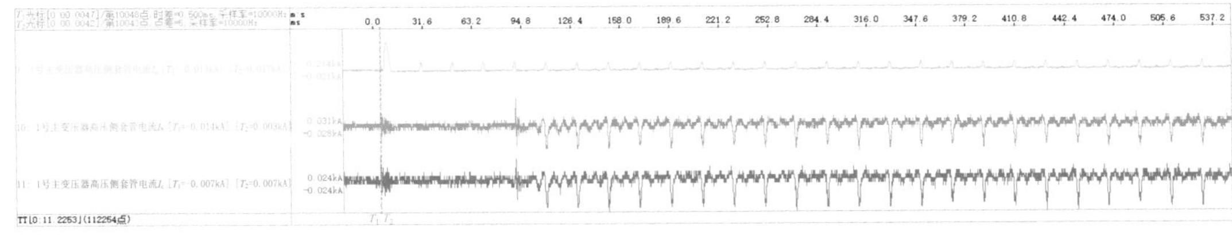

图 5.8-15　芒康 500kV 变电站励磁涌流波形图（三）

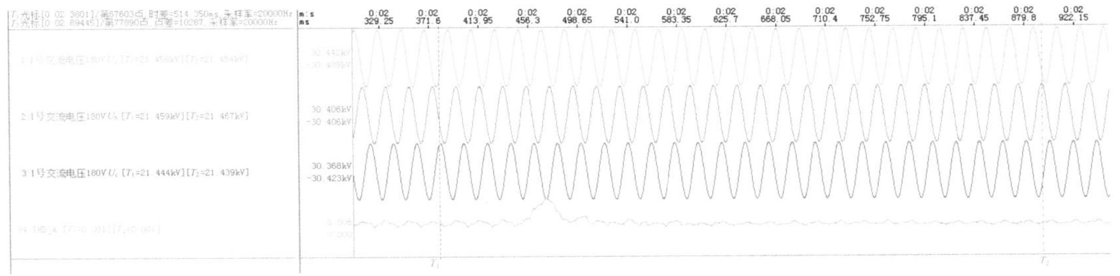

图 5.8-16　赤康 110kV 变电站 35kV 母线电压波形图

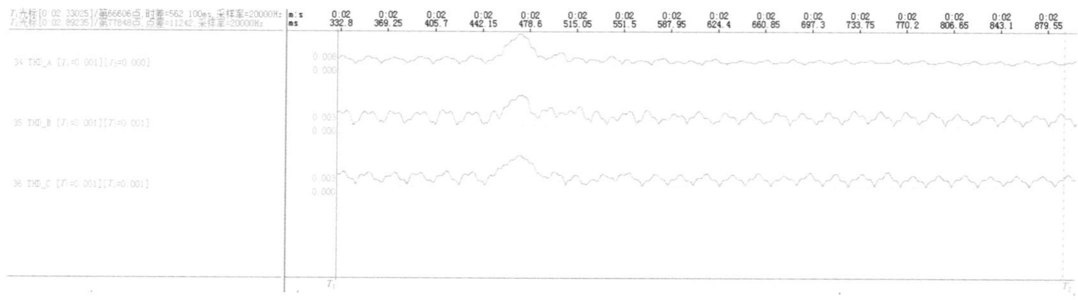

图 5.8-17　赤康 110kV 变电站 35kV 母线电压畸变率波形图

4. 试验结论

空载合闸主变压器对光伏影响测试中，未接到光伏异常或者保护动作报告。

（1）昌都和四川联网方式下主变压器投切对光伏影响。

1）芒康 500kV 变电站 500kV 侧空载合闸主变压器，最大励磁涌流 52A，半峰值衰减时间 0.1s；

2）芒康 500kV 变电站 500kV 侧最高波形畸变率 2.4%，最高相电压峰值 437.0kV；

3）玉龙 220kV 变电站 110kV 侧最高波形畸变率 0.5%，操作 200ms 后波形畸变率 0.3%，最高相电压峰值 95.9kV；

4）试验期间，光伏无异常，SVG 未发生闭锁。

（2）藏中和昌都联网方式下主变压器投切对光伏影响。

1）芒康 500kV 变电站 500kV 侧空载合闸主变压器，最大励磁涌流 535A，半峰值衰减时间 1.3s；

2）芒康 500kV 变电站 500kV 侧最高波形畸变率 15.8%，最高相电压峰值 451.7kV；

3）玉龙 220kV 变电站 110kV 侧最高波形畸变率 3.7%，操作 200ms 后波形畸变率 0.9%，最高相电压峰值 97.3kV；

4）赤康 110kV 变电站 35kV 侧最高波形畸变率 2.9%，操作 200ms 后波形畸变率 1.6%，最高相电压峰值 30.8kV；

5）试验期间，光伏无异常，SVG 未发生闭锁。

（3）藏中、四川和昌都联网方式下主变压器投切对光伏影响。

1）芒康 500kV 变电站 500kV 侧空载合闸主变压器，最大励磁涌流 214A，半峰值衰减时间 0.006s；

2）芒康 500kV 变电站 500kV 侧最高波形畸变率 4.6%，最高相电压峰值 442.3kV；

3）玉龙 220kV 变电站 110kV 侧最高波形畸变率 0.7%，操作 200ms 后波形畸变率 0.1%，最高相电压峰值 87.2kV；

4）赤康 110kV 变电站 35kV 侧最高波形畸变率 0.6%，操作 200ms 后波形畸变率 0.1%，最高相电压峰值 30.4kV；

5）试验期间，光伏无异常，SVG 未发生闭锁。

（4）朗县 500kV 变电站 500kV 侧空载合闸主变压器，最大励磁涌流 449A，半峰值衰减时间 0.7s；

朗县 500kV 变电站 500kV 侧最高波形畸变率 3.8%，最高相电压峰值 455.0kV；

玉龙 220kV 变电站 110kV 侧最高波形畸变率 4.5%，操作 200ms 后波形畸变率 2.8%，最高相电压峰值 99.0kV；

赤康 110kV 变电站 35kV 侧最高波形畸变率 1.4%，操作 200ms 后波形畸变率 0.6%，最高相电压峰值 30.5kV；

试验期间，光伏无异常，SVG 未发生闭锁。

第六章

藏中电力联网工程系统调试典型案例分析

在藏中电力联网工程系统调试过程中，共分析处理油温及绕温表整定问题、站内时钟同步问题、新型变压器的消磁、电压互感器铁磁谐振、主变压器合闸引发 SVC 保护动作、抽能高压电抗器保护误动等调试异常缺陷事件 11 起，经过现场整改均得到了圆满解决，有效保障了工程安全调试和运行。

由于 500kV 母线电压互感器铁磁谐振、主变压器合闸引发 SVC 保护动作以及抽能高压电抗器保护误动事件在常规电力联网工程调试和电网运行中非常少见。因此，本章主要阐述上述三个问题的分析过程和现场解决方案，为此类问题的分析和工程实践提供参考。

第一节　500kV 母线电压互感器铁磁谐振

一、问题描述

朗县 500kV 变电站 500kV 系统接线图见图 6.1－1。

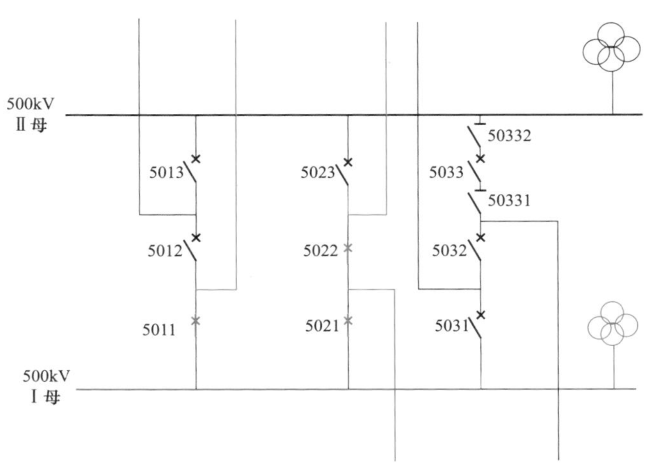

图 6.1－1　朗县 500kV 变电站 500kV 系统接线图

朗县 500kV 变电站 500kVⅡ母线空载过程中，5013、5033 断路器断开情况下，Ⅱ母线带电，断开 5023 断路器。发现Ⅱ母线在没有带电的情况下，A 相 TV 发热并异响，

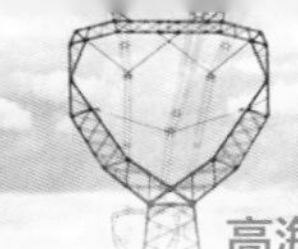

发现 A 相验电器显示有电压。并在后台发现电压在 170～330kV 波动。运行人员向调度申请拉开 5022 断路器，把 5023 断路器隔离出来，故障还没消除，继续向调度申请拉开 50332 隔离开关，异响消除，但发热继续存在。最后拉开 50331 隔离开关，TV 异常情况消除，温度下降。具体过程如下：依次拉开 5023 断路器—5022 断路器—50332 隔离开关—50331 隔离开关。

二、谐振机理分析

在电力系统的振荡回路中，由于变压器、电压互感器、消弧线圈等铁芯电感的磁路饱和作用而激发起持续性较高幅值的铁磁谐振过电压，它具有与线性谐振过电压完全不同的特点和性能。非线性谐振可以稳定存在。铁磁谐振回路可用图 6.1－2 所示的串联谐振回路描述，TV 典型励磁特性曲线如图 6.1－3 所示。

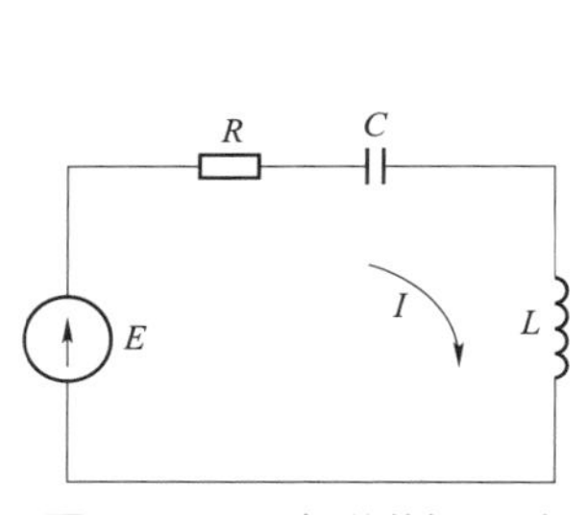

图 6.1－2　串联谐振回路

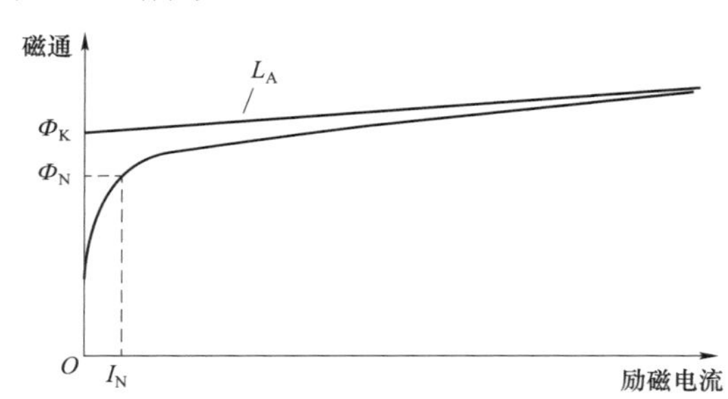

图 6.1－3　TV 典型励磁特性曲线

L_A—饱和气隙电抗；Φ_k—饱和气隙磁通；
I_N—额定励磁电流；Φ_N—额定磁通

正常运行条件下其初始感抗大于容抗，电路不会谐振，TV 线圈上的电压为电网额定相电压，通过线圈的电流不会使 TV 铁芯饱和，其励磁电感为一固定常数，饱和后励磁电抗迅速减小，当电路中等效感抗与容抗相等时，将引发铁磁谐振。

在图 6.1－4 中，朗县 500kV 变电站断路器具有双断口，为使电压在各断口上分布均匀，并有利于改善灭弧性能，在断口上加装了均压电容。朗县 500kV 变电站均压电容值约 1016～1018pF。

带断口电容的开关对空母线充电完成，拉开开关后，等值电路如图 6.1－5 所示。断路器热备用，两侧隔离开关合上时，虽然断路器没有合上，但是由于断口电容存在，电源电压将通过该电容耦合，与 TV 形成闭合回路。回路容抗和感抗相等即可形成谐振。

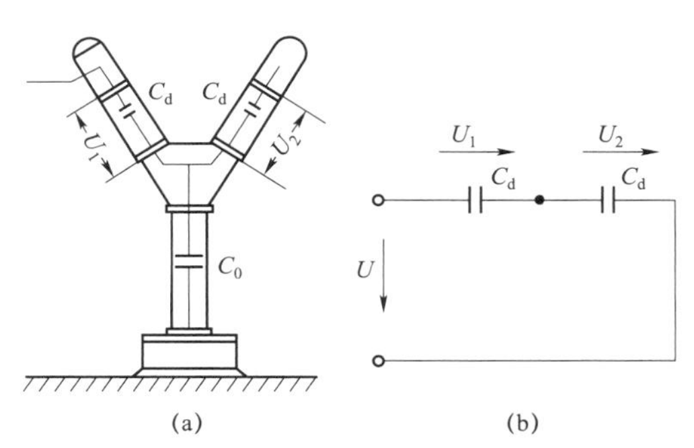

图 6.1–4　开关断口电容示意图
（a）开关断口示意图；（b）开关断口电容等值电路

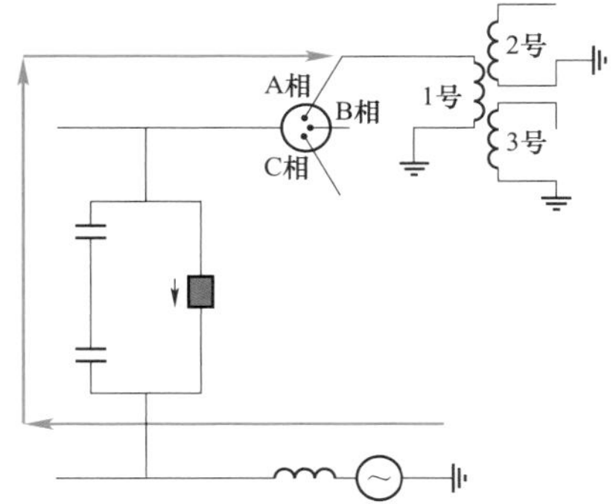

图 6.1–5　开关断开后谐振示意图

三、解决措施及有效性验证

用于防止 TV 引起铁磁谐振的措施种类很多，大致可以分为两大类：一是改变电感电容的参数，破坏谐振的匹配条件，从而不容易激发谐振；另一类是消耗谐振的能量，阻尼抑制或消除谐振的发生。

朗县 500kV 变电站铁磁谐振过程，通过调整运行方式消除谐振即是破坏谐振的匹配条件的典型案例。

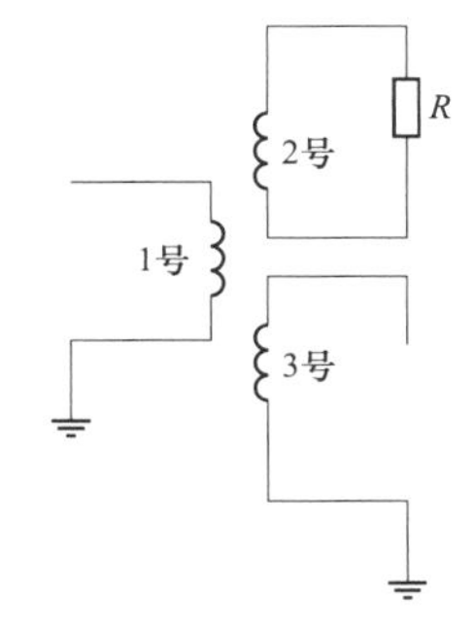

图 6.1–6　TV 二次开口三角串入阻尼电阻示意图

另一种有效措施是在 TV 二次开口三角侧并联阻尼电阻 R，如图 6.1–6 所示。电阻 R 相当于接在电源变压器的中性点上，或者看成并接至 TV 一次侧（YN）接线的绕组上。R 越小消谐效果越明显，当 R=0，即将开口三角形绕组短接，则 TV 三相电感值就变成漏感，也就不存在因 TV 饱和产生的过电压。

按照铁磁谐振发生时朗县 500kV 变电站的运行方式，建立了电磁暂态模型，对谐振过程进行了仿真反演，并对控制措施进行了仿真。故障反演结果如图 6.1–7 所示，采取控制措施后如图 6.1–8 所示。仿真中考虑了以下关键影响因素：① 断路器断口并联电容；② TV 的 $U—I$ 特性曲线；③ 母线等效对地电容；④ 主变压器绕组对地电容；⑤ 线路及高压电抗器；⑥ 线路 CVT；⑦ 主变压器 CVT；⑧ 操作时刻（相位）。仿真结果与现场录波趋势一致，幅值略有差异。

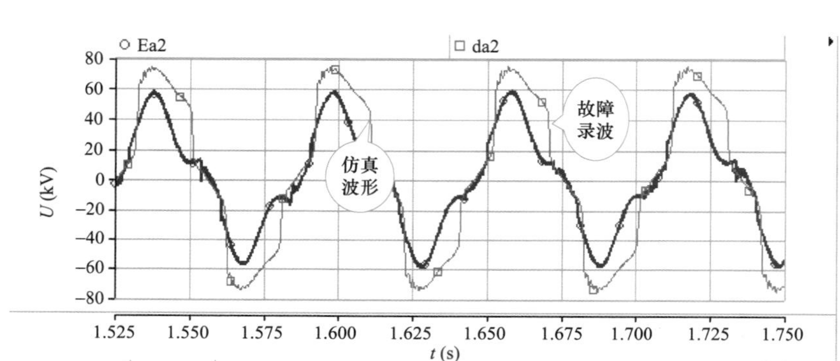

图 6.1-7　谐振发生过程仿真反演对比

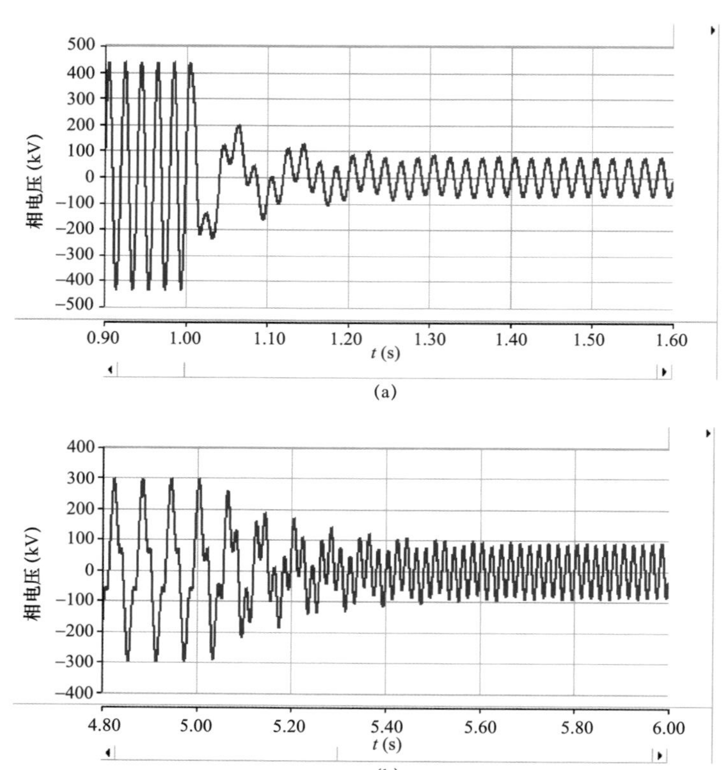

图 6.1-8　谐振抑制措施效果

（a）TV 加装阻尼电阻；（b）朗县 500kV 变电站拉掉隔离开关（调整运行方式）

根据仿真结果，调整运行方式规避谐振点或加装阻尼装置后，谐振能得到快速抑制。对于 500kV 母线，TV 为单相，可在二次绕组串联非线性电阻。调试现场，考虑事故 TV 可能损坏，发生故障的母线，将互感器更换成带阻尼装置的新 TV，另一条未发生故障的母线 TV 加装阻尼装置。

第二节　主变压器合闸引发 SVC 保护跳闸

FACTS 装置的滤波支路的谐波阻抗很小，在电网谐波畸变率升高的情况下，滤波支路很可能会过载，甚至损坏滤波器。因此，FACTS 装置的滤波支路通常配置了谐波保护，在电网谐波畸变较大时，谐波保护会导致 FACTS 装置闭锁。在弱联系电网中，由于短路容量小、与电源之间阻抗大，谐波畸变率水平通常高于普通电网，因此需要特别关注谐波对 FACTS 装置的影响。2018 年 10 月 5 日 17 时 03 分 18 秒，藏中电力联网系统调试期间，在对朗县 500kV 变电站 2 号主变压器进行冲击合闸后，朗县 500kV 变电站 SVC 内部录波装置收到继电器动作命令，启动故障录波。SVC 后台上报 1 号 SVC 3 次滤波器支路保护动作，60ms 后 SVC 控制器联跳 1-TCR、1～5 次滤波器 2 个支路。

一、朗县 500kV 变电站 SVC 跳闸过程描述

2018 年 10 月 5 日 17 时 03 分 18 秒，在对朗县 500kV 变电站 2 号主变压器进行冲击合闸后，朗县 500kV 变电站 SVC 内部录波装置收到继电器动作命令，启动故障录波。SVC 后台上报 1 号 SVC 3 次滤波器支路保护动作，60ms 后 SVC 控制器联跳 1-TCR、1～5 次滤波器 2 个支路。朗县 500kV 变电站 35kV 系统接线示意图如图 6.2-1 所示，各支路动作情况如图 6.2-2 所示。

二、事故原因分析

（一）保护动作情况分析

（1）3 次滤波保护动作情况分析。朗县 500kV 变电站 3 次滤波器过电流Ⅱ段保护定值为 0.53A（有效值、二次值），保护时限为 0.3s。经查看保护装置录波，1～3 次滤波器过电流Ⅱ段保护动作电流达到 0.612A（有效值、二次值），且电流超过 0.53A 的时长大于 0.3s，支路元件保护动作正确。

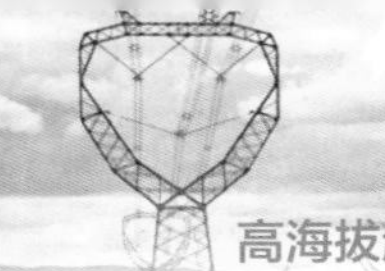

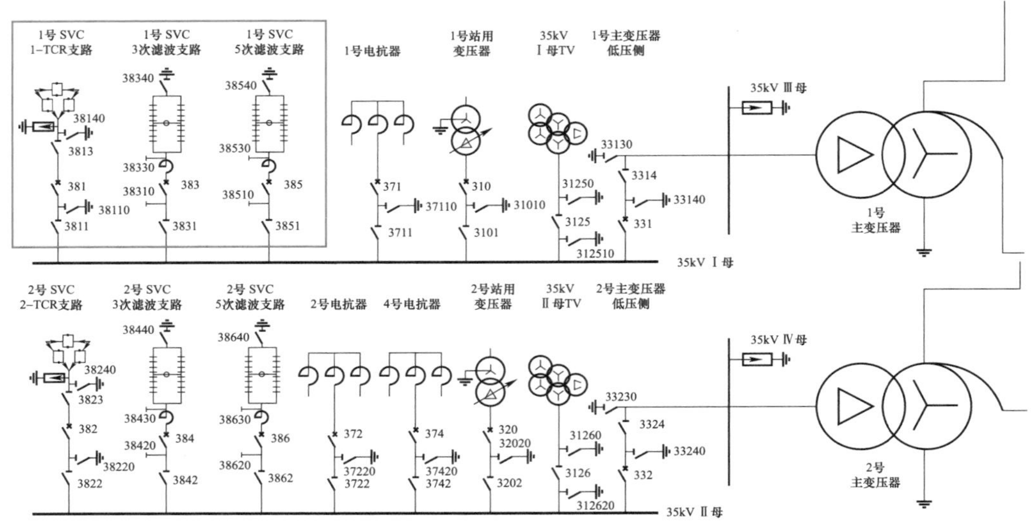

图 6.2-1　朗县 500kV 变电站 35kV 系统接线示意图

顺序	事件时间	事件类型	所属设备	所属CPU	事件描述
13	2018年10月05日 17时03分18秒 913毫秒	告警	1号分控单元A	DO1单元	收到继电器动作命令
17	2018年10月05日 17时03分19秒 250毫秒	SOE	总控单元A	DI1单元	1号SVC3次滤波支路保护动作
23	2018年10月05日 17时03分19秒 310毫秒	告警	总控单元A	DO1单元	收到继电器动作命令
35	2018年10月05日 17时03分19秒 282毫秒	SOE	总控单元A	DI1单元	383 断路器合位
36	2018年10月05日 17时03分19秒 363毫秒	告警	总控单元A	DO1单元	收到继电器动作命令
38	2018年10月05日 17时03分19秒 310毫秒	告警	总控单元A	调节控制单元	联跳385
40	2018年10月05日 17时03分19秒 254毫秒	SOE	1号分控单元A	DI1单元	1号SVC3次滤波支路保护动作
42	2018年10月05日 17时03分19秒 294毫秒	SOE	总控单元A	DI1单元	383 断路器分位
47	2018年10月05日 17时03分19秒 345毫秒	SOE	1号分控单元A	DI1单元	381 断路器合位
48	2018年10月05日 17时03分19秒 310毫秒	告警	总控单元A	调节控制单元	联跳TCR1
50	2018年10月05日 17时03分19秒 312毫秒	告警	1号分控单元B	调节控制单元	总控请求联跳
51	2018年10月05日 17时03分19秒 311毫秒	告警	1号分控单元A	DO1单元	收到继电器动作命令
52	2018年10月05日 17时03分19秒 346毫秒	SOE	总控单元A	DI1单元	385 断路器合位
56	2018年10月05日 17时03分19秒 310毫秒	SOE	总控单元A	调节控制单元	分385断路器出口
57	2018年10月05日 17时03分19秒 310毫秒	SOE	总控单元B	调节控制单元	分385断路器出口
58	2018年10月05日 17时03分19秒 359毫秒	SOE	总控单元A	DI1单元	385 断路器分位
59	2018年10月05日 17时03分19秒 359毫秒	SOE	总控单元B	DI1单元	385 断路器分位
60	2018年10月05日 17时03分19秒 312毫秒	告警	1号分控单元A	调节控制单元	总控请求联跳
61	2018年10月05日 17时03分19秒 359毫秒	SOE	1号分控单元A	DI1单元	381 断路器分位
62	2018年10月05日 17时03分19秒 321毫秒	告警	总控单元A	调节控制单元	总控要求闭锁TCR1
63	2018年10月05日 17时03分19秒 363毫秒	告警	总控单元B	调节控制单元	TCR1分控A系统上报主动闭锁
64	2018年10月05日 17时03分19秒 322毫秒	告警	1号分控单元B	调节控制单元	总控申请闭锁
65	2018年10月05日 17时03分19秒 322毫秒	告警	1号分控单元A	DO1单元	收到继电器复归命令

图 6.2-2　朗县 500kV 变电站 SVC 跳闸事件各支路动作情况

（2）TCR 及 5 次滤波支路保护动作情况分析。本 SVC 装置设置有联跳策略：当 3 次滤波器支路故障或检修退出运行时，联跳本套 SVC 装置 TCR、5 次滤波支路。

分析故障过程，3 次滤波器支路保护动作跳开同时自动分别联跳本套 SVC 装置的其他支路，符合控制策略动作原则，TCR 支路、5 次滤波支路联跳动作正确。

（二）故障录波分析

为了对保护动作情况进行映证，并得到该事故的引发原因，下面取朗县 500kV 变电站 SVC 跳闸事故期间的录波数据进行分析。

3 次滤波器故障跳闸的录波如图 6.2-3 所示，故障录波中 3 次滤波器电流有效值（二次值）超过保护定值 0.53A 的时间大于 0.3s，故保护装置动作。

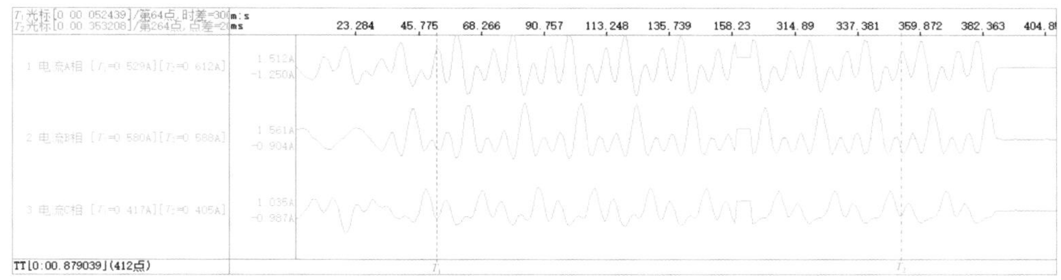

图 6.2-3　SVC 3 次滤波器故障跳闸的录波

1 号主变压器高、低压侧电压录波如图 6.2-4 所示。对其进行谐波分析，可以看出

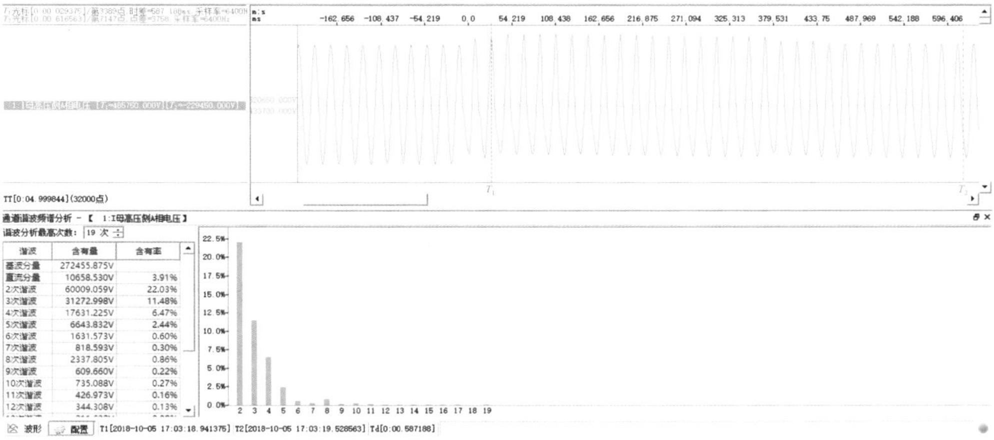

TT[0:04.999844](32000点)

通道谐波频谱分析 － 【 1:I母高压侧A相电压 】

谐波分析最高次数：19 次

谐波	含有量	含有率
基波分量	272455.875V	
直流分量	10658.530V	3.91%
2次谐波	60009.059V	22.03%
3次谐波	31272.998V	11.48%
4次谐波	17631.225V	6.47%
5次谐波	6643.832V	2.44%
6次谐波	1631.573V	0.60%
7次谐波	818.593V	0.30%
8次谐波	2337.805V	0.86%
9次谐波	609.660V	0.22%
10次谐波	735.088V	0.27%
11次谐波	426.973V	0.16%
12次谐波	344.308V	0.13%

波形　配置　T1[2018-10-05 17:03:18.941375] T2[2018-10-05 17:03:19.528563] Td[0:00.587188]

(a)

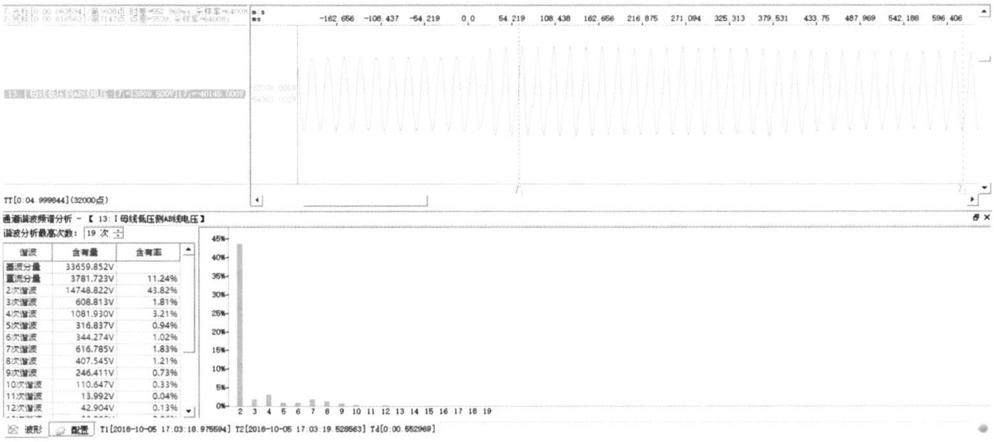

TT[0:04.999844](32000点)

通道谐波频谱分析 － 【 13: I 母线低压侧AB线电压 】

谐波分析最高次数：19 次

谐波	含有量	含有率
基波分量	33659.852V	
直流分量	3781.723V	11.24%
2次谐波	14748.822V	43.82%
3次谐波	608.813V	1.81%
4次谐波	1081.930V	3.21%
5次谐波	316.837V	0.94%
6次谐波	344.274V	1.02%
7次谐波	616.785V	1.83%
8次谐波	407.545V	1.21%
9次谐波	246.411V	0.73%
10次谐波	110.647V	0.33%
11次谐波	13.992V	0.04%
12次谐波	42.904V	0.13%

波形　配置　T1[2018-10-05 17:03:18.975594] T2[2018-10-05 17:03:19.528563] Td[0:00.552969]

(b)

图 6.2-4　1 号主变压器高、低压侧电压谐波分析

（a）高压侧电压谐波；（b）低压侧电压谐波

其中含有大量 2 次谐波和 3 次谐波（1 号主变压器高压侧电压 2 次谐波约 22.5%，3 次谐波约 11%；1 号主变压器低压侧电压 2 次谐波约 42%，3 次谐波约 3%）。

1 号 SVC 3 次滤波器支路电流录波如图 6.2－5 所示。对其进行谐波分析，可以看出其中也含有大量 2 次谐波和 3 次谐波（2 次谐波约 80%，3 次谐波约 120%）。

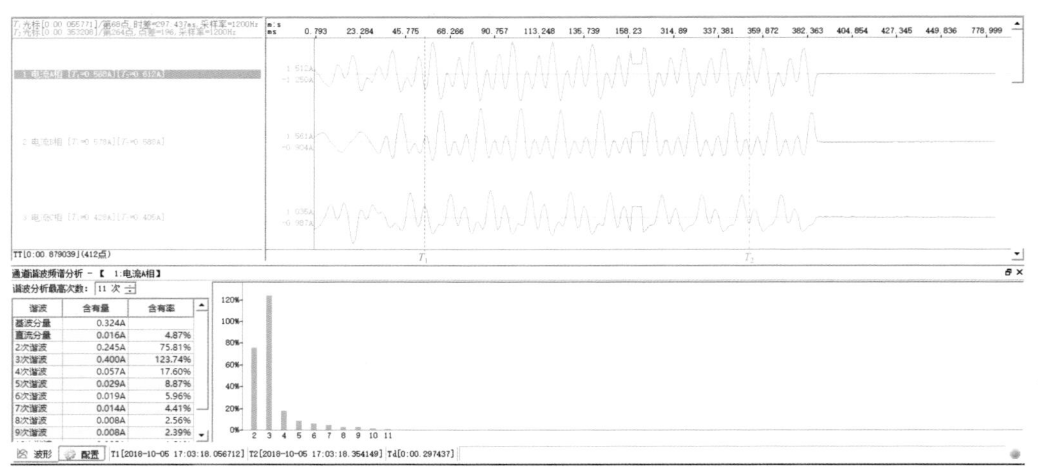

图 6.2－5　1 号 SVC 3 次滤波器电流谐波分析

本次 1 号 SVC 跳闸事件是在朗县 500kV 变电站 2 号主变压器做合闸冲击试验时发生的，该试验产生了含有大量 2、3 次谐波电流的励磁涌流，如图 6.2－6 所示。

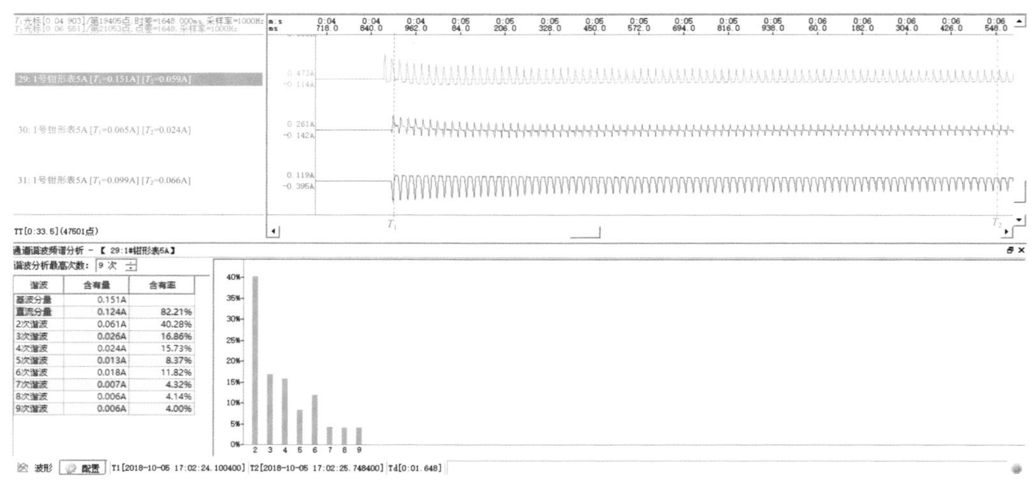

图 6.2－6　空载合闸 2 号主变压器产生的励磁涌流

励磁涌流将导致弱电网发生较严重的电压畸变。从录波波形看，朗县 500kV 变电站 500kV 母线电压产生了一定畸变，SVC 母线电压波形严重畸变，尤其以 2、3 次谐波含量最高。3 次滤波器对 2、3 次谐波电压呈现低阻抗特性，在较小的 2、3 次谐波电压下将产生较大的谐波电流，因此出现了 3 次滤波器有效值过流跳闸的情况。

三、仿真分析

搭建西藏电网 PSCAD/EMTDC 仿真模型对该次事故进行仿真反演，模拟 2 号主变压器冲击合闸时产生的励磁涌流及其对 SVC 的影响。2 号主变压器冲击合闸时产生的励磁涌流如图 6.2−7 所示。

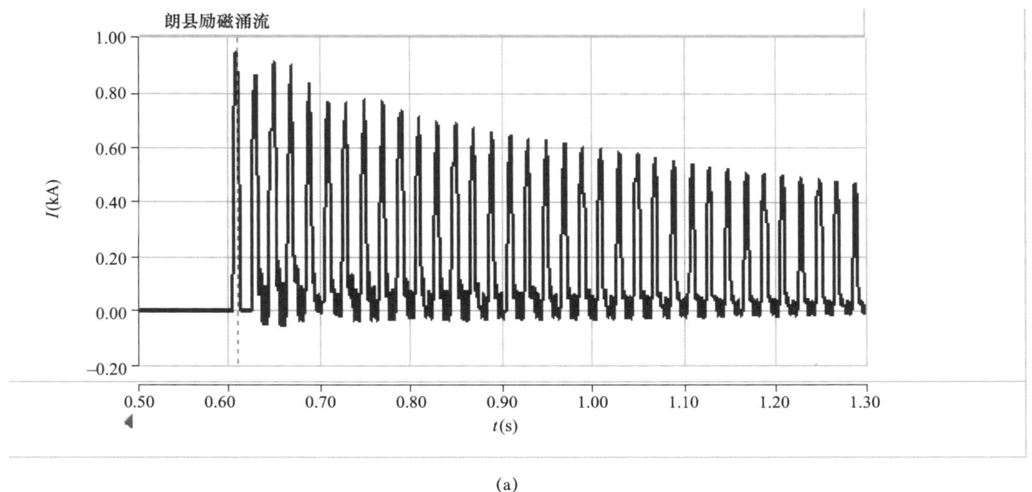

(a)

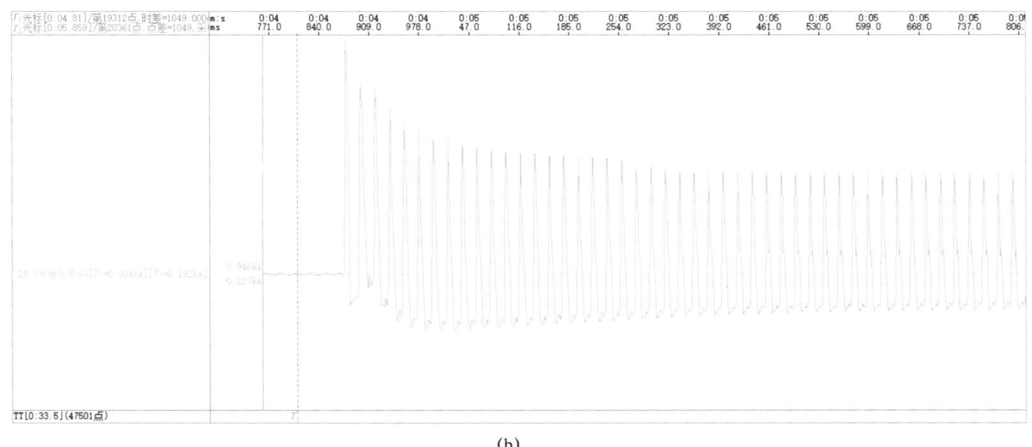

(b)

图 6.2−7 励磁涌流对比图

（a）仿真 A 相励磁涌流；（b）实际 A 相励磁涌流

对比 2 号主变压器冲击合闸时，励磁涌流仿真结果和实际录波结果如表 6.2−1 所示。由图 6.2−7 和表 6.2−1 可知，2 号主变压器合闸后励磁涌流仿真值与实际录波值非常接近。

表 6.2−1　　2 号主变压器励磁涌流仿真结果和实际录波对比

项目	仿真	录波
2 号主变压器首合相合闸角度（°）	36	36
A 相励磁涌流峰值（A）	946	946

2 号主变压器冲击合闸后，1 号 SVC 3 次滤波器支路电流大幅增加，其 A 相电流仿真值与录波结果对比如图 6.2−8 所示。

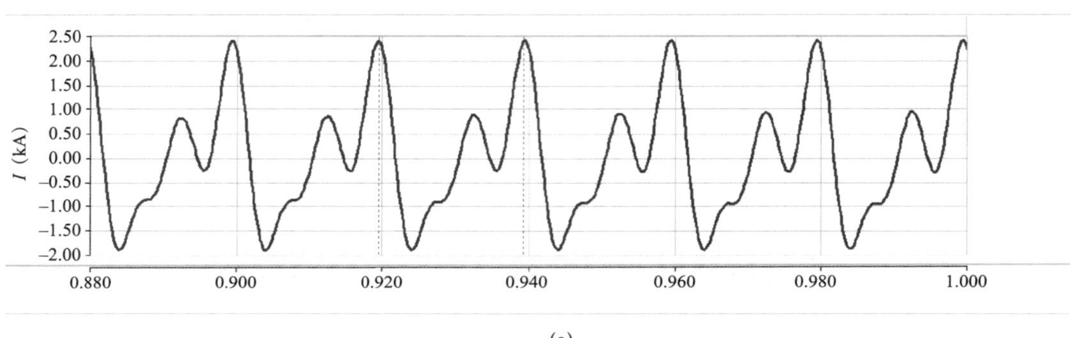

(a)

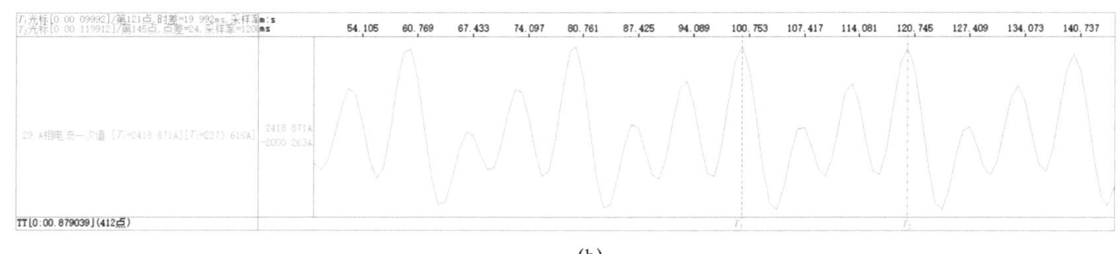

(b)

图 6.2−8　1 号 SVC 3 次滤波器支路电流

（a）仿真值；（b）实测值

对比 1 号 SVC 3 次滤波器支路电流仿真结果和实际录波结果如表 6.2−2 所示。

表 6.2−2　　2 号主变压器冲击合闸后，1 号 SVC 3 次滤波器支路电流仿真结果和实际录波结果对比

项目	仿真	实际
电流峰值（A）	2393	2418

对比可知，1 号 SVC 3 次滤波器支路电流仿真波形和实际波形非常接近。

四、措施和建议

经分析可知，本次事故原因是由于朗县 500kV 变电站空投 2 号主变压器时，产生含有大量 2、3 次谐波在内的励磁涌流，导致朗县 500kV 变电站高压侧及低压侧母线电压波形严重畸变，含有大量的 2、3 次谐波。3 次滤波器对 2、3 次谐波阻抗呈现低阻抗特性，在 2、3 次谐波电压的作用下产生了很大的谐波电流，并导致 3 次滤波器过电流保护动作。

对于此次跳闸，按在保证滤波器安全的前提下躲过变压器合闸涌流，优化调整滤波器保护定值，后续空载合闸主变压器试验中未出现类似问题。

第三节　抽能高压电抗器保护误动

一、问题描述

（一）初始运行状态

左波双回线路在两端均配置高压电抗器，单组高压电抗器额定无功容量为 120Mvar。其中，左波Ⅱ线左贡侧高压电抗器为带抽能绕组的高压电抗器（抽能绕组为三角形接法），其他高压电抗器均为普通高压电抗器。抽能并联电抗器为超高压、远距离传输网络提供无功补偿的同时，也可以为边远地区，无电力供应的开关站提供安全稳定和高效的电源，从而解决边远开关站的电源供给问题。其工作原理是在高压并联电抗补偿线路容性无功的同时，利用抽能绕组直接从电抗器中抽出一部分能量供开关站照明和其他生活用电。由于抽能绕组所抽取的能量非常小，不会影响并联电抗器的安全稳定运行。

左波Ⅱ线充电前，芒康、波密 500kV 变电站和左贡开关站设备初始状态如图 6.3－1

所示，芒澜双回运行，芒康 500kV 变电站两组 SVC 投入，芒左Ⅰ线（高压电抗器位于左贡 500kV 开关站侧，额定容量 180Mvar，带抽能绕组）带电，芒左Ⅱ线未带电。

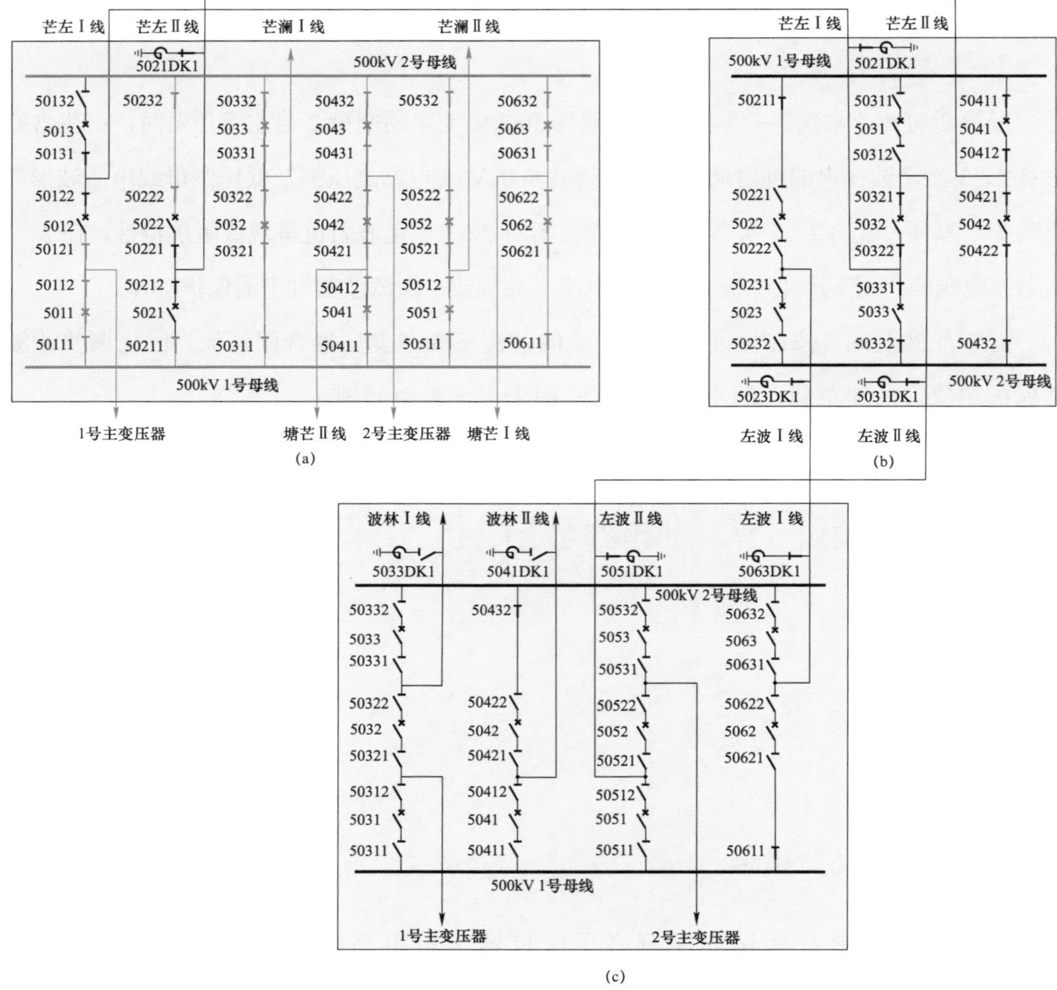

图 6.3-1 左波Ⅱ线充电前，芒康、波密 500kV 变电站和左贡开关站设备初始状态
（a）芒康 500kV 变电站；（b）左贡开关站；（c）波密 500kV 变电站

（二）拉开 500kV 左波Ⅱ线后，该线路高压电抗器抽能保护误动行为

2018 年 9 月 30 日晚间，从左贡侧空载合闸左波Ⅱ线试验过程中（左波Ⅰ线未带电），拉开线路后高压电抗器电压、电流发生拍频振荡，高压电抗器抽能绕组零序过电流保护动作。在左波Ⅱ线拉开，左波Ⅰ线充电后拉开的过程中，左波Ⅱ线左贡侧高压电抗器抽能绕组匝间保护和零序过电流保护动作。电压、电流及保护动作波形如图 6.3-2 所示。

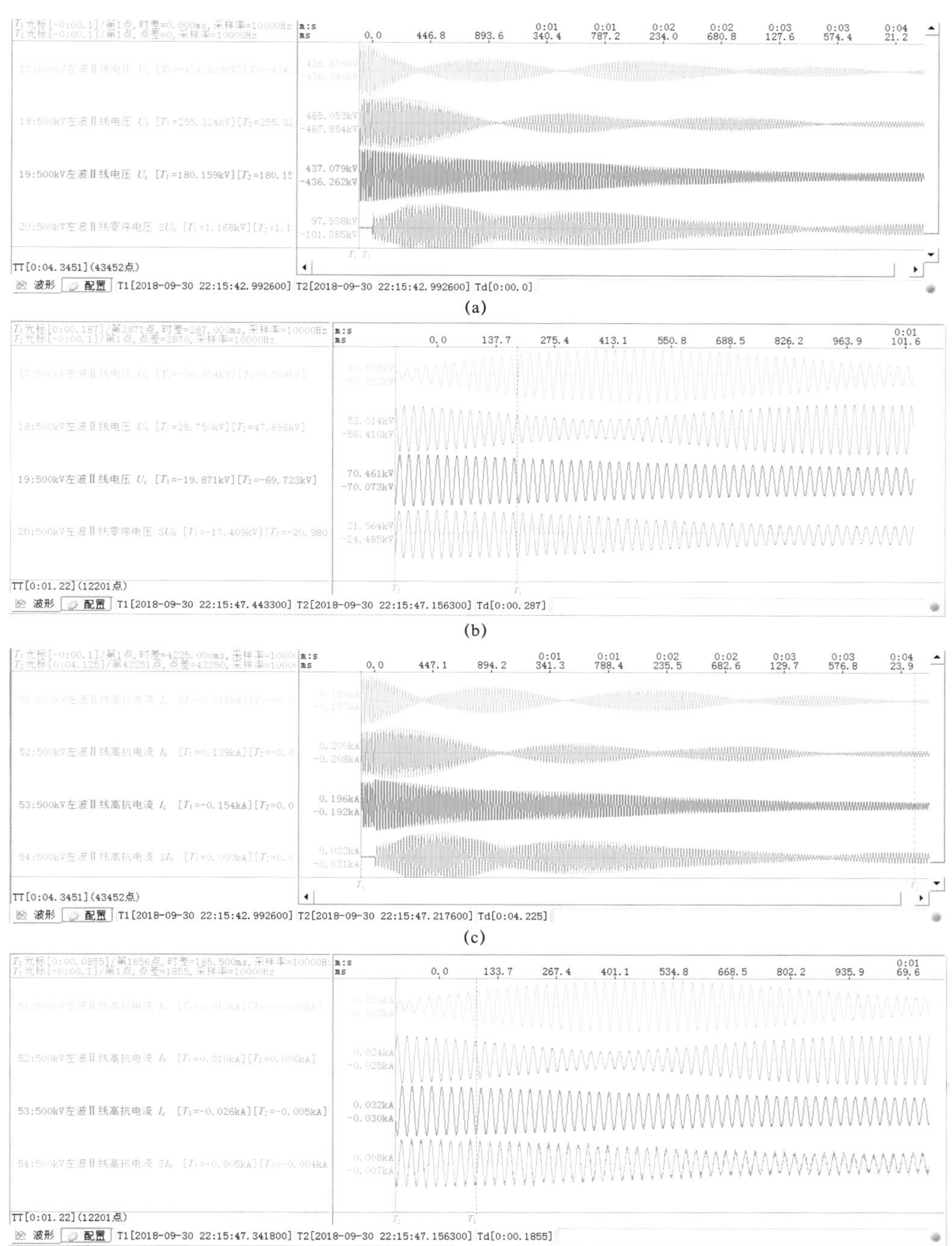

图 6.3-2　拉开左波Ⅱ线前后电气量录波（一）

（a）左波Ⅱ线电压波形（整体）；（b）左波Ⅱ线电压波形（局部）；（c）左波Ⅱ线高压电抗器电流波形；（d）左波Ⅱ线高压电抗器电流波形（局部）

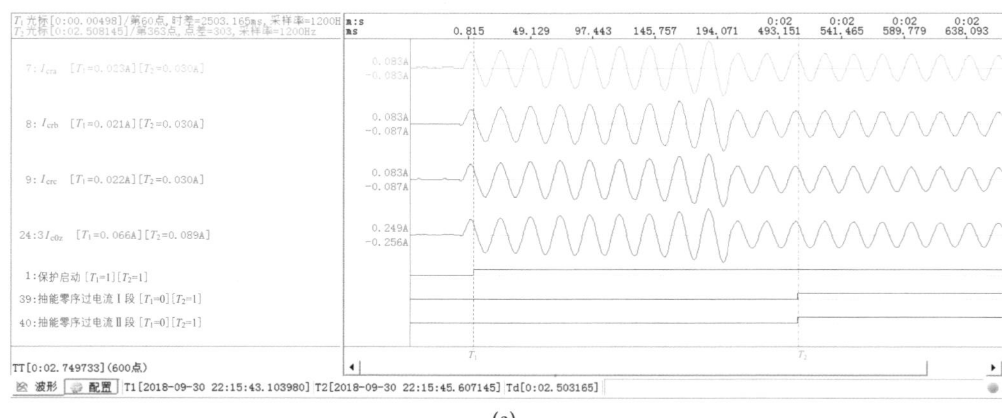

(e)

图 6.3-2　拉开左波Ⅱ线前后电气量录波（二）

（e）左波Ⅱ线高压电抗器抽能绕组三相电流二次值及保护信号

分析波形可知，左波Ⅱ线分闸波形中 A 相分在 A 相下降沿过零点后 4.4ms，B 相分在 A 相下降沿过零点后 9.1ms，C 相分在 A 相下降沿过零点后 8ms。分闸后，由于线路电抗、高压电抗器、接地小电抗、线路互感、线路相间电容以及线路对地电容的共同作用，高压电抗器电压和电流以及抽能绕组电流呈现拍频振荡。抽能绕组 TA 变比为 400:1，抽能侧绕组零序Ⅰ段和Ⅱ段过电流保护二次侧定值均为 0.05A，延时 2.5s。从图 6.3－2 中可以看到，线路拉开后约 2.5s，抽能绕组零序过电流Ⅰ段和Ⅱ段均动作。

左波Ⅱ线电压和电流存在两个振荡周期，以 A 相为例，拍频振荡周期约为 1.2s（对应振荡频率为 0.83Hz），近工频的振荡周期为 22.5ms（对应振荡频率为 44.4Hz）。线路呈不对称排布，造成线路互感和相间电容存在一定不对称，因此各相振荡频率有一定的差异。此外，由于振荡回路中存在线路电阻、高压电抗器电阻以及接地小电抗串联电阻，故振荡整体呈衰减趋势。

（三）拉开 500kV 左波Ⅰ线后，左波Ⅱ线抽能高压电抗器保护误动行为

拉开 500kV 左波Ⅰ线后，左波Ⅰ线、左波Ⅱ线电压、电流波形如图 6.3－3 所示。

分析波形可知，左波Ⅰ线分闸波形中 A 相分在上升沿过零点后 5ms，B 相分在上升沿过零点后 1.4ms，C 相分在上升沿过零点后 7.7ms。由于左波双回部分同塔，左波Ⅱ

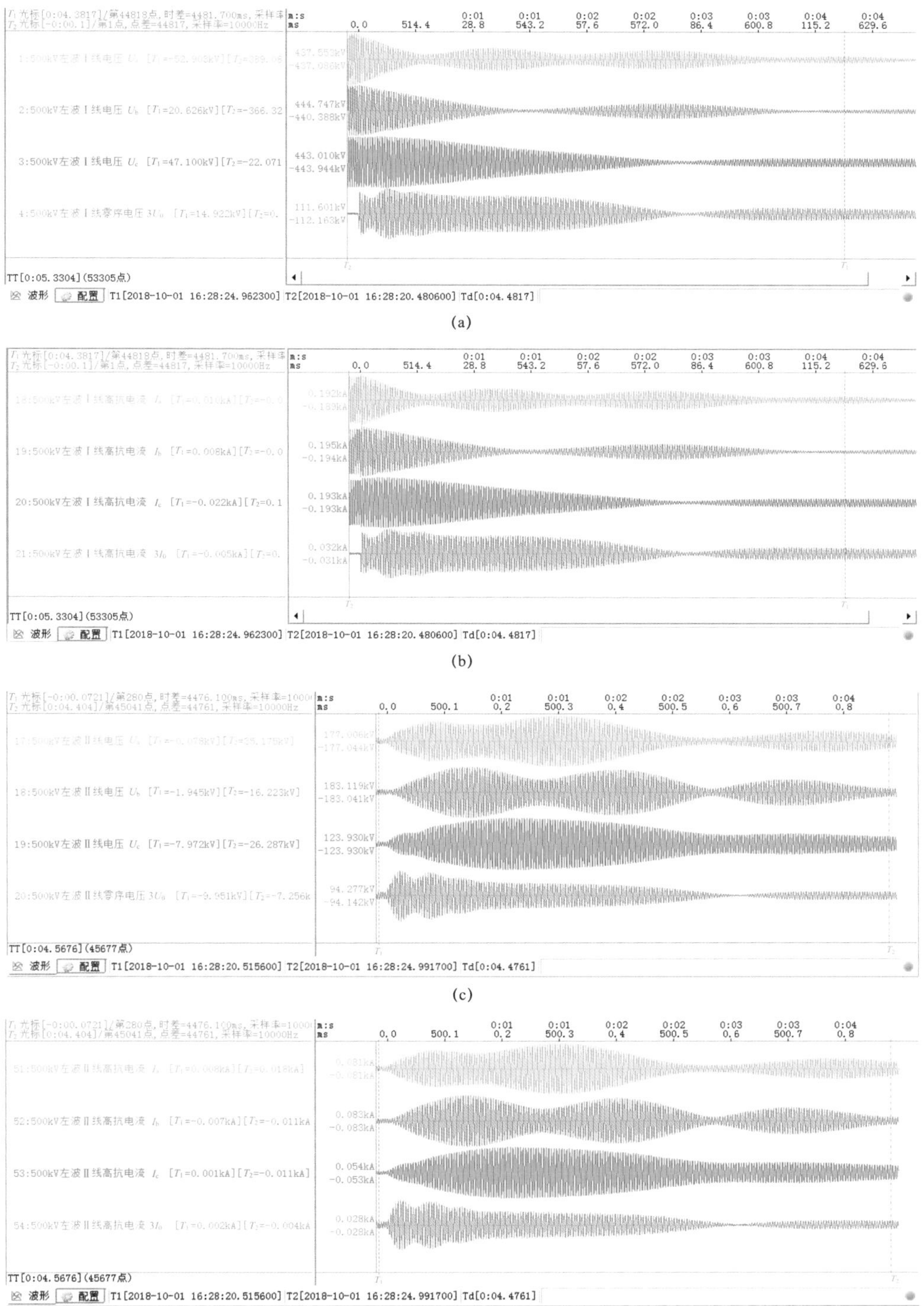

(d)

图 6.3-3 拉开左波Ⅰ线前后，左波Ⅰ、Ⅱ线电气量录波

（a）左波Ⅰ线电压波形；（b）左波Ⅰ线高压电抗器电流波形；（c）左波Ⅱ线电压波形；（d）左波Ⅱ线高压电抗器电流波形

线存在一定的感应电压。左波Ⅰ线分闸后，由于分闸前感应电压形成的初始状态以及后续感应作用，左波Ⅱ线高压电抗器电压和电流以及抽能绕组电流呈现拍频振荡，最终导致抽能绕组匝间保护和零序过电流保护动作。左波Ⅱ线电压和电流同样存在两个振荡周期且振荡整体呈衰减趋势。

二、零序保护动作机理及仿真反演

空载合闸线路试验过程中，线路拉开过程中（或者线路感应电压作用下），由于分闸时刻三相电压各不相同，相当于往三相电路施加了不对称的初始状态。而后三相断路器均跳开后，三相耦合的无源网络便呈现出不对称的自由振荡。该无源网络自由振荡回路主要由两端配置的高压电抗器（含接地小电抗）、线路自感、线路互感以及线路相间电容和对地电容构成。

初始状态不对称的无源自由振荡过程中电气量的变化，可分解为正序振荡回路、负序振荡回路和零序振荡回路的叠加。其中，正序振荡回路和负序振荡回路分别提供正序和负序电气分量通路（不通过大地返回），且由于无源网络正序和负序阻抗网络一致，可视为同一振荡回路，谐振频率对应为f_1；零序振荡回路提供零序电气分量通路（通过大地返回），谐振频率对应为f_2。两个振荡回路谐振频率分别为f_1和f_2，则相应电气量表现为（f_1+f_2）/2 的周期振荡以及｜f_1-f_2｜/2 的包络线振荡。而高压电抗器抽能绕组采用三角形接法，能够形成零序通路，当振荡形成的零序电压或电流超过保护限值，即可触发保护动作。而由于存在线路电阻、高压电抗器串接电阻和中性点接地小电抗串接电阻，振荡呈衰减趋势。

（一）主要电气参数

1. 杆塔模型

为仿真拍频振荡，收集了左波Ⅰ、Ⅱ线换位图，同塔情况，杆塔塔型比例，杆塔尺寸，导线选型，弧垂，杆塔接地情况等参数，最终基于 PSCAD/EMTDC 电磁暂态仿真软件，搭建了左波Ⅰ、Ⅱ线的 J.Marti 线路模型用于拍频振荡仿真。

由于左波双回采用了多达 50 余种不同类型的杆塔，同塔和非同塔之间有 4 次轮换，全线共有 6 次换位，且沿途地形复杂，如要求所搭建的 J.Marti 线路模型能准确反映线路实际特性，存在一定难度。考虑到本次分析以揭示主要特征为主，所以 J.Marti 线路模型所对应的工频电气参数和实测参数大致相符即可。为确认模型的可用性，基于 PSCAD/EMTDC 软件搭建辅助模型测试了左波Ⅰ、Ⅱ线的 J.Marti 线路模型对应的正序和零序阻抗，并与左波Ⅰ、Ⅱ线线路参数实测结果进行对比，结果如表 6.3－1 所示，误差小于 5%。证明了左波Ⅰ、Ⅱ线的 J.Marti 线路路杆塔模型可用。

表 6.3－1　　左波Ⅱ线杆塔模型等效及实测参数

参数名称	J.Marti 线路模型每相等效值	线路每相实测值
正序电阻 R_1（Ω）	3.87	3.987 2
正序电抗 X_1（Ω）	67.54	70.841 5
正序电容 C_1（μF）	3.16	3.210 6
零序电阻 R_0（Ω）	53.86	56.666 7
零序电抗 X_0（Ω）	234.57	228.157 0
零序电容 C_0（μF）	1.91	1.990 2

2. 高压电抗器及接地小电抗

左波Ⅱ线波密侧高压电抗器为普通高压电抗器，单相电感值为 8.024H，单相串接电阻值约为 3.113Ω。接地小电抗电感值为 1.593H，串接电阻为 6.833Ω。

3. 抽能高压电抗器

抽能高压电抗器可近似用耦合电抗器模型替代，根据其开路和短路试验数据，可得其高压侧一次等效电感为 8.024 6H，低压侧二次等效电感为 0.060 27H，等效互感为 0.273 9H，高压侧串接电阻为 3.045Ω，低压侧串接电阻为 0.366 9Ω。接地小电抗电抗值为 1.593H，串接电阻为 6.833Ω。

（二）仿真结果

1. 拉开左波Ⅱ线仿真

仿真模型中，A 相下降沿过零点时刻为 0.39s，设置 A 相分闸时刻为 0.394 4s，B 相分闸时刻为 0.399 1s，C 相分闸时刻为 0.398s。仿真结果如图 6.3－4 所示。

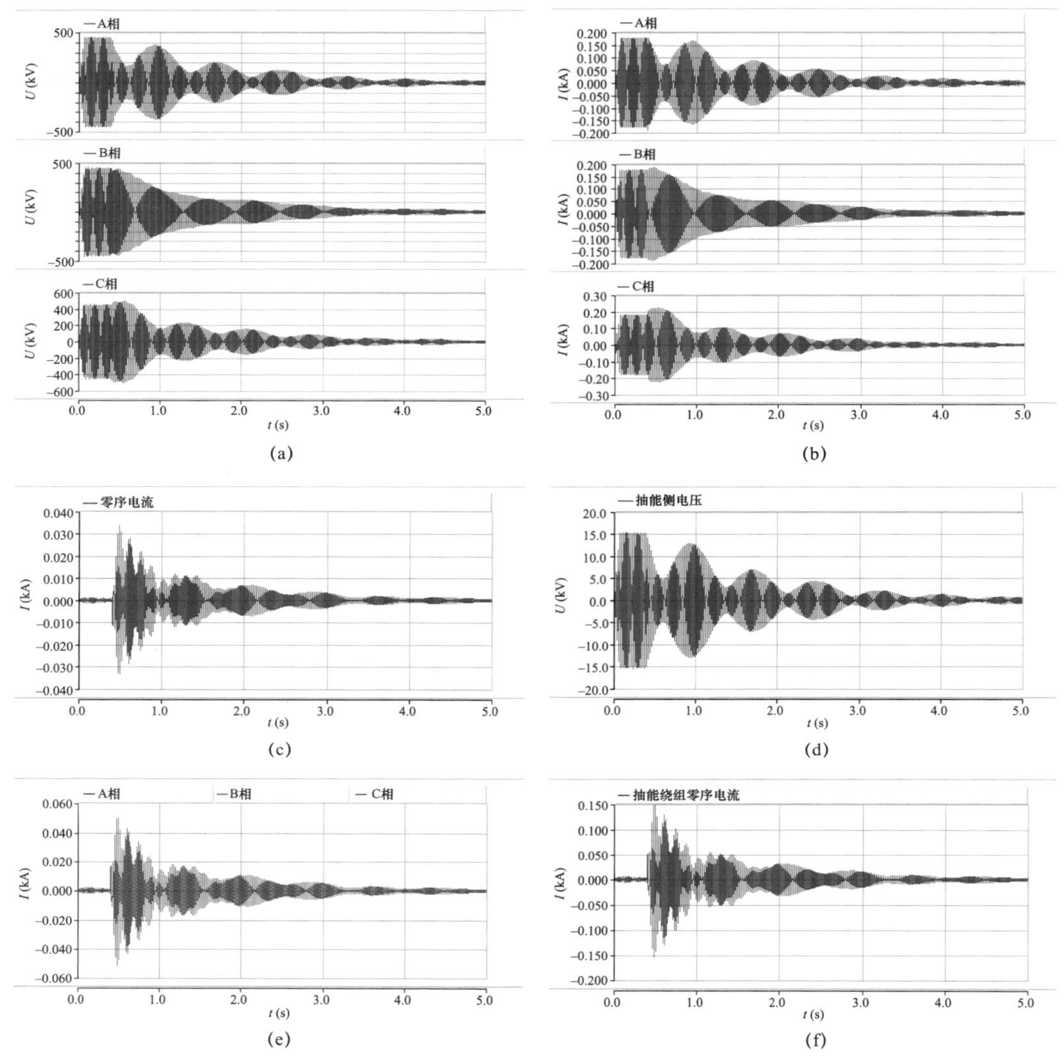

图 6.3-4　左波Ⅱ线拉开后，左波Ⅱ线高压电抗器仿真电气量波形

（a）高压电抗器三相电压；（b）高压电抗器三相电流；（c）高压电抗器中性点对地电流；
（d）高压电抗器抽能绕组线电压；（e）高压电抗器抽能绕组三相电流；（f）高压电抗器抽能绕组零序电流

由仿真结果可知，耦合电抗器模型能较好地模拟抽能高压电抗器。拉开左波Ⅱ线后，左波Ⅱ线高压电抗器电压、电流波形与衰减特性和试验波形接近。从图 6.3-4 中可知，按照目前抽能绕组 0.05A 二次值，2.5s 延时的保护设置，易引起左波Ⅱ线拉开后抽能绕组零序电流保护动作。

2. 拉开左波Ⅰ线仿真

仿真模型中，A 相上升沿过零点时刻为 0.7s，设置 A 相分闸时刻为 0.705s，B 相分闸时刻为 0.701 4s，C 相分闸时刻为 0.707 7s。仿真结果如图 6.3－5 所示。

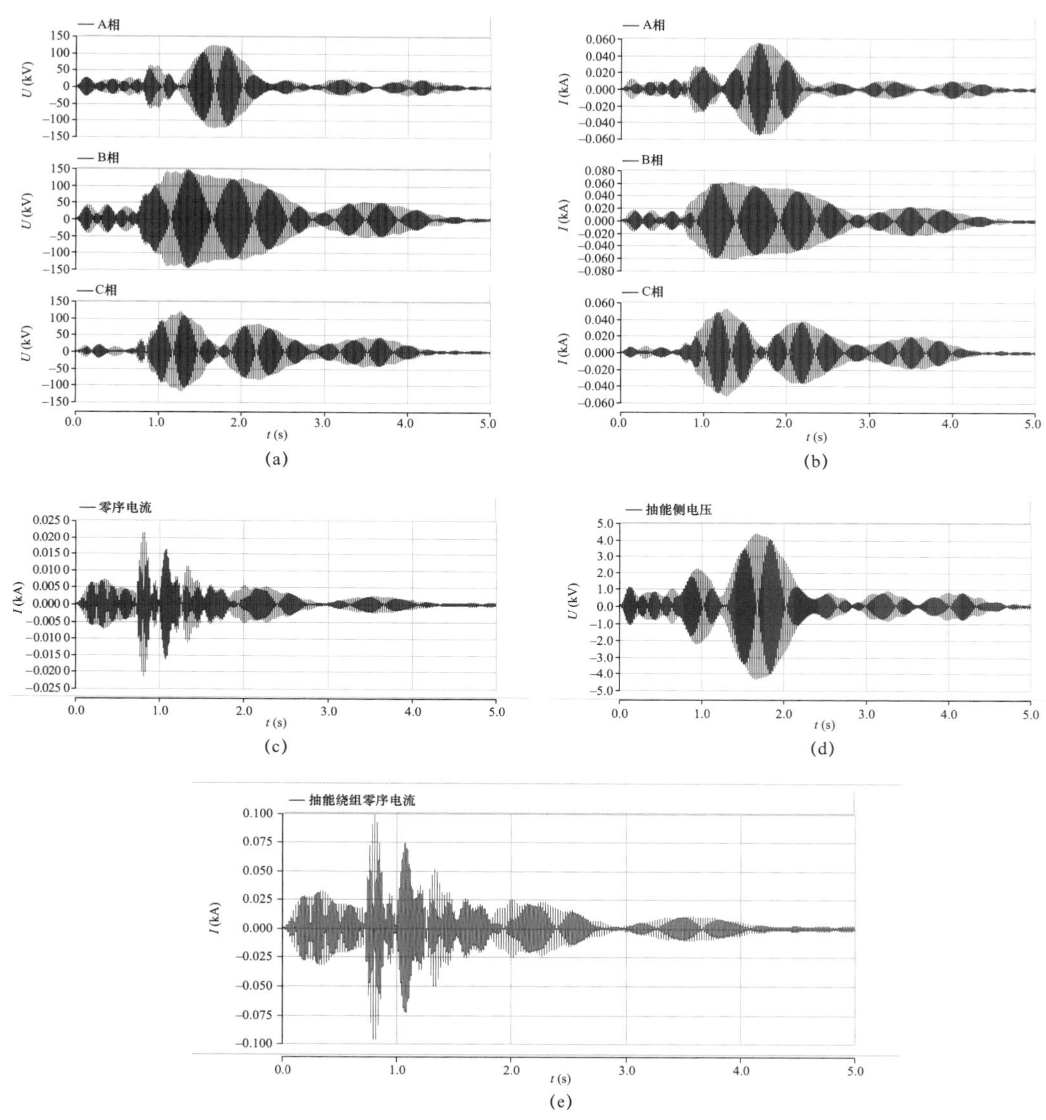

图 6.3－5　左波Ⅰ拉开后，左波Ⅱ线高压电抗器仿真电气量波形

（a）高压电抗器三相电压；（b）高压电抗器三相电流；（c）高压电抗器零序电流；
（d）高压电抗器抽能绕组线电压（三角形接法）；（e）左波Ⅰ线拉开左波Ⅱ线高压电抗器抽能绕组零序电流

由仿真结果可知，拉开左波Ⅰ线后，左波Ⅱ线高压电抗器电压、电流波形和衰减特性和试验波形接近。从图 6.3－5 中可知，按照目前抽能绕组 0.05A 二次值，2.5s 延时的保护设置，易引起左波Ⅰ线拉开后左波Ⅱ线抽能绕组零序电流保护动作。

三、影响及对策

本次试验过程中，抽能绕组零序保护动作发生在线路拉开以后，因此其启动或动作不会对系统产生影响。考虑到线路、高压电抗器以及接地小电抗均存在一定电阻，因振荡产生的零序电压、电流会逐步衰减，修改抽能绕组零序电流保护延时，即可躲过振荡前几个包络线周期中可能存在的最大值，防止零序电流保护误动作。

参 考 文 献

[1] 汤涌，朱方，张东霞，等. 华北—东北联网工程系统调整试验［J］. 电网技术，2001，25（11）：46－49.

[2] 汤涌，李晨光，朱方，等. 川电东送工程系统调试［J］. 电网技术，2003，27（12）：14－21.

[3] 印永华，房喜，朱跃. 750kV 输变电示范工程系统调试概况［J］. 电网技术，2005，29（20）：1－9.

[4] 贺庆，张宝家，易俊，等. 蒙西—天津南特高压交流输电工程系统调试中电网稳定特性与运行方式［J］. 电网技术，2017，41（9）：2749－2754.

[5] 任大伟，易俊，韩彬，等. 浙北—福州特高压交流输电工程系统调试中电网运行方式的调整［J］. 电网技术，2014，38（12）：3354－3359.

[6] 张健，张文朝，肖扬，等. 特高压交流试验示范工程调试仿真研究及验证分析［J］. 电网技术，2009，33（16）：29－32.

[7] 郑彬，班连庚，张媛媛，等. 特高压交流试验示范工程过电压计算与测试结果的对比分析［J］. 电网技术，2009，33（16）：24－28.

[8] 郑彬，印永华，班连庚，等. 新疆与西北主网联网第二通道工程系统调试［J］. 电网技术，2014，38（4）：980－987.

[9] 左玉玺，王雅婷，邢琳，等. 西北 750kV 电网大容量新型 FACTS 设备应用研究［J］. 电网技术，2013，37（8）：2349－2354.

[10] 胡涛，刘翀，班连庚，等. 藏中电网 SVC 控制策略实时仿真及参数优化［J］. 电网技术，2014，38（4）：1001－1007.

[11] 曾兵，张健，罗煦之，等. 玉树与青海主网 330kV 联网工程系统调试仿真研究及预控策略分析［J］. 电网技术，2014，38（5）：1223－1228.

[12] 程改红，徐政. 电力系统故障恢复初期的谐波过电压问题［J］. 电网技术，2005，29（10）：14－19.

[13] 魏巍，向天堂，丁理杰，等. 励磁涌流引发的谐波过电压机理分析以及抑制措施研究［J］. 电测与仪表，2016，53（24）：24－31.

[14] 林集明，王晓刚，班连庚，等. 特高压空载变压器的合闸谐振过电压［J］. 电网技术，2007，31

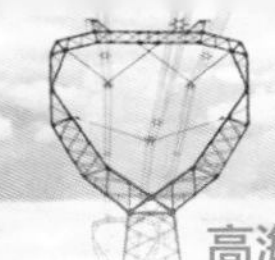

（2）：5－10.

［15］田立军，秦英林，孙晓明．合闸空载变压器电能质量问题研究［J］电力自动化设备，2005，25（3）：41－43.

［16］郑彬，班连庚，周佩朋，等．合闸 750kV 空载变压器引起的系统电压暂降现场实测与计算分析［J］．电网技术，2012，36（9）：203－208.

［17］郝跃东，倪汝冰．HVDC 换相失败影响因素分析［J］．高电压技术，2006，32（9）：38－41.

［18］王峰，刘天琪，周胜军，等．谐波对 HVDC 系统换相失败的影响机理及定量分析方法［J］．中国电机工程学报，2015，35（19）：4888－4894.

［19］班连庚，郑彬，周佩朋，等．特高压交流变压器选相合闸技术研究及工程应用［J］．电网技术，2018，42（4）：1226－1233.

［20］刘涛，颜廷武，卜新良，等．基于合闸电阻的变压器励磁涌流相控技术研究［J］．高压电器，2018，54（3）：109－114.

［21］孙昕炜，史华勃，倪江，等．弱联系电网中 SVC 引起的次同步振荡分析及其抑制措施研究［J］．电力系统保护与控制，2019，47（21）：171－178.

［22］滕予非，张华，汤凡，等．偏远地区小电网与主网解列后高频高压风险及抑制策略［J］．电力系统保护与控制．2015，43（1）：129－136.

［23］史华勃，张华，孙文成，等．藏中联网工程系统调试风险防控策略［J］．电网技术，2020，44（06）：2214－2222.

［24］李新年，陈树勇，李涛，等．特高压主变充电导致直流周期性换相失败的原因［J］．电网技术，2014，38（10）：2671－2679.

［25］周佩朋，项祖涛，杜宁，等．西北 750kV 电网合空变导致青藏直流闭锁故障分析［J］．电力系统自动化，2013，37（10）：129－133.

［26］种芝艺，粟小华，刘宝宏．西北电网主变充电引起青藏直流闭锁的原因分析及对策［J］．电力建设，2013，34（3）：88－91.

［27］李琥，周海洋，施围．断路器合闸电阻对变压器励磁涌流的影响［J］．高压电器，2003，39（1）：16－21.

［28］丛伟，王伟旭，肖静，等．控制合闸电压幅值的变压器励磁涌流抑制方案［J］．电力系统自动化，2017，41（8）：159－165.

[29] 滕予非，丁理杰，汤凡，等．基于谐波互阻抗的励磁涌流引发谐波电压畸变风险识别［J］．电力自动化设备，2014，34（8）：155－161．

[30] 杨洪耕，肖先勇，刘俊勇．电能质量问题的研究和技术进展（三）——电力系统的电压凹陷［J］．电力自动化设备，2003，23（12）：1－4．

[31] Thio C V，Davies J B，Kent K L．Commutation failures in HVDC transmission systems［J］．IEEE Transactions on Power Delivery，1996，11（2）：964－957．

[32] 郝跃东，倪汝冰．HVDC 换相失败影响因素分析［J］．高电压技术，2006，32（9）：38－41．

[33] 吕鹏飞，王明新，徐海军．三广直流鹅城换流站换相失败原因分析［J］．继电器，2005，33（18）：75－78．

[34] 平绍勋．电力系统内部过电压保护及实例分析［M］．北京：中国电力出版社，2006．

[35] 王峰，刘天琪，周胜军，等．谐波对 HVDC 系统换相失败的影响机理及定量分析方法［J］．中国电机工程学报，2015，35（19）：4888－4894．

[36] 李振强，谷定燮，戴敏．特高压空载变压器谐振过电压和励磁涌流分析及抑制方法［J］．高电压技术，2012，38（2）：387－391．

[37] 蔡晖，张文嘉，万振东，等．苏州南部电网的电压稳定问题及无功补偿策略研究［J］．电力电容器与无功补偿．2017．1（38）：110－116．

[38] 谢惠藩，王海军，张楠，等．SVC 在南方电网西电东送中的应用研究［J］．南方电网技术．2010．4（S1）：138－142．

[39] 郑国华．静止无功补偿装置（SVC）在泉州新塘 220kV 变电站的应用［J］．电工技术，2010（4）：12－15．

[40] 唐莉．用 SVC 提高区域电网的动态电压稳定性［J］．自动化应用，2011（8）：62－66．

[41] IEEE Subsynchronous Resonance Working Group．Proposed terms and definitions for subsynchronous oscillations［J］．IEEE Transactions on Power Apparatus and Systems，1980，PAS-99（2）：506－511．

[42] Subsynchronous Resonance Working Group of the System Dynamic Performance Subcommittee．Reader's guide to subsynchronous resonance［J］．IEEE Transactions on Power Systems，1992，7（1）：150－157．

[43] 程时杰，曹一家，江全元．电力系统次同步振荡理论与方法［M］．北京：科学出版社，2009．

[44] 吴熙，蒋平，胡弢．电力系统稳定器对次同步振荡的影响及其机制研究［J］．中国电机工程学报，

2011，22（31）：56－63.

［45］ 谢小荣，刘华坤，贺静波，等. 直驱风机风电场与交流电网相互作用引发次同步振荡的机理与特性分析［J］. 中国电机工程学报，2016，36（0）：1－7.

［46］ MA H T，BROGAN P B，JENSEN K H，et al. Sub-synchronous control interaction studies between full-converter wind turbines and series-compensated AC transmission lines［C］. Proceedings of the 2012 IEEE Power and Energy Society General Meeting. San Diego. 2012：1－5.

［47］ CHENG Y Z，SAHNI N，MUTHUMUNI D，et al. Reactance scan crossover-based approach for investigating SSCI concerns for DFIG-based Wind turbines[J]. IEEE Transactions on Power Delivery，2013，28（2）：742－751.

［48］ 陈斐泓，杨健维，廖凯，等. 基于频率扫描的双馈风电机组次同步控制相互作用分析［J］. 电力系统保护与控制，2017，24（45）：84－91.

［49］ 时伯年，李树鹏，梅红明，等. 含常规直流和柔性直流的交直流混合系统次同步振荡抑制研究［J］. 电力系统保护与控制，2016，20（44）：113－118.

［50］ Feng Gao; Bingqing Wu; Baohui Zhang, et al. The mechanism analysis of sub-synchronous oscillation in PMSG wind plants［C］. 2017 IEEE International Conference on Environment and Electrical Engineering and 2017 IEEE Industrial and Commercial Power Systems Europe（EEEIC/I&CPS Europe）. 2017.

［51］ 胡涛，刘翀，班连庚，等. 藏中电网 SVC 控制策略实时仿真及参数优化［J］. 电网技术，2014，38（4）：1001－1007.

［52］ 李兰芳. 输电系统 SVC 电压调节器增益自适应控制方法［J］. 电力系统保护与控制，2018，3（46）：61－66.

［53］ 周晓华，张银，刘胜永，等. 静止无功补偿器新型自适应动态规划电压控制. 电力系统保护与控制，2018，12（46）：77－84.

［54］ BO1 Z Q，LIN X N，WANG Q P，et al. Developments of power system protection and control［J］. Protection and Control of Modern Power Systems，2016，1（7）：1－8.

［55］ 顾威，李兴源，陈建国，等. 基于瞬时无功理论的 SVC 抑制次同步振荡的附加控制设计［J］. 电力系统保护与控制，2015，5（43）：107－111.

［56］ 岑炳成，刘涤成，董飞飞，等. 抑制次同步振荡的 SVC 非线性控制方法［J］. 电工技术学报，

2016，4（31）：129－135.

［57］ SREERANGANAYAKULU J，MARUTHESWAR G V，ANJANEYULU K S R. Mitigation of sub synchronous resonance oscillations using static var compensator[C]. 2016 International Conference on Electrical，Electronics，and Optimization Techniques（ICEEOT）. 2016.

［58］ Peng，Q.；Yang，H. Y.；Wang，H.；Blaabjerg，F. On Power Electronized Power Systems：Challenges and Solutions. IEEE Industry Applications Society Annual Meeting（IAS）2018.

［59］ Hu，B. J.；Yuan，H.；Yuan，M. X. Modeling of DFIG-Based WTs for Small-Signal Stability Analysis in DVC Timescale in Power Electronized Power Systems. IEEE Transactions on Energy Conversion 2017，32，1151－1165.

［60］ Wang，L.；Xie，X. R.；Jiang，Q. R.；Liu，X. D. Centralised solution for subsynchronous control interaction of doubly fed induction generators using voltage-sourced converter. IET Generation，Transmission & Distribution 2015，9，2751－2759.

［61］ Chowdhury，M.；Mahmud，M.；Shen，W.；Pota，H. Nonlinear controller design for series-compensated DFIG-based wind farms to mitigate subsynchronous control interaction. IEEE Trans. Energy Convers，2017，32，707－719.

［62］ Bi，T. S.，Li，J. Y；Zhang，P.；Mitchell-Colgan，E. Study on response characteristics of grid side converter controller of PMSG to sub-synchronous frequency component. IET Renew. Power Gener 2017，11，966－972.

［63］ Chen，Y. H.；Huang，B. Y.；Sun，H. S.；Wang，L. Analysis of control interaction between D-PMSGs-based wind farm and SVC. The Journal of Engineering 2019，16，1266－1270.

［64］ Chen，G.；Tang，F.；Shi，H. B.；Yu，R.；Wang，G. H.；Ding，L. J.；Liu，B. S.；Lu，X. N. Optimization strategy of hydro-governors for eliminating ultra low frequency oscillations in hydro-dominant power systems. IEEE Journal of Emerging and Selected Topics in Power Electronics 2018，6，1086－1094.

［65］ Bian，X. Y.；Geng，Y.；Lo，K. L.；Fu，Y.；Zhou，Q. B. Coordination of PSSs and SVC damping controller to improve probabilistic small-signal stability of power system with wind farm integration. IEEE Transactions on Power Systems 2016，31，2371－2382.

［66］ Abdulrahman. I.；Radman. G. Wide-area-based adaptive neuro-fuzzy SVC cntroller for damping interarea oscillations. Canadian Journal of Electrical and Computer Engineering 2018，41，133－144.

[67] Asghari，R.；Mozafari，B.；Naderi，M. S.；Amraee ，T.；Nurmanova，V.；Bagheri ，M.；A novel method to design delay-sheduled controllers for damping inter-area oscillations. IEEE Access 2018，6，71932－71946.

[68] Alimuddin；Nurhalim，G.；Arafiyah，R. Optimization placement static var compensator（SVC）using artificial bee colony（ABC）method on PT PLN（Persero）Jawa-Bali，Indonesia. 2018 1st International Conference on Computer Applications & Information Security（ICCAIS）2018.

[69] Pandya，M. C；Jamnani，J. G. Coordinated control of SVC and TCSC for voltage profile improvement employing particle swarm optimization. 2017 International Conference on Smart Technologies for Smart Nation（SmartTechCon） 2017 International Conference on Smart Technologies For Smart Nation（SmartTechCon） 2017.

[70] Zhang，K. S.；Shi，Z. D.；Huang，Y. H.；Qiu，C. J.；Yang，S. SVC damping controller design based on novel modified fruit fly optimization algorithm. IET Renewable Power Generation 2018，12，90－97.

索　引

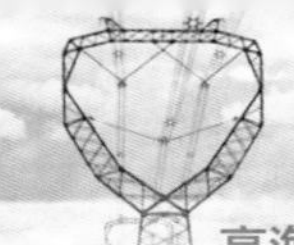